精品课程立体化教材系列

管理信息系统

金敏力　田兆福　主编

矫庆军　宋　扬　马志新　副主编

科学出版社

北　京

内 容 简 介

　　管理信息系统是一门实践性很强的交叉学科，本书是作者在吸收国内外已有研究成果并结合多年管理信息系统教学和科研经验的基础上编写而成的。全书共分八章，在介绍管理信息系统的相关概念、功能、结构和开发方法的基础上，重点论述了结构化系统开发方法、面向对象开发方法和网络环境下的信息系统开发。另外，根据管理类专业学生的专业特点，本书还介绍了管理信息系统在项目开发过程中所涉及的管理问题，并且每章附有适量的实例、案例和习题。本书在编写时力求体现内容的系统性、前沿性、实用性、辅助性和本土性，做到深入浅出、图文并茂和条理清楚。

　　本书既可作为高等院校管理类专业本科生的教材，也可作为企事业单位管理人员以及计算机应用软件开发人员的参考用书。

图书在版编目（CIP）数据

管理信息系统/金敏力，田兆福主编. —北京：科学出版社，2009
（精品课程立体化教材系列）

ISBN 978-7-03-025236-4

Ⅰ. 管…　Ⅱ. ①金…②田…　Ⅲ. 管理信息系统-高等学校-教材
Ⅳ. C931. 6

中国版本图书馆 CIP 数据核字（2009）第 142813 号

责任编辑：林　建　苏雪莲/责任校对：朱光光
责任印制：张克忠/封面设计：耕者设计工作室

科 学 出 版 社 出版
北京东黄城根北街 16 号
邮政编码：100717
http://www.sciencep.com

北京市文林印务有限公司 印刷

科学出版社发行　各地新华书店经销

＊

2009 年 8 月第 一 版　　开本：B5（720×1000）
2009 年 8 月第一次印刷　　印张：18 3/4
印数：1—3 500　　　　　　字数：364 000

定价：28.00 元
如有印装质量问题，我社负责调换

前　言

　　当代信息技术的飞速发展、组织的日趋虚拟化已经改变或正在改变着人们的生活方式、社会关系、组织的经营模式和竞争手段。因此，如何通过获取和利用信息进行及时有效的管理和决策，是保持组织竞争优势和持续发展的一个重大问题。

　　管理信息系统（MIS）是为了适应现代化管理的需要，在管理科学、系统科学、信息科学和计算机科学等学科的基础上形成的一门学科，它主要研究管理系统中信息处理和决策的整个过程，并探讨计算机的实现方法。管理信息系统旨在通过规划、开发、管理和使用 IT 工具帮助人们完成信息处理和信息管理的任务。管理信息系统可以促使组织向信息化方向发展，将管理工作统一化、规范化、现代化，使组织处于一个信息灵敏、管理科学、决策准确的良性循环之中，为组织带来更高的效益。

　　本书从经济管理类学生的专业特点出发：重在管理，兼顾技术既向读者介绍管理信息系统的基本概念、开发方法、开发过程和开发步骤，同时也让读者了解前沿需求，对技术问题不作深究，重点是使读者了解作为管理人员如何领导一个管理信息系统的项目开发，或者作为一个管理信息系统项目开发的参与者，自己应该做哪些工作，开发各阶段的任务、内容、手段是什么，以及各个开发阶段的具体工作该如何开展等内容。本书力求做到知识体系结构合理，内容深度适宜，讲解深入浅出。

　　本书在借鉴、参考国内外较多的相关教材和专著的基础上，在指导思想、内容范围、结构体系和写作特点等方面重点突出以下几个特色：

　　（1）系统性。对管理信息系统的开发方法作了比较全面的介绍和归纳，具体介绍目前开发方法中常用的结构化系统开发方法和面向对象开发方法，理论和案例相结合，内容深入浅出，有理有据。

　　（2）实用性。针对管理信息系统内容比较抽象和难以理解的特点，并结合管理类专业学生的具体特点，本书注重理论联系实际，在每章之后都配有与本章内容紧密联系的实例、案例，进一步表述基本理论和方法，并通过一定量的习题帮助学生进一步加深对课上教学内容的理解，注重对学生实践能力的培养。

　　（3）前沿性。本书不但对现有管理信息系统的基本知识、原理和方法进行了介绍，还展望其未来的发展，同时对网络环境下的信息系统开发作了简要阐述，使学生了解在网络环境下信息系统分析与设计工作应如何展开。

（4）辅助性。为了帮助教师更好地授课及学生更好地学习，本书配有与书籍内容同步的多媒体教学课件、习题及参考答案。

本书是集体智慧的结晶，本书在编写过程中得到了有关高校老师的大力支持和帮助。具体分工如下：第一章由金敏力（沈阳理工大学）、马志新（沈阳工业大学）、王元华（北京服装学院）编写，第二、三章由宋扬（沈阳理工大学）、潘峰、方新儒、曹辉（沈阳大学）编写，第四、五、六章由矫庆军（沈阳理工大学）、王学军、王永军（沈阳航空学院）编写，第七章由陈志双（沈阳理工大学）编写，第八章由田兆福（沈阳理工大学）编写。金敏力、矫庆军负责全书的统稿和定稿工作。

本书在编写过程中，参考了国内外有关论文和专著以及管理信息系统方面的相关资料，在此，谨向原作者致以诚挚的谢意。

由于编者水平有限，且时间比较仓促，书中难免有不足之处，敬请读者谅解和批评指正。

编　者

2009 年 3 月

目 录

前言

第八章

第一章

管理信息系统概论

➢ **本章导读**

　　现代社会，信息被列为与物质、能源相并列的人类社会发展的三大资源之一。我们常讲：知识就是力量，信息就是财富。互联网的不断发展、经济全球化和信息经济的出现，使得以现代计算机科学、信息科学、管理科学和系统科学为基础建立的各种管理信息系统（management information system，MIS）在现代社会经济生活中，特别是在企业经营管理与决策中，发挥着日益重要的作用。那么，这些时常挂在我们嘴边耳熟能详的诸如数据、信息、系统、信息系统、管理信息系统究竟指的是什么？它们之间的关系是怎样的？管理信息系统的学科体系与技术基础又有哪些？通过这一章基础知识的介绍，读者对管理信息系统将有一个初步的了解。

➢ **学习目的**

　　掌握数据、信息、系统、信息系统、管理信息系统的概念；
　　了解管理信息系统的结构、分类与发展；
　　了解管理信息系统的学科体系与技术基础。

第一节　数据与信息

一、数据与信息的含义

　　生活中，我们常常会提到数据、信息这样一些概念。信息的概念是十分广泛的，世间万物的运动、人间万象的更迭都离不开信息的作用。人们通常所说的"信息"一词，往往各自带有其特定的专指意义。例如，自然科学、信息科学和管理科学所讲的"信息"大多是指数据、指令；社会科学、日常生活中所讲的"信息"大多是指消息、情报。在日常使用中，人们对数据和信息往往不加以区分，但在管理信息系统中，信息和数据的概念是不同的。

(一) 数据

数据是指那些未经加工的事实或是着重对一种特定现象的描述，也就是人们为了反映客观世界而记录下来的可以鉴别的符号。它既可以是字母、数字或其他符号，也可以是图像、声音或味道，如当前的温度、一个零件的成本、某企业员工的工资、企业某零件的存货数量、销售订单等。数据通常由三个方面表示：数据名称、数据类型和数据长度。一般常见的数据类型有以下几种：

(1) 数值型数据，用数字表示；
(2) 字符型数据，用字母和其他字符表示；
(3) 图表数据，用图形和图片表示；
(4) 音频数据，用声音或音调表示；
(5) 视频数据，用动画或图片表示。

(二) 信息

从哲学意义上来看，信息是自然界、人类社会、人类思维活动中普遍存在的一切物质和事务的属性。信息具有价值性、实效性、经济性，可以减少或消除事务不确定性的消息、情报、资料、数据和知识。信息理论的创始人香农说："信息是用以消除不确定性的东西。"

至今，信息还没有统一的定义。有人说信息是消息，有人说信息是知识，也有人说信息是运动状态的反映，还有人说信息是经过加工后的数据。

我们认为：信息是经过加工后的数据，它对接收者的行为能产生影响，对接收者的决策具有价值。

信息的概念包括以下一些内涵：信息会给人带来新鲜感或使人产生一震的感觉；信息可以减少不确定性；信息能改变决策期望收益的概率；信息可以坚定或校正对未来的估计等。

(三) 信息与消息、知识及情报的关系

信息与消息的关系表现为：信息是以消息为载体进行传递的，消息中包含信息，信息是消息中的有效部分。

信息与知识的关系表现为：知识是人类社会实践活动的记录与总结，是人的主观世界对客观事物的反映与概括，也是人的大脑通过思维重新组合的系统化信息集合。信息包括知识，知识是信息的一部分，是信息系统化、体系化的部分。

信息与情报的关系表现为：情报是人们解决某一特定问题时所需要的信息，是在人类社会交流活动中运动着的活化信息。

一定的消息和知识在人们对其产生特定需要时可以转变为情报。消息、知识和情报都属于信息这个大的范畴，对人类社会来说，信息的内涵主要是这三者的总和。

二、数据与信息的联系和区别

信息与数据既有联系又有区别，数据是人们为了反映客观世界而记录下来的可以鉴别的符号；信息则是对数据进行提炼、加工的结果，是对数据赋予一定意义的解释，二者的关系如图 1.1 所示。

图 1.1　数据与信息的关系

从图 1.1 中可以看出，数据好似原料，信息好似产品。此外，一个系统的产品可能是另一个系统的原料，一个系统的信息也可能成为另一个系统的数据。例如，派车单对司机来说可能是信息，而对车管来说，它只是数据。

不同的人对同样的数据可能产生完全相反的信息。比如，大家所熟知的鞋厂销售人员开拓市场的故事：某制鞋厂的销售员到一个陌生的地方找市场，当他看到当地的人喜欢赤脚，且都不穿鞋时，便沮丧地推断鞋子根本卖不出去，因为"这里的人们都不穿鞋"；而另一位销售员却兴高采烈地声称发现了一个充满希望的巨大市场，而同样因为"这里的人们都不穿鞋"。同样的数据却得出了完全相反的信息，这主要是由于人们的知识、判断能力和思维方式的不同导致的。

信息不随承载它的实体的形式变化而变化；数据则不然，随着载体的不同，数据的表现形式也可以不同。例如，同一则信息，既可写在纸介质上，也可刻在光盘上。另外，信息有着严格的有用性要求与限定，而数据则无此要求与限定。如棉花增产的消息对航天业来说，它接收到的不是信息而是数据。

总之，信息和数据是两个不可分割的概念，信息需要以数据的形式来表征，对数据进行加工处理，又可得到新的数据，新数据经过解释往往可以得到更新的信息。但是，在一些并非严格的场合，人们常将二者视为同义。例如，数据处理又可称为信息处理，数据管理亦可称为信息管理。

三、信息属性

1. 真实性

真实是信息的第一性质和基本性质。不符合事实的信息不仅没有价值，而且可能带来负面影响。破坏信息的事实在管理中普遍存在，有的谎报产量，有的谎报利润和成本，有的造假账，等等，这些都会给管理决策带来负面影响。

2. 等级性

管理一般分为高、中、低三层，不同级的管理要求不同的信息。相应地，信息分为战略级信息、战术级信息和作业级信息，不同级的信息其性质也不同。战略级信息是关系到企业长远发展和全局的信息，如企业长远规划，开拓新市场，企业并产、转产的信息等。战术级信息是管理控制信息，如月度计划与完成情况的比较、产品质量和产量情况等。作业级信息是企业业务运作的信息，如职工考勤信息、领料信息等。

3. 不完全性

从人类认识规律看，关于客观事实的知识是不可能全部得到的，从效益观念看也没有必要全部得到。而且，不同的人由于感受能力、理解能力和目的性不同，从同一事物中获得的信息也不相同，即实得信息量是因人而异的。因此，人们面对的信息肯定是不完全的，面对浩如烟海的信息，必须坚持经济的原则，以够用为标准，合理地舍弃和选择信息。

4. 扩散性

信息就像热源，它总是从温度高的地方向温度低的地方扩散；它又像是夜来香的花朵，可以香飘数里。信息的扩散是其本性，它力图冲破约束，通过各种渠道和手段向四面八方传播。信息的浓度越大、信息源和接收者之间的梯度越大，信息的扩散力度便越强。越离奇的消息、越耸人听闻的新闻，传播得越快，扩散的面也越大。古语"没有不透风的墙"，就说明了信息扩散的威力。信息的扩散具有两面性：一方面它有利于知识的传播；另一方面又可能造成信息贬值，危害国家和企业的利益，不利于调动信息所有者的积极性。

5. 可压缩性

信息可以被人们依据各种特定的需要，进行收集、筛选、整理、概括和归纳，而不丧失其基本的应用价值。信息的可压缩性既可使人们对同一信息进行多次加工和多次利用，还可以改变信息的表现形式，节省存储空间和费用。

6. 传输性

信息可以通过多种渠道、采用多种方式进行传输，如通过电话、电报、电子邮件等进行国际国内通信，传输的形式有数字、文字、图形、图像和声音等。信息的传输既快捷又便宜，我们应当尽可能地用信息的传输代替物质的传输，利用信息流减少物流。

7. 价值性

信息是经过加工并对企业生产经营产生影响的数据，是一种重要的资源，因而是有价值的。例如，利用大型数据库查阅文献所付的费用就是信息价值的部分体现。信息的价值，随着时间的推移可能耗尽，因此必须及时转换信息。

8. 共享性

能源和物质的交换遵循质量守恒定律，一方失去的正是另一方得到的。信息与其他物质资源相比，具有非消耗的属性，可以被共同占有、共同享用。信息的共享不会给任何一方造成直接的损失，但是可能造成间接的损失。如果甲企业告诉乙企业生产某种药品的药方，乙企业也去生产这种药品，就会造成与甲企业的竞争，从而影响甲企业的药品销路。信息的共享性有利于使信息成为企业的一种资源。严格地说，只有实现企业信息的共享，信息才能真正成为企业的资源，企业才能更好地利用信息进行计划与控制，从而有利于企业目标的实现。

值得注意的是，信息的价值性与共享性的关系有着两种完全不同的表现形式，有些信息的价值随着共享者的增多而增加，如广告信息；还有一些信息的价值则随着共享者的增多而降低，如专利信息。

9. 再生性

随着时间的推移、环境的变化、应用目的的变化，同一信息可能失去原有的价值，产生新的价值。例如，天气预报信息，在预报期内对指导普通人的生产和生活有重要价值，预报期一过就丧失其价值。但对气象部门来说，却可以将其用于总结不同时期的大气变化规律，提高未来预报的准确性。而对于安排室外运动会时间的组织者而言，历史上同期的天气信息也具有重要价值。信息的再生性说明，不能以短期的功利主义观念对待信息，应注意保存历史上的信息，善于从过去的信息中提炼有用的信息，发掘其新的价值。

10. 转换性

信息、物质和能源是人类现在利用的三项重要的宝贵资源，三者有机地联系在一起，形成三位一体，互相不能分割，但又可以互相转化。能源、物质能换取信息，信息也能转化为物质和能源。现在大量的事实（如股市投资）都说明了这点，只要掌握信息就可以得到钱，有钱就可以买到物质和能源。

四、信息类型

从不同的角度可以对信息进行分类：

（1）按照信息发生的领域划分，可以将信息分为物理信息、生物信息和社会信息。

（2）按照信息的反映形式划分，可以将信息分为数字信息、图像信息和声音信息。

（3）按照信息的应用领域划分，可以将信息分为管理信息、社会信息和科技信息等。

五、信息生命周期

信息是有生命周期的。人的生命周期是出生、成长、衰老和死亡；一般商品的生命周期是研究、制造、应用和报废；信息的生命周期是要求、获得、服务和退出。

要求是信息的孕育和构思阶段，人们根据所发生的问题、要达到的目标、设想可能采取的方法，构思所需要的信息类型和结构。

获得是得到的阶段，它包括信息的收集、传输以及转换成可用形式，以达到使用的要求。

服务是信息的利用和发挥作用阶段，此时信息随时准备为用户使用，以支持各种管理活动和决策。

退出是信息已经老化，失去价值，没有再保存的必要，此时就可以把它更新或销毁。

信息生命周期的每个阶段中都包括一些过程，这些过程包括信息的收集、信息的传输、信息的加工、信息的储存、信息的维护以及信息的使用等六种。这些过程支持这个阶段的实现，不同的过程组成了不同的生命周期阶段。

■ 第二节　系统与信息系统

一、系统

（一）系统的概念

我国学术界认可的系统的定义是：系统是由各种相互联系、相互作用的要素所构成的具有特定功能的有机整体。

国际标准化委员会对系统的定义是：系统是能实现一组特定功能，由人、机器和各种方法构成的有机集合体。

（二）系统的特性

（1）层次性。通常，一个复杂的系统由许多子系统构成。自然，各个子系统也具有系统的一切特征。这些子系统可以用串联、并联或串并联的方式组合。

（2）集合性。系统是把本来不相关的单元联系起来，使之成为一个整体。

（3）目的性。系统是有目标的，任何系统都是为了完成或达到某种目标而存在。

二、信息系统

简单地说，输入的是数据，经过处理，输出的是信息，这样组成的系统就是信息系统。信息系统的主要部分是为了产生决策信息所制定的一套有组织的应用程序。信息系统可以用各种形式表示，但不管以何种形式，其输出的结果总是我们所需要的信息。

（1）输入：捕获或收集来自企业内部或外部环境的原始数据。

（2）处理：将原始输入的数据转换成更具有意义的形式。

（3）输出：将经过处理的信息传递给人或用于生产活动中。

信息系统还需要反馈，它将输出信息返送给组织的有关人员，以帮助他们评价或校正输入。

第三节　管理信息系统

一、管理信息系统的概念

管理信息系统（MIS）是 20 世纪 80 年代才逐渐形成的一门新学科，至今没有一个统一的定义。人们从各自的角度出发对管理信息系统给出了不同的定义，具有代表性的定义有以下几种。

（1）1985 年，管理信息系统的创始人——明尼苏达大学卡尔森管理学院的著名教授高登·戴维斯，给管理信息系统下了一个比较完整的定义："它是一个利用计算机硬件和软件，手工作业，分析、计划、控制和决策模型，以及数据库的用户-机器系统。它能提供信息，支持企业或组织的运行、管理和决策功能。"

（2）"管理信息系统"一词在中国出现于 20 世纪 70 年代末、80 年代初，《中国企业管理百科全书》将它定义为：管理信息系统是一个由人、计算机等组成的能进行信息的收集、传递、储存、加工、维护和使用的系统。管理信息系统能实测企业的各种运行情况，利用过去的数据预测未来，从企业全局出发辅助企业进行决策，利用信息控制企业的行为，帮助企业实现规划目标。

（3）管理信息系统在朱镕基同志主编的《管理现代化》中的定义是："管理信息系统是一个由人、机械（计算机等）组成的系统。它从全局出发辅助企业进行决策，它利用过去的数据预测未来，它实测企业的各种功能情况，它利用信息控制企业行为，以期达到企业的长远目标。"

（4）有学者认为：不应仅仅把信息系统看做是一个能给管理者提供帮助的、

基于计算机的人机系统，而且要把它看做一个社会技术系统，将信息系统放在组织与社会这个大背景下去考察，并把考察的重点从科学理论转向社会实践，从技术方法转向使用这些技术的组织与人，从系统本身转向系统与组织、环境的交互作用。

人们对 MIS 的认识是一个不断提高和完善的过程。黄梯云教授认为，把上述（2）、（4）两条定义结合起来就可以比较全面地认识管理信息系统。笔者对薛华成教授给 MIS 下的定义比较认同："管理信息系统是一个以人为主导，利用计算机硬件、软件、网络通信设备以及其他办公设备，进行信息的收集、传输、加工、储存、更新和维护，以企业战略竞优、提高效益和效率为目的，支持企业高层决策、中层控制、基层运作的集成化的人机系统。"

近年来，人们逐渐用信息系统（information system，IS）代替管理信息系统。其实，国内一般认为二者的概念范围是不同的，信息系统的概念范围比较大，而国外一般认为二者是同义语。在国内，由于电子技术专业抢先占用了信息系统一词，它们主要侧重于硬件和软件技术，与管理信息系统是不同的专业，所以在国内不能简单地认为信息系统就是管理信息系统。而本书中所指的信息系统就是管理信息系统。

管理信息系统也是一种系统，是一种信息系统，是组织（企业）系统的一个子系统。管理信息系统掌握与企业有关的各种事件和对象的信息，并将这种信息提供给企业内外的系统用户。为了达到提供有用信息的目的，系统内必须实现某些过程，特别是信息联系过程和变换过程。系统接收各种数据，将它们转变为信息，将数据和信息加以存储并将信息提供给用户。管理信息系统并不直接参与决策过程，它的任务主要是提供信息并将其作为决策过程中的参考。但是，就像有些日常事务的决定可以由电子计算机作出一样，信息系统也可参与决策，这就使信息系统和决策过程之间失去了明确的界限。

我们认为：管理信息系统是一个由人、机（电子计算机）组成的，能进行管理信息的收集、传送、存储、加工、维护和使用的信息系统。它能实测企业（组织）的运行情况，利用过去的数据预测未来；从全局出发进行辅助决策；利用信息控制企业的行为，帮助企业实现长远规划的目标。简言之，管理信息系统是一个以计算机为工具，具有数据处理、预测、控制和辅助决策功能的信息系统。

二、管理信息系统的结构

管理信息系统的结构是指由管理信息系统各个组成部分（部件）构成的框架结构。从不同的角度看，它的结构形式是不一样的，主要有概念结构、层次结构、功能结构、综合结构和物理结构。

（一）管理信息系统的概念结构

管理信息系统从概念上看由四大部件组成，即信息源、信息处理器、信息用户和信息管理者，它们之间的关系如图 1.2 所示。

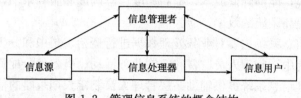

图 1.2　管理信息系统的概念结构

信息源是信息的产生地；信息处理器是进行信息的传输、加工、保存等任务的设备；信息用户是信息的使用者，他应用信息进行决策；信息管理者负责信息系统的设计实现，并在实现以后负责信息系统的运行和协调。

（二）管理信息系统的层次结构

管理信息系统是为管理决策服务的，而管理一般是分层次的。从纵向看，管理可以分为基层管理（作业处理）、中层管理（战术管理）和高层管理（战略计划）三个层次，管理信息系统相应地也可以分解为三层子系统。同时，管理也可以按职能进行分类，因此在每个层次上又可从横向分为销售子系统、研究与开发（即研发）子系统、生产子系统、财务子系统、人事管理子系统和其他子系统等。每个子系统都支持从基层管理到高层管理的不同层次的管理需求。由于基层管理的系统处理的数据量很大，高层管理的系统处理的数据量很小，因此就组成了纵横交织的金字塔结构，塔的底层表示结构明确的管理过程和决策，顶层表示非结构化的处理工作和决策，如图 1.3 所示。

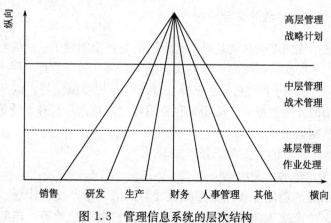

图 1.3　管理信息系统的层次结构

从纵向看，作业处理系统记录、处理并报告企业中所有重复性的日常活动和组织活动，包括营销、生产、财务和会计、人力资源管理等。它产生描述过去活动的事务性数据，具有重复性、描述性、可预测性及客观性等特点。它能有规律地产生详细的、高结构化的准确信息，这些信息来自企业的内部信息源。自动化的作业处理系统，能够降低成本，提高速度、准确度和服务水平，增加辅助决策的数据，大大提高系统的效率。

战术管理信息系统主要对业务处理数据进行概括、集中和分析，产生一系列不同的报表，为中层管理人员监督和控制业务活动、有效地分配资源提供所需的信息。战略管理信息系统提供辅助高层管理人员制定长期策略的信息。

（三）管理信息系统的职能结构

一个管理信息系统通常都具有多种功能，以满足不同层次的需要，各种功能之间又有各种信息联系，以此构成一个有机的、系统的功能结构，如图1.4所示。

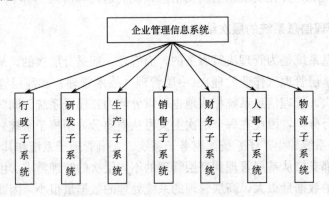

图 1.4　管理信息系统的职能结构

（四）管理信息系统的综合结构

管理信息系统的综合结构是基于组织职能的各个职能子系统的联合体，每个子系统又分三个层次，即战略计划层次、战术管理（运行管理）层次和作业处理（业务处理）层次。每个职能子系统都有自己的专用数据文件，以及各个职能子系统共同使用的公用数据库、模型库和公用程序及数据库管理系统等。管理信息系统的综合结构如图1.5所示。

各个职能子系统的主要职能分别如下。

1. 生产子系统的主要功能

生产子系统的功能主要包括产品设计与制造、生产设备计划、生产设备的调度与运行、生产工人的录用与培训、质量的控制与检验等。典型的业务处理

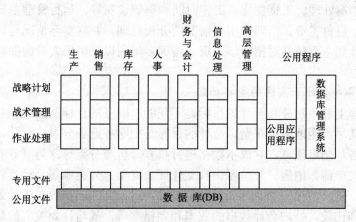

图1.5　管理信息系统的综合结构

是生产订货（即将成品订货展开成部件需求）、装配订货、成品票、废品票、工时票等原始数据的处理。运行管理要求把实际生产进度与计划相比较，及时发现生产中的瓶颈环节，对生产过程的总进度、单位成本、单位工时消耗以及各类物资的消耗情况进行分析比较。战略计划要考虑选定最优的加工方法和自动化的方法。

2. 销售子系统的主要功能

销售子系统的功能主要包括企业进行销售和推销的全部管理活动。其中，业务处理主要是对销售订单和推销订单进行的处理。运行管理包括雇用和培训销售人员、编制销售计划和推销工作的各项目，按区域、产品、顾客的销售量定期分析，并把总的成果与市场计划进行比较。它使用的信息有顾客、竞争者、竞争产品和销售力量要求等。在战略计划方面，销售子系统利用顾客分析、竞争者分析、顾客评价、收入预测、人口预测和技术预测等方法获取信息，对新市场的开发和战略进行分析和研究。

3. 库存子系统的主要功能

库存子系统的功能主要是负责对采购、收货、发货和库存控制等方面进行管理。典型的业务处理包括采购订货、收货报告，各种进出库单据，脱库和超库项目，运输单位性能分析等。运行管理主要是将库存水平、采购成本、供应计划执行和库存营业额等各项库存工作的实际情况与计划进行比较，对多余和短缺物资的项目、数量和原因等情况进行分析。战略计划主要是新的分配战略分析、制定对卖主的新政策、"做和买"的战略、评价物资分配方案等。

4. 人事子系统的主要功能

人事子系统的功能主要是对人员的雇用、培训、考核记录、工资和解雇等方面进行管理。典型的业务处理包括雇用需求的说明、工作岗位责任说明、培训说明，人员档案处理、工资变化、工作时间和离职说明等。运行管理主要是对录用人员数量、应付工资、培训费用等情况的分析处理，并将实际情况与计划进行比较。战略计划主要包括对招聘、工资、培训、福利以及留用人员的战略和方案的评价分析。

5. 财务和会计子系统的主要功能

从原理上看，财务和会计的目标是不同的，财务的目标是保证企业的财务要求，并使其尽可能地减少花费。会计的目标是把财务业务分类、总结，填入标准的财务报告，制定预算，对成本数据进行核算分析与分类等。与财务有关的业务处理有赊欠申请、销售、开单据、收支凭证、支票、分类账等。运行管理包括使用日报表、例外情况报告、延误处理记录等，对预算和成本数据的计划执行情况进行分析和比较，处理会计数据的成本和差错率等。战略计划关心的是财力保证的长期战略计划，为减少税收冲击的长期税收会计政策、成本会计和预算系统的计划等。

6. 信息处理子系统的主要功能

信息处理子系统的功能主要是负责与其他子系统的沟通联系，保证企业对各种信息的需求。其业务处理包括发出请求、收集数据、处理数据、报告硬件和软件的故障以及规划建议等。

7. 高层管理子系统的主要功能

高层管理子系统的功能主要是为每个组织的最高领导层（如公司的总经理和各职能区域的副总经理）提供服务。其业务处理是为决策提供信息咨询、编写文件、向公司其他部门发送指令等。运行管理主要是提供会议进度、控制文件、管理各类文件，将各功能子系统执行计划的总结与计划进行比较，且作出分析和评价。战略计划是关心公司的方向和必要的资源计划，它要求广泛的、综合的外部信息和内部信息，可能需要的外部信息有竞争者信息、区域经济指数、顾客偏好、提供的服务质量等。

（五）管理信息系统的物理结构

管理信息系统的物理结构是指系统硬件的组成及其连接方式、在空间的分布情况。它避开管理信息系统各部分的实际工作，只是抽象地考察其硬件系统的组成、所要达到的功能、物理位置安排等。管理信息系统的物理结构有三种常见类型：总线型、环型和星型。

三、管理信息系统的分类与发展

（一）管理信息系统的分类

根据我国管理信息系统应用的实际情况和管理信息系统服务对象的不同，管理信息系统的应用大致有如下几类。

1. 国家经济信息系统

国家经济信息系统是一个总称，包括国家各综合统计部门（如国家发展和改革委员会、国家统计局等）在内的国家级信息系统。它纵向联系各省市、各地区、各县直至重点企业的经济信息系统，横向联系诸如外贸、能源、交通等各行业的信息系统，形成一个纵横交错、覆盖全国的综合经济信息系统。其主要功能是处理经济信息，包括收集、存储、加工、传送、分析等，为国家经济部门和各级决策部门提供统计、预测等信息，提供辅助决策手段，同时也为各级经济部门和企业提供经济信息。

2. 企业管理信息系统

企业管理信息系统主要对工厂、企业，如制造业企业、商业企业、建筑企业等，进行管理信息的加工处理。它是最复杂的管理信息系统，一般具备对工厂生产进行监控、预测和决策支持的功能。大型企业的管理信息系统的功能都很强大，"人、财、物"、"产、供、销"以及与质量、技术有关的信息应有尽有，其技术要求也很复杂，如需运用各种数学模型等。因此，人们通常以企业管理信息系统为代表来研究管理信息系统，本书也不例外。

3. 事务管理信息系统

事务管理信息系统以事业单位为主，主要进行日常事务处理，如医院管理信息系统、学校管理信息系统、宾馆管理信息系统等。虽然不同单位处理的事务不同，这些管理信息系统的逻辑模型也不尽相同，但基本处理对象都是事务信息。这就要求这些管理信息系统实时性强、数据处理能力强，而数学模型的使用则较少。

4. 办公管理信息系统

国家各级行政机关办公管理的自动化，对提高办公质量和效率、改进服务水平具有重要意义。办公管理信息系统的特点是办公自动化（office automation, OA）和无纸化，其特点和其他管理信息系统有较大不同。办公管理信息系统，往往和计算机的应用、局域网的应用、计算机终端和打印机的应用等诸多办公技术联系在一起。

5. 专业管理信息系统

专业管理信息系统是指从事特定行业或领域的管理信息系统。其中一类，如人事管理信息系统、房地产管理信息系统、物价管理信息系统、科技人才管理信息系统等，专业性很强，信息相对专一，主要功能是收集、存储、加工、预测等，技术相对简单，规模相对较大，建成后易见成效。另一类，如铁路运输管理信息系统、邮电信息系统、银行信息系统、民航信息系统等，综合性很强，不仅包括机关事务信息系统，还包括企业管理信息系统及经济信息系统等，因此被称为综合信息系统。

（二）应用于制造业的管理信息系统：MRP 系统、MPRⅡ系统与 ERP 系统

自 18 世纪制造业出现以来，所有企业几乎无一例外地追求着基本相似的运营目标，即在给定资金、设备、人力的前提下，追求尽可能大的有效产出；或在市场容量的限制下，追求尽可能少的人力、物力投入；或寻求最佳的投入/产出比。

这一基本目标的追求使制造业企业的管理者面临一系列的挑战：如何制定合理的生产计划？如何有效地控制成本？如何才能使设备得到充分利用？如何才能使作业得到均衡安排？如何合理有效地管理库存？如何对财务状况作出及时分析？等等。为应对上述挑战，各种理论和实践应运而生。在这些理论和实践中，首先提出而且被人们研究最多的是库存管理的方法和理论。人们首先认识到，诸如原材料不能及时供应、零部件不能准确配套、库存积压、资金周转期长等问题产生的原因，在于对物料需求控制得不好。然而，当时提出的一些库存管理方法往往是笼统的、只求"大概差不多"的方法。这些方法往往建立在一些经不起实践考验的前提假设之上、热衷于寻求解决库存优化问题的数学模型，而没有认识到库存管理实质上是一个处理大量信息的问题。事实上，即使当时认识到了这一点，也不具备相应的信息处理手段。

计算机的出现和投入使用，使得信息处理更加精确化。20 世纪 60 年代中期，在库存控制和生产计划管理方面，美国出现了一种新的库存与计划控制方法——计算机辅助编制的物料需求计划（material requirements planning，MRP）。

1. MRP 系统

物料需求计划理论是在解决订货点法缺陷的基础上发展起来的，它是 20 世纪 60 年代发展起来的一种计算物料需求量和需求时间的系统。其基本思路是：围绕物料转化组织制造资源，实现按需要准时生产。

我们知道，物资资料的生产是将原材料转化为产品的过程。对于加工装配式企业来说，如果确定了产品出产数量和出产时间，就可以按产品的结构确定产品的所有零件和部件的数量，并可按各种零件和部件的生产周期，反推出它们的出产时间和投入时间。这样，就可以围绕物料的转化过程来组织制造资源，实现按需要准时生产。

例如，加工装配式企业的工艺顺序是：将原材料制成毛坯，再将毛坯加工成各种零件，将零件组装成部件，最后将零件和部件组装成产品。如果我们要按一定的交货时间提供不同数量的产品，就必须提前一定时间加工所需数量的各种零件；要加工各种零件，就必须提前一定时间准备所需数量的各种毛坯，直至提前

一定时间准备各种原材料。即按反工艺顺序来确定零部件、毛坯和原材料的需要数量和需要时间。

由于现代工业产品的结构极其复杂，一个单位产品（如一辆汽车）可能由成千上万个零部件构成，因此用手工方法很难在短期内确定如此众多的零部件的需要数量和需要时间。据报道，在计算机出现以前，美国有些公司用手工方法计算各种零部件的需要数量和需要时间，一般需要 6～13 周时间。而 MRP 的出现，使得计算各种零部件的需要数量和需要时间可以缩短到几秒，这正是计算机应用于生产管理的结果。

MRP 系统一般包含以下模块：主生产计划（master production schedule，MPS）模块、物料需求计划（MRP）模块、物料清单（bill of material，BOM）模块、库存控制（inventory control）模块、采购订单（purchasing order）模块和加工订单（manufacturing order）模块等。

为实现 MRP 系统的功能，需要提供库存记录和产品结构。产品结构又称物料清单。物料清单是 MRP 的基础文件，它根据需求的优先顺序，在统一计划的指导下，把企业的"销、产、供"信息集成起来。BOM 反映各个物料之间的从属关系和数量关系，它们之间的连线反映工艺流程和生产周期。在物料清单的基础上，可按完工日期为时间基准倒排计划，按提前期长短确定各物料采购或加工的先后顺序。

MRP 系统的工作原理如下：

（1）产生主生产计划。结合用户订单和预测需求，以及高层制定的生产计划大纲，在现有资源条件下决定生产的数量。

（2）产生物料需求计划。在决定生产批量后，究竟需要订多少原材料和外购件来满足生产？首先通过物料清单确定原材料和零部件的需求量，再根据库存记录决定订什么、订多少和何时订等问题。

（3）输出制造与采购订货清单。MRP（物料需求计划）输入的是主生产计划、物料清单和库存记录；输出的是详细的制造与外购的物料以及零部件数量与时间清单。

随着 MRP 应用范围的逐渐扩大，其局限性也日益显现。MRP 的运行过程主要是物流的过程，但生产的运作过程，即产品从原材料的投入到成品的产出过程都伴随着企业资金的流通过程。并且，资金的运作会影响生产的运作，如采购计划制定后，由于企业的资金短缺而无法按时完成，就会影响整个生产计划的执行。

2. MRPⅡ系统

20 世纪 80 年代发展起来的 MRPⅡ系统与 MRP 系统的主要区别就在于它运用管理会计的概念，用货币形式说明了执行企业物料计划带来的效益，实现了物料信息与资金信息的集成。因而，MRP 系统三个字母的含义也发生了改变，由物料需求计划变为制造资源计划，英文为 manufacturing resources planning。由于字母的缩写都为 MRP，因此将制造资源计划命名为 MRP Ⅱ，以示区别。

MRP 系统建立在两个假设的基础之上：一是生产计划是可行的，即假定有足够的设备、人力和资金来保证生产计划的实现；二是物料采购计划是可行的，即假设有足够的供货能力和运输能力来保证完成物料供应。但在实际生产中，能源和物料资源总是有限的，往往会出现生产计划无法完成的情况。因而，为了保证生产计划符合实际，必须把计划与资源统一起来，以保证计划的可行性。后来的研究者在 MRP 的基础上增加了能力需求计划，使系统具有生产计划与能力的平衡过程，形成了闭环 MRP，进而又在闭环 MRP 的基础上增加了经营计划、销售、成本核算、技术管理等内容，构成了完整的企业管理系统制造资源计划（MRP Ⅱ）。

从 MRP Ⅱ 产生的过程可以看出，它是随着计算机技术和管理理论的发展而不断完善和提高的。近 20 年来，国外已有数万家企业建立并运行了 MRP Ⅱ 系统，我国开发应用 MRP Ⅱ 的单位也已有数百家，并形成了有中国特色的 MRP Ⅱ 产品。

MRP Ⅱ 利用计算机网络把生产计划、库存控制、物料需求、车间控制、能力需求、工艺路线、成本核算、采购、销售、财务等功能综合起来，实现企业生产的计算机集成管理，全方位地提高了企业的管理效率。

可见，MRP Ⅱ 系统是将现代化的管理方法与手段相结合，对企业生产中的人、财、物等资源进行全面控制，以最大的客户服务、最小的库存投资和高效率的工厂作业为目的的集成信息系统。但随着市场竞争的加剧和科技的进步，MRP Ⅱ 思想也逐步显露出局限性，主要表现在以下方面：

（1）企业竞争范围扩大。这要求加强企业各个方面的管理，并要求企业有更高的信息化集成，要求对企业的整体资源进行集成管理，而不仅仅对制造资源进行集成管理。

现代企业都意识到，企业的竞争是综合实力的竞争，要求企业有更强的资金实力、更快的市场响应速度。因此，信息管理系统与理论仅停留在对制造部分的信息集成与理论研究上是远远不够的。与竞争有关的物流、信息及资金要从制造部分扩展到全面质量管理、企业的所有资源（分销资源、人力资源和服务资源等）及市场信息和资源，并且要求能够处理工作流。在这些方面，MRP Ⅱ 都已经无法满足。

（2）企业规模不断扩大。多集团、多工厂要求协同作战，统一部署，这已经超出了 MRP Ⅱ 系统的管理范围。

全球范围内的企业兼并和联合浪潮方兴未艾，大型企业集团和跨国集团不断涌现，企业规模越来越大，这就要求集团与集团之间、集团内多工厂之间统一计划，协调生产步骤，汇总信息，调配集团内部资源。这些既要独立又要统一的资源共享管理是 MRP II 系统目前无法解决的。

（3）信息全球化趋势的发展要求企业之间加强信息交流和信息共享。企业之间既是竞争对手又是合作伙伴。信息管理要求扩大到整个供应链的管理，这些更是 MRP II 系统所不能解决的。

随着信息全球化的飞速发展，尤其是 Internet 的发展与应用，企业与客户之间、企业与供应商之间、企业与用户之间，甚至是竞争对手之间都要求对市场信息快速响应、信息共享。越来越多的企业之间的业务在 Internet 上进行，这些都向企业的信息化提出了新的要求。

3. ERP 系统

ERP 理论与系统是从 MRP II 系统发展而来的。MRP II 系统仅能管理企业内部资源的信息流，随着全球经济一体化的加速，企业与外部环境的关系越来越密切，MRP II 系统逐渐不能满足需要，于是新的企业管理思想和软件应运而生了。在 MRP II 基础上发展起来的企业资源计划（enterprise resource planning，ERP），把原来的 MRP II 系统拓展为围绕市场需求而建立的企业内外部资源计划系统。ERP 系统突破了原来只管理企业内部资源的方式，而把客户需求、企业内部的经营活动以及供应商的资源融合到一起，体现了完全按市场需求制造的经营思想。ERP 系统也打破了 MRP II 系统只局限于传统制造业的旧观念和格局，把触角伸向各个行业，特别是金融业、通信业、高科技产业、零售业等，大大扩展了应用范围。

ERP 系统实现了对整个供应链信息进行集成管理。ERP 系统采用客户机/服务器（C/S）体系结构和分布式数据处理技术，支持 Internet/Intranet/Extranet、电子商务（E-business、E-commerce）及电子数据交换（EDI）。

一般来讲，ERP 系统具有如下特点：

（1）支持物料流通体系的仓库管理以及运输配送管理（供应链上供、产、需各个环节之间都有运输配送和仓储等管理问题）；

（2）支持在线分析处理（online analytical processing，OLAP）、售后服务及质量反馈，实时准确地掌握市场需求的脉搏；

（3）支持生产保障体系的质量管理、实验室管理、设备维修和备品备件管理；

（4）支持跨国经营的多国家地区、多工厂、多语种、多币制的需求；

（5）支持多种生产类型或混合型制造企业，汇合了离散型生产、流水作业生产和流程型生产的特点；

（6）支持远程通信、Internet、电子商务和电子数据交换（EDI）；

（7）支持工作流（业务流程）动态模型变化与信息处理程序命令的集成。

此外，ERP 系统还支持企业资本运行和投资管理、各种法规及标准管理等。

概括地说，ERP 系统是建立在信息技术基础上，利用现代企业的先进管理思想，全面地集成了企业的所有资源信息，并为企业提供决策、计划、控制与经营业绩评估的全方位和系统化的管理平台。ERP 系统是一种管理理论和管理思想，而不仅仅是一种信息系统。它利用企业的所有资源，包括内部资源与外部市场资源，为企业制造产品或提供服务创造最优的解决方案，最终达到企业的经营目标。由于这种管理思想必须依附于计算机软件系统的运行，所以人们常把 ERP 系统当成一种软件，这是一种误解。要想理解与应用 ERP 系统，就必须了解 ERP 系统的实际管理思想和理念，只有这样才能真正地掌握与利用 ERP 系统。

ERP 系统对现代企业来说就好比是人体的神经系统，人体各部分的协调要靠神经系统来传送信息。一只蚊子叮在大腿上，这一信息经过神经系统传递到大脑，大脑发出"打死它"的命令。这个命令连同蚊子叮咬部位的信息又通过神经系统传递给手，于是一个巴掌拍下来，把蚊子打个粉身碎骨。有国外学者认为，目前组织的复杂性已经超过了组织中个体的复杂性。人体需要神经系统来协调各部分的活动，而对于比人体更复杂的组织而言，这样一种神经系统更是必不可少的。在制造型企业中，产品开发部门需要市场和生产方面提供的信息来指导产品开发，物流部门需要根据生产部门、销售部门和供应商提供的信息组织物流。在销售型企业中，物流部门需要根据各销售点上的销售情况组织货源、进行配送。企业的神经系统就是由 ERP 系统等信息系统构成的。这种系统过去有，现在有，将来永远都会有。信息技术为企业内部、企业与企业之间、企业与客户之间的信息传递和共享提供了强有力的技术手段支持。ERP 系统就是基于这种技术手段的企业信息系统。市场的竞争愈演愈烈和世界的变化越来越快，要求企业具有越来越快的反应能力，而高效、有效的信息系统是快速反应能力的基础。因此，企业对于 ERP 系统的需求呈快速增长趋势。

（三）管理信息系统的发展

1. 管理信息系统发展的三阶段

自从电子计算机问世以来，信息系统经历了由单机到网络、由低级到高级、由电子数据处理到管理信息系统再到决策支持系统、由数据处理到智能处理的过程。我们可以把管理信息系统的发展分为三个阶段。

1）电子数据处理系统阶段（20 世纪 50 年代到 70 年代初期）

1954 年，美国通用电气公司开始应用计算机处理商业数据，标志着最原始的电子数据处理系统（electronic data processing systems，EDPS）的诞生。从发展阶段来看，电子数据处理阶段可分为单项数据处理和综合数据处理两个阶段。

（1）单项数据处理阶段（20 世纪 50 年代中期到 60 年代中期）。这是电子数据处理的初级阶段，主要是用计算机部分地代替手工劳动，进行一些简单的单项数据处理工作，如计算工资、管理库存、编制报表等。

（2）综合数据处理阶段（20 世纪 60 年代中期到 70 年代初期）。这一时期的计算机技术有了很大发展，出现了大容量直接存取的外存储器。此外，一台计算机能够带动若干终端，可以对多个过程的有关业务数据进行综合处理。此时，各类信息报告系统应运而生。

2）管理信息系统阶段（20 世纪 70 年代初期到 80 年代初期）

20 世纪 70 年代初，随着数据库技术、网络技术和科学管理方法的发展，计算机在管理上的应用日益广泛，管理信息系统逐渐成熟起来。

管理信息系统最大的特点是高度集中，能将组织中的数据和信息集中起来，进行快速处理、统一使用。有一个中心数据库和计算机网络系统是 MIS 的重要标志。MIS 的处理方式是在数据库和网络基础上的分布式处理。计算机网络和通信技术的发展，不仅能把组织内部的各级管理联结起来，而且能够克服地理界限，把分散在不同地区的计算机网互联，形成跨地区的各种业务信息系统和管理信息系统。

管理信息系统的另一特点是，利用定量化的科学管理方法，通过预测、计划、优化、管理、调节和控制等手段支持决策。

3）决策支持系统阶段（20 世纪 80 年代初至今）

20 世纪 70 年代，西方管理信息系统的发展遇到很大的挫折。人们发现，耗费大量投资建立起来计算机系统，并没有像人们所期望的那样大大提高企业管理工作的效率，给企业带来可观的收益。为此，国际上展开了对 MIS 失败原因的讨论。人们认为，早期 MIS 的失败并非由于系统不能提供信息，实际上，MIS 能够提供大量信息，但经理很少去看，大部分信息被丢进废纸堆，原因是这些信息并非经理决策所需。当时，美国的 Michael S. Scott Marten 在《管理决策系统》一书中首次提出了"决策支持系统"（decision support systems，DSS）的概念。决策支持系统不同于传统的管理信息系统。早期的 MIS 主要为管理者提供预定的报告，而 DSS 则是在人和计算机交互的过程中帮助决策者探索可能的方案，为管理者提供决策所需的信息。

由于支持决策是 MIS 的一项重要内容，因此 DSS 无疑是 MIS 的重要组成部分；同时，DSS 以 MIS 管理的信息为基础，是 MIS 功能上的延伸。从这个意义上看，可以认为 DSS 是 MIS 发展的新阶段，而 DSS 是把数据库处理与经济管理数学模型的优化计算结合起来，具有管理、辅助决策和预测功能的管理信息系统。

综上所述，EDPS、MIS 和 DSS 各自代表了信息系统发展过程中的某一阶段，但至今它们仍在各自不断地发展着，而且存在着相互交叉的关系。EDPS 是面向业务的信息系统，MIS 是面向管理的信息系统，DSS 则是面向决策的信息系统。DSS 在组织中可以是一个独立的系统，也可以作为 MIS 的一个高层子系统而存在。

2. 管理信息系统在中国的发展

中国在 20 世纪 70 年代末到 80 年代初开始对 MIS 进行研究，经过 20 多年的发展，中国的 MIS 有了很大的进步，但与国外的先进水平相比还有很大差距。1983 年，中国的信息化高潮兴起，计算机大量应用于各个行业当中，对计算机应用人才的需求很大。但是在 1986～1987 年，有舆论认为中国的计算机人才过剩。由于管理信息系统在应用中的失败比例较高，人们对 MIS 的作用产生了怀疑，导致整个 MIS 的发展进入低潮。20 世纪 80 年代末，有人评价中国的管理信息系统是 80 年代的硬件、70 年代的软件、60 年代的系统、50 年代的应用、40 年代的管理。管理落后、人员素质差、思想观念保守以及大环境没有理顺，导致中国初期的管理信息系统应用大部分失败了。当时有两个 80％ 的估计，即：80％ 的系统失败了，或没有达到设计要求；80％ 的原因在于管理。直到 1992 年，中国的 MIS 才再次兴起。

经过 20 多年的发展和应用，MIS 在中国的影响已经开始显现出来。与 20 多年前很少有人了解 MIS 的情形相比，目前 MIS 在社会中已经得到了许多人的认可和支持，并得到迅速推广。随着 MIS 的不断应用，企业的运行和管理模式的变革也已开始。通过应用 MIS 来改进企业的管理进程和模式，可使企业的流程更加科学、效率更高。例如，联想集团在实施全面的 ERP 系统以后，库存周转由 1995 年的 72 天降到 2000 年的 22 天，节省资金 21 亿；积压损失由 1995 年的 2％ 降到 2000 年的 0.19％；应收账周转天数由 1995 年的 28 天降到 2000 年的 14 天；每年总计降低成本 6 亿多元。这表明，信息化可以使生产流程更加科学，使生产经营成本大幅度降低。

3. 管理信息系统的发展趋势

管理信息系统是一个不断发展的概念。20 世纪 90 年代以来，决策支持系统与人工智能、计算机网络技术等结合形成了智能决策支持系统（intelligent decision support systems，IDSS）和群体决策支持系统（group decision support systems，GDSS）。又如，电子数据处理系统、管理信息系统和办公自动化技术在商贸中的应用已发展成为电子商贸系统（electronic business processing system，EBPS）。这种系统以通信网络上的电子数据交换（electronic data interchange，EDI）标准为基础，实现了集订货、发货、运输、报关、保险、商检和银行结算于一体的商贸业务，大大方便了商贸业务和进出口贸易。此外，还出现了不少新的概念，如经理信息系统、战略信息系统、计算机集成制造系统和其他基于知识的信息系统等。

（四）管理信息系统对管理活动的支持

任何组织都需要管理。所谓组织，是指人们为了实现共同目标而组成的群体和关系，如企业、部门、公司等，它们都具有一定的形式和结构，并完成特定的功能。一个组织的管理职能主要包括决策、计划、组织、领导和控制等五个方面，其中任何一方面都离不开管理信息系统的支持。下面分别讨论管理信息系统对决策职能、计划职能、组织职能、领导职能和控制职能的支持。

1. 管理信息系统对决策职能的支持

决策贯穿于管理的全过程，管理就是决策。决策科学先驱西蒙（Herbert A. Simon）教授在著名的决策过程模型论著中指出：以决策者为主体的管理决策过程经历了情报（intelligence）、设计（design）和抉择（choice）三个阶段。后来，西蒙在他的决策过程模型中又增加了决策实施后的评价阶段，但仍强调前三个阶段是决策过程的主要部分。现在我们把决策过程的四个阶段列为情报活动阶段、设计活动阶段、选择活动阶段和实施活动阶段，并称之为决策过程模型的四个阶段。

任何企业都需要决策者经常作出各种各样的决策，信息技术可以在决策过程中提供辅助。对当今的决策者来说，在决策过程中应广泛采用现代化的手段和规范化的程序，应以系统理论、运筹学和电子计算机为工具，并辅之以行为科学的有关理论。这就是说，当代决策理论把行为决策理论和古典决策理论有机地结合起来，它所概括的一套科学行为和工作程序，既重视科学的理论、方法和手段的应用，又重视人的积极性。常用的计算机辅助决策有两种形式：决策支持和人工智能。

2. 管理信息系统对计划职能的支持

计划是对未来作出的安排和部署。任何组织的活动实际上都有计划，只不过计划是否正式而已。管理的计划职能是为组织及其下属机构确定目标，拟定为达到目标的行动方案，并制定各种计划，使各项工作和活动都能围绕预定目标去进行，从而达到预期的效果。高层的计划管理还包括制定总的战略和总的政策。信息系统对计划的支持包括如下几个方面：

（1）支持计划编制中的反复试算。在计划的制定过程中，多方案的比较及每个方案中个别数据的变动都可能引起其他许多相关数据的变动及方案结果的变化。虽然计算方法不一定复杂，但表达式之间的关系却错综复杂，数据量也十分巨大，所以计算工作量特别大。如果没有计算机的支持，根本不可能完成。在传统手工作业的条件下，只能通过减少数据量及数据间的相互关系数来降低运算的工作量。无疑，这将降低计划的准确程度。

（2）支持对计划数据的快速、准确存取。为了实现计划管理职能，重要的是建立与计划有关的各种数据库，其中主要有各类定额数据库、各类计划指标数据库、各种计划表格数据库等。完善和充分利用上述各种数据库系统，可以实现对企业计划数据的快速、准确存取，从而使企业的生产经营指挥系统得到大大加强。

（3）支持计划的基础——预测。预测是研究对未来状况作出估计的专门技术，而计划则是对未来作出安排和部署，以达到预期的目的，计划必须在预测的基础上进行。预测支持决策者作出正确的决策，制定可靠的计划。预测的范围很广，方法也很多，如主观概率法、调查预测法、类推法、德尔菲法、因果关系分析法等。这些预测方法的计算量大，常常要用计算机来求解。

（4）支持计划的优化。在企业编制计划时，经常会遇到对有限资源的最佳分配问题。编制计划时，可能提出生产哪几种产品（即如何搭配产品）可以在设备生产能力允许的约束条件下获得最大的利润等问题。对于这种类型的问题，可以列出数学模型，然后在计算机上通过人机交互方式进行求解。

3. 管理信息系统对组织职能和领导职能的支持

组织职能具体包括：确定管理层次、建立各级组织机构、配备人员、规定职责和权限，并明确组织机构中各部门之间的相互关系、协调原则和方法。信息技术是现阶段对企业组织进行改革的有效的技术基础。信息技术的发展促使企业组织重新设计、企业工作重新分工和企业职权重新划分，从而进一步提高企业的管理水平。

近几年来，随着电子商务的发展以及外部合作竞争的加强，更多的知识型企业依靠 Internet、ERP、SCM、Extranet 等信息技术手段，建立起一种以核心企业为中心，通过与其他组织建立研发、生产制造、营销等业务合同网，有效发挥核心业务专长的协作型组织，这种组织称为动态网络虚拟组织。动态网络虚拟组织是基于信息技术的日新月异以及更为激烈的市场竞争而发展起来的一种临时性组织。它以市场的组合方式代替了传统的纵向层次结构组织，实现了组织内在核心优势与市场外部资源优势的动态有机结合，因而更具有敏捷性和快速反应能力，可视为组织结构扁平化趋势的一个极端例子。

动态网络虚拟组织的优点是：组织具有更大的灵活性和柔性；可以更好地结合市场需求来整合各项资源；组织简单、精练；组织运行效率高，成本低。

领导职能的作用在于指引、影响个人和组织按照计划去实现目标，这是一种行为过程。领导者在人际关系方面的职责是领导、组织和协调；在决策方面的职责是对组织的战略、计划、预算、选拔人才等重大问题作出决定；在信息方面的职责是作为信息汇合点和神经中枢，对内对外建立并维持一个信息网络，以沟通信息，及时处理矛盾和解决问题。由此可见，信息系统在支持领导职能方面具有重要作用。

4. 管理信息系统对控制职能的支持

一切管理内容都有控制问题。控制职能是指对管理业务进行计量和纠正，确保计划得以实现。计划是为了控制，是控制的开始。控制通常是把实际的执行结果与计划的阶段目标相比较，以发现实施过程中偏离计划的缺点和错误，在执行过程中需要不断检测、控制。因此，为了实现管理的控制职能，就应随时掌握反映管理运行动态的系统监测信息和调控所必要的反馈信息。管理控制工作中的信息，是在生产经营活动中产生、根据管理过程和管理技术组织起来的，并且是经过了分析整理后的信息流或信息集，它所包含的信息种类繁多、数量巨大。这种管理信息与信息技术结合在一起，形成了管理信息系统。控制是否有效，关键在于管理信息系统是否完善，信息反馈是否灵敏、正确、有力。

管理控制系统实质上也是一个信息反馈系统。通过信息反馈，管理控制系统能揭示管理活动中的不足之处，促进系统进行不断的调节和改革，使系统逐渐趋于稳定、完善，直到达到优化的状态。管理控制系统是否有效，关键在于控制过程中的关键控制点的选择和控制"时滞"的减少。关键控制点的选择要求组织能及时、有效、自动地获取所需的关键信息，并加以整理和分流，使组织中的各级管理者都能及时获取各自所需的特定信息。选择关键控制点在管理上是一种艺术，有效的控制很大程度上取决于这种能力。迄今为止，已经开发出一些有效的技术，帮助主管人员在某些控制工作中选择关键控制点。例如，计划评审技术就是一种在有着多种平行作业的复杂的管理活动网络中，寻找关键线路的方法，它的成功运用确保了像美国北极星导弹研制工程和"阿波罗"登月工程等大型项目的如期乃至提前完成。"时滞"是控制系统普遍存在的一种现象，它是从测量信息、传递信息、找出偏差、采取纠正措施到系统恢复再到预定状态这一过程所需要的时间。无疑，最有效地降低时滞的方法是前馈控制，它能在偏差产生之前就采取措施防止偏差的产生，使时滞为零。其次，降低时滞的方法是运用电子数据采集和计算机的管理信息系统等手段，改进现场控制。

随着科学技术的不断发展，智能化的控制将是一种更高级的形式。就生产过程的控制来说，信息系统将有能力自动监控并调整生产的物理过程。例如，工厂自动装配线可利用敏感元件收集数据，经过计算机处理后对生产过程加以控制。

　　还有一种趋势，就是一些企业的生产过程控制正由过去的集中控制、集中管理式系统向分散控制、集中操作和监视、集中处理信息、集中管理的集散式系统方向发展。在这种控制系统中引入管理机制，与 MIS 相沟通，并分别与 MIS 的各个子系统交换信息，从而形成一种更为综合的信息系统。

　　综上所述，管理信息系统对管理具有重要的辅助和支持作用，现代管理要依靠管理信息系统来实现其管理职能、管理思想和管理方法。

第四节　管理信息系统的学科体系

　　管理信息系统是一门边缘性、综合性、系统性的交叉学科，它涉及社会和技术两大领域，是应用管理科学、现代技术（计算机、通信等）以及数学、运筹学等的研究成果而形成的一个新的学科体系。图 1.6 列出了管理信息系统与其他学科之间的关系。

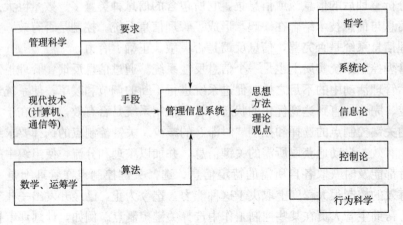

图 1.6　管理信息系统与其他学科之间的关系

　　管理信息系统首先是管理科学的发展，也就是说，管理科学向管理信息系统提出了要求，它是该学科产生的直接原因。管理科学的狭义理解是运筹学加计算机，即用计算机收集信息，用运筹学列出模型，然后再用计算机求解。管理科学强调定量，把管理过程数量化，用计算机求解以达到系统的目的。管理科学的应用说明，管理已由以艺术为主的阶段发展到以科学为主的阶段。这是管理现代化的标志，概括起来就是系统的观点、数学的方法和计算机的应用。没有这三点就不能算是实现了真正的管理现代化。如果不了解管理科学，管理信息系统的研究和开发将缺乏明确的目标和基本的评价原则。

　　计算机科学是与管理信息系统最密切的学科之一。管理信息系统是依赖于现代信息技术而形成的。从 1946 年第一台电子计算机问世到 1954 年的短短 9 年间，计算机已经被用于工资计算，即用于管理了。从 20 世纪 70 年代末、80 年代开始，管理信息系统已经与计算机辅助设计（CAD）、计算机辅助制造（CAM）相结合构成统一的信息系统，即计算机集成制造系统（CIMS）。20 世纪 90 年代开始，由于计算机技术的进步，计算机成本大大降低、性能大大提高，加之网络技术、多媒体技术的成熟，因此计算机科学在更大更深的范围对管理信息系统产生了重大影响。面对现代化管理活动中大量、复杂的数据，没有现代信息技术的支持将难以完成数据的加工处理，更谈不上对管理进行预测、控制和辅助决策。目前，计算机技术的成熟已为管理信息系统的发展创造了良好的条件。

数学、运筹学与管理信息系统也有很大的关系。数学是关于数与形的科学，它不但在过去对管理科学、运筹学、计算机的发展起到了推动作用，而且在今天也直接对管理信息系统产生着影响。运筹学虽然不是数学，但与数学的关系很密切。管理信息系统中的预测和决策功能，必须运用数学和运筹学的方法与模型来解决。"老三论"——信息论、控制论和系统论已成为管理信息系统的理论基础。之后，模糊数学、"新三论"（突变论、耗散结构论和协同论）以及非线性科学（包括分形、分维和混沌理论）等对管理信息系统产生了极大的影响。此外，管理信息系统还从哲学等学科汲取了有用的观点、概念和方法。

■ 第五节　管理信息系统的技术基础

信息技术是管理信息系统的基础，只有把信息技术与管理结合起来，才能真正发挥管理信息系统的作用。本节将重点介绍有关管理信息系统所涉及的计算机技术、通信与网络技术、数据库技术。

一、计算机技术概述

管理信息系统是以计算机技术为主要技术基础的，离开计算机的信息处理，管理信息系统将无从谈起。也就是说，计算机是管理信息系统的主要实现和应用工具。

1. 计算机的产生与发展

自从 1946 年第一台电子计算机诞生以来，计算机的发展经历了如表 1.1 所示的几个阶段。计算机技术发展迅速，如今，无论是我们的学习还是工作和生活都已离不开计算机。

表 1.1　计算机的产生和发展历程

大约时间	阶段	电子元器件	运算速度
1946~1958 年	第一代电子计算机	电子管时代	5000 次/秒
1959~1963 年	第二代电子计算机	晶体管时代	几万次/秒
1964~1979 年	第三代电子计算机	集成电路时代	几十万次/秒
1979 年至今	第四代电子计算机	大规模集成电路时代	几百万/秒至几千万/秒

2. 计算机系统的基本结构

计算机系统由硬件系统和软件系统组成。硬件是指计算机中的各种物理装置，主要有控制器、运算器、内存储器、I/O 设备以及外存储器等，它是计算机系统的物质基础。软件是相对于硬件而言的，它着重解决如何管理和使用计算机的问题。图 1.7 是计算机系统的基本组成。

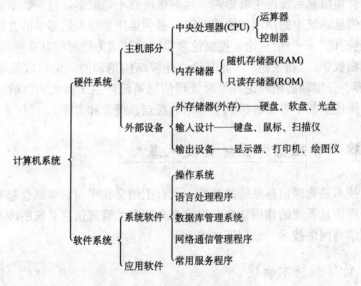

图 1.7　计算机系统的基本组成

二、通信与网络技术概述

（一）通信系统基础

1. 通信系统原理

通信系统通常被定义为制造、传送、接受电子信息的系统。为了完成上述任务，一个通信系统至少要包含三个基本要素：①发送信息的机器；②传送信息的通路或通信介质；③接收信息的机器。

通信系统有时也指远程通信系统或网络系统。简单地说，通信网络是由多个通信设备组成的系统。这些机器能发送信号或接收信号；或既能发送又能接收信号，如电话、终端、打印机、主机系统、微机等。这些机器通过编码、解码、中继或控制信号的设备，使其能够传送和接受信息。

2. 数据通信技术的发展

数据通信网是为提供数据通信业务而组成的电信网，其网络交换技术有电路方式、分组交换方式、帧中继方式、异步转移模式（ATM）、综合业务数字网（ISDN）等。

1）电路方式

电路方式是从一点到另一点传送信息且固定占用电路带宽资源的方式，也是从一点到另一点传递信息的最简单方式。这种传输通路是双向的。采用电路方式进行数据通信，既可以采用公用交换网络，即电话网（PSTN）；也可以采用专线方式，即数字数据网（DDN）。DDN一般用于向用户提供专用的数字数据传输信道，或者提供将用户接入公用交换网的接入信道。这种专线方式不包括交换功能。电路方式信息传输延时小，电路透明，信息传送的吞吐量大。由于预先的固定资源分配，不管在这条电路上实际有无数据传输，电路都一直被占用，所以网络资源的利用率较低，不能适应网络发展的需要。

2）分组交换方式

分组交换技术是20世纪60年代适应计算机通信的要求而发展起来的一种先进的通信技术。分组交换方式是将传送的信息划分为一定长度的数据包，这称为分组，再以数据包为单位进行存储转发。在分组交换网中，一条实际的电路能够传输许多对用户终端间的数据而不互相混淆，因为每个分组中都含有区分不同起点、终点的编号，称为逻辑信道号。分组交换方式对电路带宽采用了动态复用技术，效率明显提高。为了保证分组的可靠传输，防止分组在传输和交换过程中的丢失、错发、漏发、出错，分组通信制定了一套严密的、较为烦琐的通信协议。例如，在分组网与用户设备间的X.25规程就起到了上述作用，因此人们又称分组网为"X.25网"。

3）帧中继方式

帧方式的典型技术就是帧中继。帧中继是20世纪80年代发展成熟的一种先进的广域网技术。帧中继方式实质上也是分组通信的一种形式，只不过它将X.25分组网中分组交换机之间的恢复差错、防止阻塞的处理过程进行了简化。分组通信的差错恢复机制显得过于烦琐，帧中继将分组通信的三层协议简化为两层，大大缩短了处理时间，提高了效率。帧中继网内部的纠错功能很大一部分都交由用户终端设备来完成。由于传输技术的发展，数据传输误码率大大降低。

4) 异步转移模式

异步转移模式（ATM）是一种快速分组交换的传输方式。ATM 实现了多种业务的综合，如语音、数据、视频以及交互型和分配型业务等都可以综合到同一个网络内，采用端对端的数字连接。ATM 的主要特点是采用了分组交换的原理，以固定长度的信元传送信息。它可以适应各种业务速率，简化网内协议，从而极大地提高了网络的通信处理能力。20 世纪 80 年代中后期，人们对 ATM 做了大量的实验，建立了很多交换模型。1988 年，CCITT 正式将这种技术定名为异步转移模式，并确定为宽带 ISDN 的信息传送方式。ATM 的推出似乎使帧中继的发展前景蒙上了一层阴影，难道帧中继技术真的会昙花一现、前途未卜吗？答案是否定的。帧中继技术不仅在目前是较好的网络技术，即便将来 ATM 成为主要网络技术后，它也将和 ATM 相辅相成，作为未来 ATM 传输技术基础的骨干传输网的有效接入层。

5) 综合业务数字网（ISDN）

20 世纪 70 年代后期，人们开始研究和开发综合业务数字网。ISDN 建立在数字通信的基础上，较好地解决了话音和数据的综合问题，它与原来的许多通信业务需要多种通信网络相比，是一个很大的进步。在这之后研究和开发的、以 ATM 为信息传送方式的宽带 ISDN，更适应网络和通信发展的需求，在宽带数据通信网络技术发展的过程中出现了两种不同的技术，即 ATM 和 IP 技术。这使得宽带数据网络的设计和建设，特别是骨干网络存在两种不同的思路。采用这两种技术均可以构建宽带数据网络，分别为 ATM 宽带数据网络和 IP 宽带数据网络。ATM 网络的核心结点设备系列 ATM 交换机，采用异步时分复用的快速分组交换技术，将信息流分成固定长度的信元，并实现了信元的高速交换；IP 网络的核心结点为千兆位或太（T）位路由器。

（二）网络系统基础

计算机网络是管理信息系统运行的基础。由于一个企业或组织中的信息处理都是分布式的，把分布式信息按其本来面目由分布在不同位置的计算机进行处理，并通过通信网络把分布式信息集成起来，是管理信息系统的主要运行方式，因此，计算机网络是管理信息系统的基本使用技术。

1. 计算机网络的概念与分类

计算机网络是用通信介质把分布在不同地理位置的计算机与其他网络设备连接起来，实现信息互通和资源共享的系统。计算机网络的重要概念有网络介质、协议、结点、链路、网络拓扑结构等。

根据计算机网络的应用范围和应用方式不同，可将其分为以下几类：局域网（LAN）、广域网（WAN）、综合业务数字网（ISDN）、Internet 等。

2. 网际互联——Internet 技术

局域网技术在 20 世纪 80 年代获得了广泛的应用，为管理信息系统的普及应用提供了技术上的可行性。但随着管理信息系统的发展和信息技术应用水平的不断提高，一个企业或组织往往需要更为广泛的信息联系，这些应用超出了局域网的应用范围，同时，由于局域网用户的信息交互主要集中在局域网内部，如果建设更大规模的网络，又由于信息流量、传输距离等因素的制约而显得既不现实也无必要。因此，把不同的局域网通过主干网互联起来，既能满足信息技术应用日益发展的需要，又可以充分保护已有的投资，成为网络技术发展的重要方向。

网际互联即通过主干网络把不同标准、不同结构甚至不同协议类型的局域网在一定的网络协议的支持下联系起来，从而实现更大范围的信息资源共享。为了实现网络互联，国际标准化组织（ISO）提出了开放系统互联（open system interconnection，OSI）参考模型，凡按照该模型建立起来的网络就可以互联。现有的网络互联协议已或多或少地遵循了 OSI 的模式。

Internet 即是在 TCP/IP 协议下实现的全球性的互联网络，称为 "Internet 网际"，我国称之为 "因特网"。

Internet 的前身是美国国防部高级计划研究局（ARPA）建立的 ARPAnet 广域网。1982 年，Internet 由 ARPAnet、MILAt（军事网络）等合并而成，1987 年开始，一些非军事性、非研究性的商用网络连入其中，后来逐渐形成了包括各行各业在内的国际互联网。

Internet 网络大致形成三层结构，最底层是大学、企业网络，中间层是地区网络，最上层是全国主干网。

目前，Internet 提供的服务多种多样，一般可分为电子邮件（E-mail）服务、远程登录服务（remote login）、文件传送服务（FTP）、信息查询服务、网络新闻服务和公告服务、娱乐和会话服务及电子商务。

三、数据库技术概述

当人们需要用数据来帮助作决策和采取行动时，如果这些数据能够在限定的时间内被检索处理，并递交给需求者，那么这些数据就具有了价值，成为信息。为了使数据成为有意义的信息，需要将数据有序地组织起来（即建立数据库），这样才能对数据进行有效的处理。因此，我们认为对于管理信息系统的建设来说，数据库是管理信息系统的主要技术基础。

（一）数据库系统的产生和构成

人们对于数据的处理由来已久。开始是纯手工的处理，随着计算机的出现，人们将保存的数据存放在计算机文件中，但由于早期的运算不提供文件间运算，因此容易出现大量数据冗余。而数据库的产生为人们科学地组织数据提供了方法、原理，并为人们提供了对数据进行定义、操作、控制的工具。由于数据库系统提供了数据演算语言，因此应用程序很容易实现对数据库文件的各种操作。数据处理的发展历程如图1.8所示。

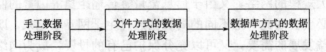

图1.8 数据处理的三个发展阶段

1. 数据库系统的产生

数据库是以一定的组织方式存储在一起的相关数据的集合，它能以最佳的方式、最少的数据冗余为多种应用服务，程序与数据具有较高的独立性。

数据库技术的萌芽可以追溯到20世纪60年代中期，60年代末到70年代初数据库技术日益成熟，具有了坚实的理论基础。其主要标志为以下三个事件：

（1）1969年，IBM公司研制开发了基于层次结构的数据库管理系统（information management system，IMS）。

（2）美国数据系统语言协商会（Conference on Data System Language，CODASYL）的数据库任务组（data base task group，DBTG）于20世纪60年代末70年代初提出了DBTG报告。DBTG报告确定并建立了数据库系统的许多概念、方法和技术。DBTG基于网状结构，是数据库网状模型的基础和代表。

（3）1970年，IBM公司San Jose研究实验室研究员E. F. Codd发表了题为"大型共享数据库数据的关系模型"的论文，提出了数据库的关系模型，开创了关系方法和关系数据研究，为关系数据库的发展奠定了理论基础。

20世纪70年代，数据库技术有了很大发展，出现了许多基于层次或网状模型的商品化数据库系统，这些数据库系统广泛运行在企业管理、交通运输、情报检索、军事指挥、政府管理和辅助决策等各个方面。

这一时期，关系模型的理论研究和软件系统研制也取得了很大进展。1981年，IBM公司San Jose实验室宣布具有SystemR全部特性的数据库产品SQL/DS问世。与此同时，加州大学伯克利分校研制成功关系数据库实验系统INGRES，接着又实现了INGRES商务系统，使关系方法从实验室走向社会。

20世纪80年代以来，几乎所有新开发的数据库系统都是关系型的。微型机平台的关系数据库管理系统也越来越多，功能越来越强，其应用已经遍及各个领域。

2. 数据库系统的构成

数据库系统是由计算机系统、数据、数据库管理系统和有关人员组成的具有高度组织的总体。数据库系统的主要组成部分如下。

1）计算机系统

计算机系统是指用于数据库管理的计算机硬、软件系统。数据库需要大容量的主存以存放和运行操作系统、数据库管理系统程序、应用程序以及数据库、目录、系统缓冲区等，辅存方面，则需要大容量的直接存取设备。此外，计算机系统应具有较高的网络功能。

2）数据库

数据库既有存放实际数据的物理数据库，也有存放数据逻辑结构的描述数据库。

3）数据库管理系统

数据库管理系统（DBMS）是一组对数据库进行管理的软件，通常包括数据定义语言及编译程序、数据操纵语言及编译程序和数据管理例行程序。

4）人员

人员具体包括：

（1）数据库管理员。为了保证数据库的完整性、明确性和安全性，必须有人对数据库进行有效的控制。行使这种控制权的人叫数据库管理员，他们负责建立和维护模式，提供数据的保护措施并编写数据库文件。所谓模式，是指对数据库总的逻辑描述。

（2）系统程序员。这是设计数据库管理系统的人员。他们必须关心硬件特性及存储设备的物理细节，实现数据组织与存取的各种功能，实现逻辑结构到物理结构的映射等。

（3）应用程序员。负责编制和维护应用程序，如库存控制系统、工资核算系统等。

（4）用户。包括：①专门用户。指通过交互方式进行信息检索和补充信息的用户。②参数用户。指那些与数据库的交互作用是固定的、有规则的人，如售货员和订票员等就是典型的参数用户。

（二）数据库管理系统的功能

数据库管理系统（DBMS）的功能体现于：对外，它是向数据库的使用者提供数据服务的软件系统，使用户系统能够很方便地远离数据的具体细节而使用数据库；对内，它实现对数据的存储管理，保证数据是正确的、一致的、完整的，如表1.2所示。

表 1.2 数据库管理系统的功能

功能	数据查询	数据更新	数据插入	数据删除
内容	查询语句能够在数据库中找出一定条件的数据	数据更新只改变当前数据库中已有的数据	数据插入是指不改变当前数据库中的任何数据而增加数据	数据删除是指从数据库中删除现有的数据

(三) 数据库设计的主要内容

信息是人们对客观世界各种事物特征的反映,而数据则是表示信息的一种符号。从客观事物到信息再到数据,是人们对现实世界的认识和描述过程,经过了以下三个世界(或称领域):

(1) 现实世界(reality field),指人们头脑之外的客观世界,它包含客观事物及其相互联系。

(2) 概念世界(info. field),又称信息世界,是现实世界在人们头脑中的反映。客观事物在观念世界中称为实体,为了反映实体和实体的联系,可以采用后面介绍的实体联系模型(E-R 模型)。

(3) 数据世界(data field),是信息世界中信息的数据化。现实世界中的事物及其联系,在数据世界中用数据模型描述。

从现实世界、概念世界到数据世界是一个认识的过程,也是抽象和映射的过程。与此相对应,设计数据库也要经历类似的过程,即数据库设计的步骤包括概念(结构)设计、逻辑(结构)设计和物理(结构)设计三个阶段。

概念(结构)设计是根据用户需求设计的数据库模型,概念模型可用实体联系模型(E-R 模型)表示,也可以用 3NF(3 范式)关系群表示。

逻辑(结构)设计是将概念模型转换成某种数据库管理系统(DBMS)支持的数据模型。

物理(结构)设计是为数据模型在设备上选定合适的存储结构和存取方法。

下面重点介绍实体联系模型和数据模型。

1. 实体联系模型

信息模型最常用的表示方法是实体-联系方法,即由 P. P. Chen 于 1976 年提出的实体联系(entity-relation,E-R)方法,其主要思想是用 E-R 图来描述组织的信息模型。E-R 模型反映的是现实世界中的事物及其相互联系,是对现实世界的一种抽象,它抽取了客观事物中人们关心的信息,而忽略非本质的细节,并对这些信息进行精确的描述。与 E-R 模型有关的概念有以下几个:

实体(entity)。"实体"是观念世界中描述客观事物的概念。实体可以是具体的人、事、物；也可以是抽象的概念或联系，如一个职工、一个学生、一个部门、一门课、学生的一次选课、部门的一次订货、老师与院系的工作关系（即某位老师在某院系工作）等都可以是实体。

属性（attribute）。"属性"指实体具有的某种特性。一个实体可以由若干个属性来描述。例如，学生实体可由学号、姓名、性别、出生年月、院系、入学时间等属性来刻画（如03050402，周斌，男，1984年8月，经济管理，2002年9月）。这些属性组合起来就表征了一个学生。

联系（relationship）。在现实世界中，事物内部以及事物之间总是存在着这样或那样的联系，这种联系必然要在信息世界中得到反映。在信息世界中，事物之间的联系可分为两类：一是实体内部的联系，通常指组成实体的各属性之间的联系；二是实体之间的联系。这里我们主要讨论实体之间的联系。

实体有个体和总体之分。个体如"张三"、"李四"等，总体泛指个体组成的集合。总体又有同质总体（如职工）和异质总体之分。异质总体是由不同性质的个体组成的集合，如一个企业的所有事物的集合。一个异质总体可以分解出多个同质总体，数据文件描述的是同质总体，而数据库描述的是异质总体。

设A、B为两个包含若干个体的总体，其间建立了某种联系，其联系方式可分为三类：

（1）一对一联系（1：1）。如果对于A中的一个实体，B中至多有一个实体与其发生联系，反之，B中的每一实体至多对应A中的一个实体，则称A与B是一对一联系。例如，学校里，一个班级只有一个正班长，而一个班长只在一个班中任职，则班级与班长之间具有一对一联系。

（2）一对多联系（1：N）。如果对于A中的每一个实体，实体B中都有一个以上实体与之发生联系，反之，B中的每一个实体至多只能对应于A中的一个实体，则称A与B是一对多联系，记为1：N。把1：N联系倒转过来便成为N：1联系。例如，一个班级中有若干名学生，而每个学生只在一个班级中学习，则班级与学生之间具有一对多联系，而学生实体集与宿舍房间实体集之间具有多对一联系。

（3）多对多联系（M：N）。如果A中至少有一个实体对应于B中一个以上实体，反之，B中也至少有一个实体对应于A中一个以上实体，则称A与B为多对多联系。例如，一门课程同时有若干学生选修，而一个学生可以同时选修多门课程，则课程与学生之间具有多对多联系。

我们再用一个综合实例来说明上述三类联系。某医院每个病区有一名科室主任，每名主任只能在一个病区任职，则科室主任与病区之间为一对一联系；每个病区有若干名医生，病区与医生之间为一对多联系；每名医生诊治若干名病人，每个病人有若干名医生管理，病人和医生之间是多对多联系。

我们可以用 E-R 图描述实体与属性之间的关系。E-R 图是概念模型的图形表示法，它是由 P. P. Chen 于 1976 年提出的实体-联系方法。E-R 图提供了表示实体、属性、联系的方法和图形符号，见表 1.3。

表 1.3　E-R 方法的有关概念及图表

序号	概念	定义	E-R 图
1	实体（E）	客观世界中的客观实体或事物之间的联系	▭
2	属性（P）	实体具有的某种特征	◯
3	联系（R）	实体之间或实体内部属性之间的关系	◇

2. 数据模型

数据模型是对客观事物及其联系的数据化描述。在数据库系统中，对现实世界中数据的抽象、描述以及处理等都是通过数据模型来实现的。数据模型是数据库系统设计中用于提供信息表示和操作手段的形式构架，是数据库系统实现的基础。它更多地强调数据库的框架、数据结构格式，而不关心具体对象的数据。如何建立宏观的数据模型是数据库设计者的任务。目前，数据模型主要有三种：层次模型（hierarchical model）、网状模型（network model）和关系模型（relational model）。20 世纪 80 年代以来，计算机系统商推出的数据库管理系统几乎全部是支持关系模型的。由于关系模型在数据库系统中的地位相当重要，因此我们仅介绍关系模型。

关系模型是建立在数学概念的基础上，应用关系代数和关系演算等数学理论处理数据库系统的方法。从用户的观点来看，在关系模型下，数据的逻辑结构是一张二维表。每一个关系为一张二维表，相当于一个文件。实体间的联系均通过关系进行描述。关系模型的概念可用表 1.4 概括。

表 1.4　关系模型的概念

特　征	数据库的完备性、整体性，对关系的完备操作，减少数据冗余
关系模式	属性、域、关系模式的表示方式
操　作	查找、删除、修改、插入

关系模型是指用表描述对象之间联系的模型。目前，所有的 DBMS 都是基于关系模型的，所以即使 E-R 模型也有必要向关系模型转化。

例如，表1.5用 M 行 N 列的二维表表示了具有 N 元组（N-tuple）的"付款"关系。每一行即一个 N 元组，相当于一个记录，用来描述一个实体。

表 1.5 关系模型的一种关系——"付款"关系

结算编码	合同号	数量	金额
A001	HTH001	500	2 500
A002	HTH007	300	1 500
A008	HTH118	1 000	3 000

关系模型中的主要术语如下：

关系。一个关系对应于一张二维表。

元组。表中一行称为一个元组。

属性。表中一列称为一个属性，给每列起一个名即为属性名。

主码（primary key，也称主关键字）。表中的某个属性组，它的值唯一地标识一个元组，如表1.5中，结算编号和合同号共同组成了主码。

域。属性的取值范围。

分量。元组中的一个属性值。

关系模式。对关系的描述，用关系名（属性1，属性2，…，属性 n）来表示。

对于关系模型来说，其数据模型就是一系列用二维表表示的关系。关系模型具有以下特点：

关系模型的概念单一。对于实体和实体之间的联系均以关系来表示，例如，库存（入库号、日期、货位、数量）；购进（入库号、结算编号、数量、金额）。对于关系之间的联系则通过相容（来自同一域）的属性表示，如上例中的"入库号"。这样表示逻辑清晰，且易于理解。

关系是规范化的关系。规范化是指在关系模型中，关系必须满足一定的给定条件，最基本的要求是关系中的每一个分量都是不可分的数据项，即表不能多于二维。

关系模型中，用户对数据的检索和操作实际上是从原二维表中得到一个子集，该子集仍是一个二维表，因而易于理解，操作直接、方便，而且由于关系模型把存取路径对用户屏蔽，用户只需指出"做什么"，而不必关心"怎么做"，因而大大提高了数据的独立性。

由于关系模型概念简单、清晰、易懂、易用，并有严密的数学基础以及在此基础上发展起来的关系数据理论，简化了程序开发及数据库建立的工作量，因而迅速获得了广泛的应用，并在数据库系统中占据了统治地位。

3. 关系的规范化

前面讨论了数据组织的概念和关系模型的概念，但给定一组数据，如何才能构建一个好的关系模式呢？对这一问题的研究引出了关系数据库的规范化理论。规范化理论研究关系模式中各属性之间的依赖关系及其对关系模式性能的影响，探讨关系模式应该具备的性质和设计方法。规范化理论给我们提供了判别关系模式优劣的标准，为数据库设计工作提供了严格的理论依据。

规范化理论是由 E. F. Codd 于 1971 年提出的，他和后来的研究者为数据结构定义了五种规范化模式（normal form，简称范式）。我们知道，关系必须是规范化的关系，应满足一定的约束条件。范式表示的是关系模式的规范化程度，即满足某种约束条件的关系模式，根据满足的约束条件的不同来确定范式。如满足最低要求，则为第一范式（first normal form，1NF）。符合 1NF 而又进一步满足一些约束条件的成为第二范式（2NF），等等。在五种范式中，通常只使用前三种，下面仅介绍这三种范式。

1）第一范式（1NF）

属于第一范式的关系应满足的基本条件是，元组中的每两个分量都必须是不可分割的数据项。例如，表 1.6 中所示关系不符合第一范式，而表 1.7 则是经过规范化处理去掉了重复项而符合第一范式的关系。

表 1.6   不符合第一范式的关系

学生代码	姓名	成绩	
		高数	英语
2008001	张三	81	85
2008002	李四	72	80

表 1.7   符合第一范式的关系

学生代码	姓名	高数	英语
2008001	张三	81	85
2008002	李四	72	80

2）第二范式（2NF）

所谓第二范式，是指这种关系不仅满足第一范式，而且所有非主属性完全依赖于主码。例如，表 1.8 所示关系虽满足 1NF，但不满足 2NF，因为它的非主属性不完全依赖于由教师代码和课题代码组成的主关键字，其中，姓名和职称只依赖于主关键字的一个分量——教师代码，研究课题名只依赖于主关键字的另一个分量——研究课题号。这种关系会引起数据冗余和更新异常，当要插入新的研究课题数据时，往往缺少相应的教师代码，以致无法插入；当删除某位教师的信息时，常会丢失有关的研究课题信息。解决的方法是将一个非 2NF 的关系模式分解为多个 2NF 的关系模式。

表 1.8　不符合第二范式的教师与研究课题关系

教师代码	姓名	职称	研究课题号	研究课题名

在本例中，可将表 1.8 所示关系分解为如下三个关系：

（1）教师关系：教师代码、姓名、职称；

（2）课题关系：研究课题号、研究课题名；

（3）教师与课题关系：教师代码、研究课题号。

那么，这些关系就都符合 2NF 的要求。

3）第三范式（3NF）

所谓第三范式，是指这种关系不仅满足第二范式，而且它的任何一个非主属性都不传递依赖于任何主关键字。例如，表 1.9 所示产品关系属第二范式，但不是第三范式。这里，由于生产厂名依赖于产品代码（产品代码唯一确定该产品的生产厂家），生产厂地址又依赖于厂名，因而，生产厂地址传递依赖于产品代码。这样的关系同样存在着高度冗余和更新异常问题。

表 1.9　不符合第三范式的产品关系

产品代码	产品名	生产厂名	生产厂地址

消除传递依赖关系的办法，是将原关系分解为如下两个 3NF 关系：

（1）产品关系：产品代码、产品名、生产厂名；

（2）生产厂关系：生产厂名、生产厂地址。

3NF 消除了插入、删除异常及数据冗余、修改复杂等问题，已经是比较规范的关系了。

（四）数据库操作

数据库操作主要包括基本表的建立与删除、数据查询及更改等。结构化查询语言（structured query language，SQL）语言产生于 1974 年，由 Boyoce 和 Cham-Berlin 提出，在 SystemR 关系数据库中实现。1986 年，美国国家标准局将 SQL 作为关系数据库语言的国家标准。随后，SQL 又被国际标准化组织批准为关系数据库语言的国际标准。下面介绍如何使用关系数据库标准语言——结构化查询语言（SQL）来完成上述操作。

1. 基本表的建立、修改与删除

（1）建立。建立基本表的语句格式为：

CREATE TABLE＜表名＞（列名 1 类型 [，列名 2 类型……]）

常用的类型有 CHAR（字符型）、INT（整型）、NUMERIC（数值型）、DATETIME（日期时间型）、BIT（逻辑型）、VARCHAR（变长字符型）等。

（2）修改。修改基本表定义的语句格式为：

ALTER TABLE ＜表名＞ ADD列名类型

（3）删除。删除基本表的语句为：

DROP TABLE＜表名＞

2. 数据查询

SQL 的核心语句是数据库查询语句。例如，下面的语句查询 testtable 表中姓名为"张三"的 nickname 字段和 E-mail 字段。具体语句如下：

SELECT nickname，E-mail

FROM testtable

WHERE name='张三'

3. 数据更新

SQL 的数据更新语句包括数据修改、数据删除和数据插入三种操作。

（1）数据修改（UPDATE）。UPDATE 语句的一般格式为：

UPDATE ＜表名＞

SET ＜列名 1＞＝＜表达式 1＞ [，＜列名 2＞＝（表达式 2）……]

［WHERE＜逻辑表达式＞］

功能：修改指定表中满足条件的元组，将指定的列名 1 的值用表达式 1 的值替换，将指定的列名 2 的值用表达式 2 的值替换……

（2）数据删除（DELETE）。DELETE 语句的一般格式为：

DELETE FROM ＜表名＞

［WHERE ＜逻辑表达式＞］

功能：删除指定表中满足条件的元组。

（3）数据插入（INSERT）。INSERT 语句的一般格式为：

INSERT INTO ＜表名＞（＜列名 1＝ [，＜列名 2＞……]）

VALUES （＜常量 1）[，＜常量 2＞……]）

功能：向指定表中插入一个元组且使得列名 1 的值为常量 1，列名 2 的值为常量 2……

（五）数据库保护

为了保证数据的安全可靠和正确有效，DBMS 必须提供统一的数据保护功能，主要包括数据的安全性、完整性、并发控制和数据库恢复等内容。

（1）数据的安全性指的是保护数据库以防止因不合法的使用而造成数据泄露、更改和破元。数据的安全可通过对用户进行标识和鉴定、存取控制、OS 级安全保护等措施得到一定的保障。

（2）数据的完整性是指数据的正确性、有效性与相容性。关系模型的完整性有实体完整性、参照完整性及用户定义的完整性。

实体完整性，指二维表中描述主关键字的属性不能取空值。如学生基本信息表中的属性"学号"被定义为主关键字，则"学号"的值不能为空。

参照完整性，指具有一对多联系的两个表之间，子表中与主表的主关键字相关联的那个属性（外部码）的值要么为空，要么等于主表中主关键字的某个值。

用户定义的完整性，它是针对某一具体数据库的约束条件，由应用环境确定。如月份是 1～12 的正整数，职工的年龄应大于 18 岁小于 60 岁等。

（3）并发控制是指当多个用户同时存取、修改数据库时，可能会互相干扰而得到错误的结果并使数据库的完整性遭到破坏，因此必须对多用户的并发操作加以控制、协调。

（4）数据库恢复是指当计算机软件、硬件或网络通信线路发生故障而破坏了数据或对数据库的操作失败使数据出现错误或丢失时，系统应能进行应急处理，将数据库恢复到正常状态。

➤案例

管理信息系统在长虹应用的成功经验

管理信息系统近年来在我国蓬勃发展，国内外的许多软件公司如雨后春笋般成长起来。然而，买了软件的企业或是这些企业里的 MIS 工作者们，在 MIS 软件的使用过程中却表现得不甚乐观。根据中国有关部门的调查，中国企业花了近 80 亿元投资 MRP，成功的却不多，于是有人认为，MRP 不适合中国国情。有资料显示，美国投资 MRP 时很成功的企业也仅占 25％左右，即有 3/4 是失败或不尽如人意的。

按理说，败者如云，该商品理应没有销路，但再看看 MRP/ERP 软件的销售，一年几十亿美元、经营业绩年递增 10％以上的公司又是如此之多；我国的软件公司，更是从零开始，已经成长为小巨人群体。个中奥秘，不能不发人深省。应该明白的是，MIS 软件有市场是因为它确实有用，其处境不佳是因为它并非标签，能够"一贴就灵"，而是要下工夫才能使其发挥效用的。在应用管理信息系统方面，长虹的经验值得我们借鉴。

一、MIS建设必须以提高企业效益为目标

长虹的计算机应用比较健康，年营业额的规模从几千万元到 200 亿元成长，在计算机及其应用的投入方面大约为 5000 万元，大都投在那些"设计或管理需要的、速度和工作量是人在规定的时间里难以完成"的地方，即投在抢时间、争速度、降成本、增效益的环境。例如，财务和生产计划部门，它们的管理规模随公司成长增加了几万倍，但其人数基本还保持了 20 年前的数量；物资计划、库存人均业务量都有数量级的增长，其管理精度还有数量级的提高。这些主要归功于长虹"管理是管理者思维的管理"的创新理念，同时，公司大力推进计算机的应用、信息化的建设，将管理信息系统的建设目标与提高企业效益的大目标有机结合起来。

二、MIS建设与企业文化建设交相呼应

中国社会是从半殖民地半封建基础上发展起来的，人治，"干部出数字，数字出干部"在经济领域里有相当大的影响。而计算机辅助企业管理则要求"三分技术，七分管理，十二分数据"，它与有些管理人员的马虎、踢皮球、逢场作戏的不良作风格格不入。它的可查询、可追溯性，还是反腐倡廉的利器。在 MIS 系统中，一定要注意数据的准确性；否则，系统运行一段时间后，其中的数据会由于"人对计算机说假话（输入不准确的数据）"而导致"计算机对人说废话（输出结果于管理无补）"，最后得出"电脑不如猪脑"的结论，从而导致系统的闲置、失败。

长虹在 MIS 建设中，认真分析了自己的厂情，走了一条领导支持、以点带面的路子。

公司在 20 世纪 80 年代末曾由当时的设计所在全厂建立了自己的企业网，但由于认知上的差异，企业网运行不太成功。后来，公司领导改变策略，对那些干部认识深刻又急需的部门重点扶持。例如，20 世纪 80 年代后期，财务处派人员参加了电子工业部的培训，这些人员回来后干劲很大，要求开展计算机辅助财务管理。考虑其重要性和大多数数据比较结构化的特点，倪润峰总经理在投资上给予保证支持，开发运行有成果时，开发功臣的技术职称得以晋升，其中不少人被评为先进工作者、优秀共产党员，子系统得到不断激励和提升。又如，总库主任虽然年龄较大，文化也不是很高，但他认为库房是公司的钱包，这么一大堆财产的高效运转对公司效益至关重要，总库"一班人"提出要上计算机管理。公司领导对此坚决支持，配备了技术人员和计算机资源，而且倪润峰总经理从始建至今每天都要亲自阅读其送来的显像管和成品机等的进、销、存报表，使子系统人员感到"领导十分重视"，从而不断努力改进。他们为了做到次日 10 点钟之前一定

要把全国当天的库存变化送到倪润峰总经理桌上，又要"在现有条件下降低运行的费用"，全国各库在晚上9点以后（通信费减半）开始发送数据，公司工作人员则通宵达旦地复核全国上万笔业务，使数据成为领导决策的可靠依据。经过支持、示范、磨砺，这些子系统在长虹的"倪润峰时代"十年磨一剑，由此形成了企业量化管理的文化氛围。全公司17个局域网、几百台PC、上千的人员，依靠计算机处理业务，以至于"如果网络管理人员上班晚几分钟开机，就会有人找领导告状"，形成了长虹的计算机应用的办公习惯，为长虹自身的信息建设和进入信息产业作了有力的铺垫。

三、MIS建设要有利于支持企业的深化改革

长虹在过去建设了17个局域网，这些局域网在长虹的发展中功不可没。为了适应发展，长虹的领导对企业进行了集团化改造，内部推行了事业部制，企业的地域跨度也越来越大。在这种情况下，企业停留在各个部门的孤岛状态已不适应公司的发展要求。公司领导把过去从属于公司规划出的专业人员独立出来，成立了计算机信息管理处，又指导该处对公司的信息集成作出总体规划。领导小组通过几个月的努力，已对长虹第二代信息系统的建设需求作了规划，并加紧进行招商洽谈。

在引进先进管理思想、结合企业现状的情况下，公司强化职能责任、规章制度、业务流程和数据规范，统一文档格式；借助系统进一步理顺关系、规范管理、精细核算。系统选型特别强调适应动态企业的经营理念和客户服务功能。相信其实施后，定能使长虹的信息化水平再上一个台阶。

四、优秀的MIS数据平台系统是企业的重要资源

随着信息技术的发展，商品的流通体制正在日益发展，由于地域时滞造成的商业机遇正在逐步变少，只有对用户需求及技术创新超前响应，企业才有可能持续取得可观的利润。这个世界已经从过去的短缺经济过渡到过剩经济。这个时代的企业，争相将其产品和服务展现在用户面前，用户购买了某公司的产品，就相当于对该公司的生存与发展投了一张赞成票，顾客的忠诚度和信任度成为企业生存的基础之一。

当一个社会需求反映到企业，或者企业家有了一个好的产品创意之后，如何以较快的速度和较低的成本先于竞争对手把产品发到商店的货架上和送到顾客家中，已成为企业竞争取胜的看家本领，这就不能不建设一个快速反应的信息系统。

过去的企业管理部门，每个月底都要根据当时的要求作出一些管理报表，这些报表反映了当时管理者的需求。但是在知识经济社会中，谁能预料五年以后企业需要什么样的数据分析，还能否从现有文档中获取数据。因此，现在的MIS建设应当重视数据平台的建设。所谓数据平台，即把企业

生产经营中人、财、物、产、供、销最基础的原始数据用数据仓库保存起来，形成企业的主营业务数据；同理，相应建设本行业的行业数据、与数据有关的综合数据，三者结合形成数据平台。当企业在今后运作的任何时刻，管理者需要作出经营决策时，数据分析师可以根据管理者的思路运用数据挖掘、分析技术，作出有关的分析图表，为管理者决策提供依据。由此可见，数据平台是企业的重要资源。

综上所述，不能把企业的 MIS 建设仅仅看成是减少劳动力占用、提高办事效率的手段，更重要的是，它是为企业积累无形资产的过程。同时，它也是企业积累无形资产的要素之一。国外有公司曾提出网络就是计算机，现在进一步提出网络就是生活，这是很有道理的。

以长虹为例，公司每年产销上千万台电视机、空调、VCD 等，长虹产品已经有了三四千万的消费者。客户购买了长虹产品，就更关心长虹的后续产品，及时调查了解客户对长虹如何发挥产品和服务的优势、有哪些不足和改进的建议，比一般的社会调查要直观得多。长虹的几十万股东，更是对长虹倍加关心、精心呵护，他们对长虹公司生产经营的建议，无疑是公司发展的宝贵财富。这些信息的收集、整理和分析都需要海量存储的数据信息系统。建成这一数据平台相当于是请长虹的"衣食父母"和"所有者们"为长虹办了一个"点子公司"。在长虹宣布进入信息产业之际，投资建设自己的第二代信息系统，反映了企业管理者"不断追求高目标"的思想境界，长虹正在努力增强自己"用高技术造福大众"的竞争实力。

➢ 问题与讨论

1. 从长虹 MIS 实践看，企业 MIS 建设归根结底为什么还是一个管理问题？
2. 建设好一个企业的管理信息系统需要哪些技术支持？

➢ 本章小结

本章通过对数据、信息、系统、信息系统等基本概念的介绍，引出了管理信息系统的概念，分析了管理信息系统的结构、分类与发展，最后概括地介绍了管理信息系统的作用、学科体系以及要开发一个适用的管理信息系统所需要的相关技术。

➢ 思考题

1. 何谓数据、信息、系统、信息系统？
2. 怎样理解管理信息系统？
3. 当代管理环境发生了哪些变化？这些变化对管理理论和思想的发展有哪些影响？
4. 简述信息系统对决策的支持。
5. 简述信息系统对组织职能和领导职能的支持。

6. 简述信息系统对计划职能的支持。

7. 信息技术在组织结构设计方面的作用主要有哪些表现？

8. 管理信息系统的结构有几个视图？你认为还有其他视图吗？

9. 管理信息系统包括哪些子系统？子系统之间是如何相互联系的？

10. 管理信息系统可以分为哪几类？

11. 主要有哪些学科对管理信息系统的发展作出了贡献？

12. 谈谈开发一个企业的管理信息系统需要哪些相关的技术支持。

第二章

管理信息系统的开发方法

➤**本章导读**

    系统开发是建立管理信息系统过程中最重要的和必不可少的工作之一，系统开发工作做得好或坏，直接影响到整个信息系统的成败。最近几十年来，国内外许多组织机构在实施管理信息系统工程的过程中，失败的例子不少。分析其失败的原因可以发现，影响信息系统开发的因素很多，其中一个非常重要的因素是信息系统开发方法和开发策略的选择问题。因此，科学地组织、管理和采用科学的开发方法和开发策略至关重要。本章将全面讨论管理信息系统的开发方法、开发策略及开发方式等内容。

➤**学习目的**

    掌握管理信息系统开发的条件；

    掌握管理信息系统的开发方式和开发策略；

    重点掌握主要的管理信息系统开发的方法（结构化系统开发方法、原型法、面向对象开发方法）。

第一节　常用的开发方法

    开发管理信息系统的方法很多，在实际中被广泛使用的有结构化系统开发方法、原型法和面向对象开发方法。

一、结构化系统开发方法

    20 世纪 70 年代，西方发达国家在不断摸索中，吸取了以往系统开发的经验教训，总结出了系统结构化分析与设计的方法，即结构化系统开发方法（structured system development methodology）。它是自顶向下的结构化方法、工程化的系统开发方法和生命周期方法的结合，是迄今为止开发方法中最传统、应用最广的一种开发方法。

（一）结构化系统开发方法的基本思想

结构化系统开发方法的基本思想是，将结构与控制加入到项目中，以便使活动在预定的时间和预算内完成。用系统工程的思想和工程化的方法，按用户至上的原则，结构化、模块化、自顶向下地对系统进行分析与设计。

具体地说，就是先将整个管理信息系统的开发划分成若干个相对比较独立的阶段，如系统规划、系统分析、系统设计、系统实施等。在前三个阶段采用自顶向下的方法对系统进行结构化划分，即从组织管理金字塔结构的最顶层入手，层层分解逐步深入至最基层；先考虑系统整体的优化，然后再考虑局部的优化。在系统实施阶段，采用自底向上的方法逐步实施，即按照前几个阶段设计的模块，组织人员从最基层的模块做起（编程），然后按照系统设计的结构，将模块一个个拼接到一起进行调试，自底向上，逐渐地构成整体系统。

（二）系统开发的生命周期

随着企业自身的发展和变化、计算机及网络技术的迅猛发展，一个 MIS 系统使用几年以后，都可能出现新情况、新问题，从而提出新需求、新目标，这时就需要更新或建立新的 MIS 系统。这一过程包括：需求调查和可行性分析—新系统的开发—新系统的安装和配置—系统的转换—新系统的运行，这种周期叫MIS生命周期。MIS生命周期模型详见图 2.1。

在用结构化系统开发方法开发一个管理信息系统时，将开发的全部过程划分为五个阶段：系统规划阶段，系统分析阶段，系统设计阶段，系统实施和系统运行、维护与评价阶段，这个过程即是系统开发的生命周期，所以结构化系统开发方法又称结构化生命周期法。

1. 系统规划阶段

先提出要求，组建规划小组，进行初步调查，了解企业的概况、目标、边界、环境、资源，确定企业目标及信息系统目标。然后，进行可行性分析，若认为可行，则提出信息系统的主要结构、开发方案、进度计划、资源投入计划等，并写出可行性分析报告。

2. 系统分析阶段

系统分析阶段是指进行新系统的逻辑设计的阶段。首先对企业进行详细调研，了解用户需求、业务流程，了解信息的输入、处理、存储和输出。然后建立

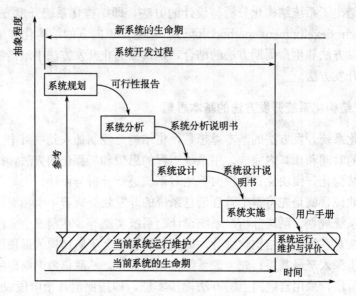

图 2.1　MIS 生命周期模型

新系统的逻辑模型，借助数据流图、数据字典及文字说明，写出新系统逻辑设计文档（系统分析说明书）。

3. 系统设计阶段

系统的设计分为总体设计和详细设计。总体设计的主要任务是系统模块结构的设计、硬件、软件平台选型。详细设计主要是数据库和数据文件的设计、编码设计、I/O 设计，模块接口设计等。最后，写出系统设计说明书。

4. 系统实施阶段

系统实施阶段包括：购置计算机硬件、系统软件，并安装调试；程序设计，程序及系统的调试；用户培训；编写各种文档等。

5. 系统运行、维护与评价阶段

系统的运行、维护与评价阶段包括进行系统的日常运行管理、维护和评价三部分工作。如果运行结果良好，则送管理部门指导组织的生产经营活动；如果存在一些小问题，则对系统进行修改、维护或局部调整等；若存在重大问题（这种情况一般是运行若干年之后，系统运行的环境已经发生根本改变时才可能出现），则用户将会进一步提出开发新系统的要求，这标志着旧系统生命的结束和新系统的诞生。

各个阶段的主要工作内容及应当生成的文档如图 2.2 和图 2.3 所示。

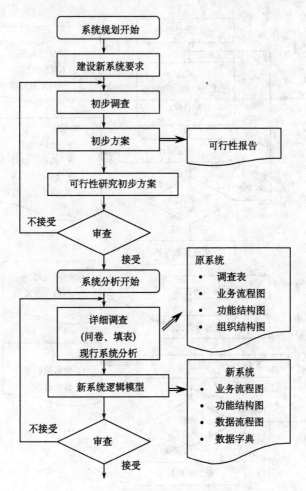

图 2.2　系统规划和系统分析步骤及相应文档

（三）结构化系统开发方法的特点

1. 优点

（1）建立面向用户的观点。强调用户是整个信息系统开发的起源和最终归宿，即用户的参与程度和满意程度是系统成功的关键。

（2）严格区分工作阶段。强调将整个系统的开发过程分为若干个阶段，每个阶段都有其明确的任务和目标以及预期要达到的阶段成果，一般不可打乱或颠倒。

（3）充分预料可能发生的变化。在系统的分析、设计和实现过程中，都要充分考虑可能变化的因素。

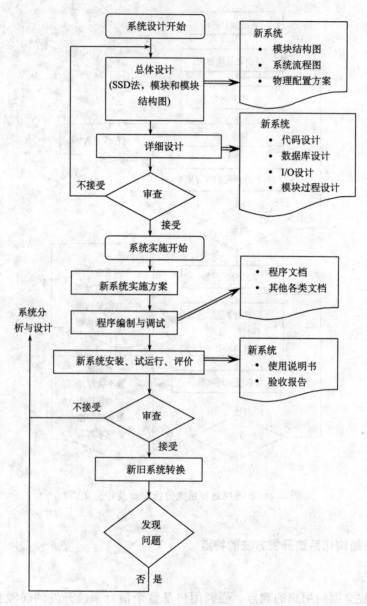

图 2.3　系统设计和系统实施步骤及相应文档

　　一般可能发生的变化来自于：周围环境的变化和外部的影响，如上级主管部门要的信息发生变化等；系统内部处理模式的变化，如系统内部的组织结构和激励体制发生变化、工艺流程发生变化、管理形式发生变化等；用户要求发生变化，如由于用户对系统的认识程度不断深化而又提出更高的要求。

（4）工作文件的标准化和文献化。在系统研制的每一阶段、每一步骤都要有详细的文字资料记载，需要记载的信息有：系统分析过程中的调研材料、与用户的交流情况、设计的每一步方案（甚至包括经分析后淘汰的信息和资料）。资料要有专人保管，要建立一整套的管理、查询制度。

2. 局限性

由于上述优点，结构化系统开发方法自 20 世纪 70 年代逐步形成以来，在数据处理领域一直相当流行。但是，在长期使用的过程中，该方法也暴露出一些薄弱环节甚至是缺陷，主要体现在以下几点：

（1）所需文档资料数量大。使用结构化系统开发方法，人们必须编写数据流图、数据字典、加工说明等大量文档资料，而且随着对问题理解程度的不断加深或者用户环境的变化，这套文档也需不断修改，这样修改工作就是不可避免的。然而这样的工作需要占用大量的人力物力，同时文档经反复变动后，也难以保持其内容的一致性。虽然已有支持结构化分析的计算机辅助自动工具（如 PSL/PSA）出现，但要被广大开发人员掌握使用，还有一定困难。

（2）不少软件系统，特别是管理信息系统，是人机交互式的系统。对交互式系统来说，用户最为关心的问题之一是如何使用该系统，如输入命令、系统相应的输出格式等，所以在系统开发早期就应该特别重视人机交互式的用户需求。但是，结构化系统开发方法在理解、表达人机界面方面是很差的，数据流图描述和逐步分解技术在这里都发挥不了特长。

（3）结构化系统开发方法为目标系统描述了一个模型，但这个模型仅仅是书面的，只能供人们阅读和讨论，而不能运行和试用。因此，它在澄清和确定用户需求方面能起的作用毕竟是有限的，从而导致用户信息反馈太迟，对目标系统的质量也有一定的影响。

尽管有这些局限性，结构化系统开发方法（结构化生命周期法）还是经常应用在大型的、复杂的、影响企业整体运作的企业事务处理系统（TPS）和管理信息系统（MIS）的开发项目中，也经常应用在政府项目中。

二、原型法

原型法（prototyping approach）是 20 世纪 80 年代随着计算机技术的发展，特别是在关系数据库系统（RDBS）、第四代程序生成语言（4GL）和各种系统开发生成环境产生的基础上，提出的一种新的系统开发方法。与结构化系统开发方法相比，原型法放弃了对现行系统的全面、系统的详细调查与分析，而是根据系统开发人员对用户需求的理解，在强有力的软件环境支持下，快速开发出一个实实在在的系统原型，并提供给用户，与用户一起反复协商修改，直到形成实际系统。

（一）原型法概述

传统的结构化系统开发方法强调系统开发每一阶段的严谨性，要求在系统设计和实施阶段之前预先严格定义出完整准确的功能需求和规格说明。然而，对于规模较大或结构较复杂的系统，在系统开发前期，用户往往对未来的新系统仅有一个比较模糊的想法。由于专业知识所限，系统开发人员对某些涉及具体领域的功能需求也不太清楚。虽然可以通过详细的系统分析和定义得到一份较好的规格说明书，却很难做到将整个管理信息系统描述完整，且与实际环境完全相符，很难通过逻辑推断看出新系统的运行效果。因此，当新系统建成以后，用户对系统的功能或运行效果往往会觉得不满意。同时，随着开发工作的进行，用户会产生新的要求或因环境变化希望系统也能随之作相应更改，系统开发人员也可能因碰到某些意料之外的问题希望在用户需求中有所权衡。总之，规格说明的难以完善和用户需求的模糊性已成为传统的结构化系统开发方法的重大障碍。

原型法正是对上述问题进行变通的一种新的系统开发方法。在建筑学和机械设计学中，"原型"指的是结构、大小和功能都与某个物体相类似的模拟该物体的原始模型。在管理信息系统开发中，用"原型"来形象地表示系统的一个早期可运行版本，它能反映新系统的部分重要功能和特征。"原型法"则是利用原型辅助开发系统的一种新方法。原型法要求在获得一组基本的用户需求后，快速地实现新系统的一个"原型"，用户、开发者及其他有关人员在试用原型的过程中，加强通信和反馈，通过反复评价和反复修改原型系统，逐步确定各种需求的细节，适应需求的变化，从而最终提高新系统的质量。因此，可以认为原型法是一种确定用户需求的策略，它对用户需求的定义采用启发的方式，引导用户在对系统逐渐加深理解的过程中作出响应。

（二）原型法的基本思想

运用原型法开发管理信息系统，首先要对用户提出的初步需求进行总结，然后构造一个合适的原型并运行，此后，通过系统开发人员与用户对原型的运行情况的不断分析、修改和研讨，不断扩充和完善系统的结构与功能，直至得到符合用户要求的系统为止。

原型法的上述基本思想，体现出以下特征：

（1）原型法并不要求在系统开发之初即完全掌握系统的所有需求。事实上，由于各种因素的影响，系统的所有需求不可能在开发之初就可以预先确定，用户只有在看到一个具体的系统时，才能对自己的需求有完整准确的把握，同时也才能发现系统当前存在的问题和缺陷。

（2）构造原型必须依赖快速的原型构造工具。只有在工具的支持下才能迅速建立系统原型，并方便地进行修改、扩充、变换和完善。

（3）原型构造工具必须能够提供目标系统的动态模型，只有这样才能通过运行暴露出问题和缺陷，从而有利于迅速进行修改和完善。

（4）原型的反复修改是必然的和不可避免的。必须将用户的要求随时反映到系统中去，从而完善系统的结构和功能，使系统提供的信息真正满足管理和决策的需要。

（三）原型法的开发过程

原型法的开发过程是：首先建立一个能反映用户主要需求的原型，让用户实际看到新系统的概貌，以便判断哪些功能符合要求、哪些需要改进，通过对原型的反复改进，最终建立符合用户要求的新系统。具体开发流程见图 2.4。

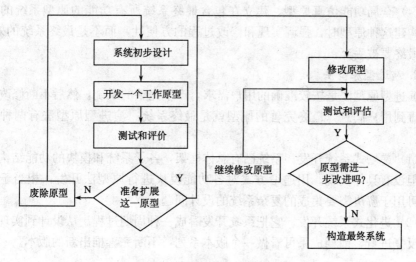

图 2.4 原型法的开发流程

原型法在建立新系统时可分为下述四个阶段：

（1）确定用户的基本需求。在这个阶段中，系统开发人员首先进行详细的系统调查，识别出新系统的基本需求，如系统功能、人-机界面、输入输出、运行环境、性能及安全可靠性。

（2）开发初始原型。根据用户的基本需求，开发出初始的原型。

（3）征求用户对原型的改进意见。让用户亲自使用原型，对原型进行检查、评价和测试，指出原型的缺点和不足，提出改进意见和需求。

（4）修正和改进原型。开发人员对原型进行修改、扩充、完善，直到用户满意为止。

（四）原型法的类型

原型法可以分为试验型原型法和演进型原型法。

1. 试验型原型法

试验型原型法是为实现某方案而设计的原型，目的是为了验证所选择方案的可行性，验证后丢弃原型。主要有下列四种类型：

（1）人-机交互界面仿真原型。提供人-机交互界面，在原型的背后可能根本没有真正的数据，原型只是为了对界面及交互方式作一些验证。

（2）轮廓仿真原型。试图建立最终系统的总体结构。

（3）局部功能仿真原型。对局部功能进行原型开发验证，目的是为了分析设计出某些局部功能结构。

（4）全局功能仿真原型。建立在包含最终系统所有功能的原型系统的基础上。构建这种原型时，强调实现和修改过程的方便性，而不是最终系统的效率，系统最终要被丢弃。

2. 演进型原型法

演进型原型法是按较准确的用户需求，产生完整的系统，然后不断修改、完善，直到用户满意，最终完善的原型就是最终系统。演进型原型法有两种开发方式：

（1）递增式系统开发。系统已有总体框架，各子系统和模块的功能结构也清楚，但没有具体实现。用递增方式对各功能模块进行原型法开发，相当于搭积木，可用于解决需要集成的复杂系统的设计问题。

（2）进化式系统开发。它把系统开发看成一种周期过程。从设计到实现再到评价反复进行，前期成果可看做一个版本系列，不断完善推出新的版本。

（五）原型法的特点

1. 优点

由于原型法不需要对系统的需求进行完整的定义，而是根据用户的基本需求快速开发出系统原型，开发人员在与用户对原型的不断"使用—评价—修改"中，逐步完善对系统需求的认识和系统的设计，因而它具有如下优点：

（1）原型法符合人类认识事物的规律，更容易为人接受。人们认识任何事物都不可能一次完全了解，认识和学习过程都需要循序渐进，人们总是在环境的启发下不断完善对事物的描述。

（2）改进开发人员与用户的信息交流方式。由于用户的直接参与，能及时发现问题，并进行修改，这样就清除了歧义，改善了信息的沟通状况。它能提供良好的文档、项目说明和示范，增强了用户和开发人员的兴趣，从而大大减少设计错误，降低开发风险。

（3）开发周期短，费用低。原型法充分利用了最新的软件工具，丢弃了手工方法，使系统开发的时间、费用大大减少，效率和技术等大大提高。

（4）应变能力强。原型法开发周期短，使用灵活，对于管理体制和组织结构不稳定、有变化的系统比较适合。由于原型法需要快速形成原型和不断修改演进，因此系统的可变性好，易于修改。

（5）用户满意程度提高。由于原型法以用户为中心来开发系统，加强了用户的参与和决策，为用户和开发人员提供了一个活灵活现的原型系统，实现了早期的人-机结合测试，能在系统开发早期发现错误和遗漏，并及时予以修改，从而提高了用户的满意程度。

2. 缺点

尽管原型法有上述优点，但是它的使用仍有一定的适用范围和局限性，主要表现为以下几点：

（1）不适合开发大型管理信息系统。对于大型系统，如果不经过系统分析来进行整体性划分，很难直接构造一个模型供人评价，而且易导致人们认为最终系统过快产生、开发人员忽略彻底的测试、文档不够健全等问题。

（2）原型法建立的基础是最初的解决方案，以后的循环和重复都在以前的原型基础上进行，如果最初的原型不适合，则系统开发会遇到较大的困难。

（3）对于原型基础管理不善、信息处理过程混乱的组织，构造原型有一定的困难，而且没有科学合理的方法可依，系统开发容易走上机械地模拟原来手工系统的轨道。

（4）没有正规的分阶段评价，因而对原型的功能范围的掌握有困难。由于用户的需求总在改变，系统开发永远不能结束。

（5）由于原型法的系统开发不是特别规范，系统的备份、恢复，系统性能和安全问题容易被忽略。

（六）原型法需要注意的问题

（1）并非所有的需求都能在系统开发前被准确地说明。事实上，要想严密、准确地定义任何事情都是有一定难度的，更不用说定义一个庞大系统的全部需求。用户虽然可以叙述他们所需最终系统的目标以及大致功能，但是对某些细节问题却往往不可能十分清楚。一个系统的开发过程，无论对于开发人员还是用户来说，都是一个学习和实践的过程。为了帮助他们在这个过程中提出更完善的需求，最好的方法就是提供现实世界的实例——原型，对原型进行研究、实践并进行评价。

（2）项目参加者之间通常存在交流上的困难，原型提供了克服该困难的一个手段。用户和开发人员通过屏幕、键盘进行对话、讨论和交流，从他们自身的理解出发来测试原型。一个具体的原型系统，会由于其直观性、动态性而使得项目参加者之间交流上的困难得到较好的克服。

（3）需要实际的、可供用户参与的系统模型。虽然图形和文字描述是一种较好的通信交流工具，但是其最大的缺陷是缺乏直观的、感性的特征，因而不易理解对象的全部含义。交互式的系统原型能够提供生动的规格说明，用户见到的是一个"活"的、实际运行着的系统。实际使用在计算机上运行的系统，显然比理解纸面上的系统要深刻得多。

（4）有合适的系统开发环境。随着计算机硬件、软件技术和软件工具的迅速发展，软件的设计与实现工作越来越方便，对系统进行局部性修改甚至重新开发的代价大大降低。因此，对大系统的原型化已经成为可能。

（5）反复是完全需要和值得提倡的，但需求一旦确定，就应遵从严格的方法。一方面，对系统改进的建议来自经验的发展，应该鼓励用户改进他们的系统，只有做必要的改进后，才能使用户和系统间获得更加良好的匹配，所以，从某种意义上说，严格定义需求的方法实际上抑制了用户在需求定义以后再改进的要求，这对提高最终系统的质量是有害的。另一方面，原型法的使用，并不排除严格定义方法的运用，当通过原型并在演示中得到明确的需求定义后，即应采用行之有效的结构化系统开发方法来完成最终系统的开发。

（七）原型法的开发环境

由于计算机硬件的迅速发展，目前硬件已经能够满足原型化开发的需要。下面我们对原型法所需的软件和工作环境的基本要求进行介绍。

1. 对软件的基本要求

在原型法开发中，由于需要迅速实现原型、投入运行并不断修改，所以对开发工具提出了更高的要求。一般认为，采用原型法需要以下基本的开发工具：

（1）集成化的数据字典，用来保存全部有关的系统实体（如数据元素、程序、屏幕格式、报告等）的定义和控制信息。它可以辅助生成系统的某些部件。

（2）高性能的数据库管理系统，它使文件的设计、数据的存储和查询更为方便，并简化了程序的开发过程。

（3）超高级语言，例如，第四代语言（4GLS），它能支持结构化程序技术，交互性能强，以减轻复杂的编码过程。

（4）报告生成器，与数据字典融为一体，允许原型开发人员使用非过程化的语言，快速生成自由格式的用户报表。

（5）屏幕格式生成器，能够快速建成用户所需的屏幕格式。

（6）自动文档编写机制，与数据字典相联系，随着原型化开发的进行，能够自动保存和维护所产生的文档。

前面所说的第四代语言（4GLS），与我们通常使用的过程式语言（也称第三代语言——3GLS）相比，其主要特点是：面向结果而不是面向过程；用户界面友善；编码行要比 3GLS 少得多；高度交互地解释执行；有某些编译性的特征。

在原型法开发中，开发工具的集成化是相当重要的，图 2.5 描述了一个集成化的软件开发环境。其中，一个集成化的数据字典将各种资源和开发工具加以联系，所有的工具都通过数据字典进行通信，形成一体化的开发环境，从而使得高效率的原型开发成为可能。

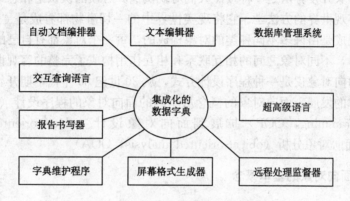

图 2.5　集成化的软件开发环境

以上所述的软件要求是比较理想的情况。然而，国外近年来的几个开发实例说明，在上述条件不能全部满足时，仍然可以进行小规模的原型法开发。

在大多数常规软件中，执行速度是衡量软件质量的重要标准。而对原型软件来说，运行速度则是次要的。在原型法软件开发中，首先考虑的是原型法开发人员的最佳生产率。

2. 对工作环境的基本要求

为了提高原型法开发的生产率，需要提供一个合适的工作环境。例如，

（1）系统开发工作室。一个自封闭式的工作环境，有利于促进合作、减少约会时间以及提高数据和资料的利用率。

（2）快速响应的环境在原型演示过程中是很有必要的。一般的要求是：交互式过程中，响应不得超过 5 秒；批处理方式中，响应不能超过 15 秒。如果用户在屏幕前等待时间过长，将会削弱其对原型的兴趣和信心。

（3）规范的原型构成过程，必要的规范和标准能加快原型的建立和向最终系统的转换。利用规范的开发技术，将使现有程序"切割和粘贴"出新程序成为可能，从而加快开发速度。

（4）演示设施是审查和评价原型的重要手段。有条件时可将显示器与大屏幕投影机相连，只要有必要，就可对任何屏幕形式展开讨论。

原型法的开发进程管理复杂，要求用户和开发人员的素质高，配合默契；必须依赖强有力的支撑环境，否则无法进行。应用原型法进行系统开发，构造原型快速，成本较低；开发进程加快，周期缩短，反馈及时。一般地，原型法适于开发小型的信息系统项目。

三、面向对象开发方法

面向对象开发方法是一种按照人们对现实世界习惯的认识论和思维方式来研究与模拟客观世界的方法学。它将现实世界中的一切事物都看成是"对象"，将客观世界看成是由许多不同种类的对象构成的，每一个对象都有自己的内部状态和运行规律，不同对象之间的相互联系和相互作用构成了完整的客观世界。

早期面向对象仅是一种程序设计方式，从 20 世纪 80 年代中期开始，随着面向对象技术的发展，面向对象的概念从单纯的面向对象的程序设计（object-oriented programming，OOP）扩展到面向对象设计（object-oriented design，OOD）和面向对象分析（object-oriented analysis，OOA）。

（一）面向对象的基本概念

1. 对象

对象是现实世界中具有相同属性、服从相同规则的一系列事物的抽象，也就是将相似事物抽象化，其中的具体事物称为对象的实体。任何事物在一定前提下都可以看成是对象。例如，面对同一条大街，如果你的问题是寻找同伴，则你看到的对象是流动的人群；如果你的问题是搭车，则你看到的对象是流动的车辆；如果你的问题是逛商场，则你看到的对象是繁华的商场。从计算机的角度看，对象是把数据（即对象的属性）和对该数据的操作（即对象的行为）封装在一个计算单位中的运行实体；从程序设计者的角度看，对象是一个高内聚的程序模块；从用户的角度看，对象是为他们提供所希望的行为。对象可以是具体的，如一个人、一张桌子、一辆轿车等；也可以是概念化的，如一种思路、一种方法等。

2. 对象的属性

对象的属性是实体所具有的某个特性的抽象，它反映了对象的信息特征，而实体本身被抽象成对象。例如，学生的姓名、年龄，桌子的颜色、款式等表示对象的属性。

3. 类

类是具有相同属性和相同行为描述的一组对象，它为属于该类的全部对象提供了统一的抽象描述。例如，动物、人、高校、管理信息系统都是类。

4. 消息

消息是向对象发出的服务请求。在面向对象开发方法中，完成一件事情的方法就是向有关对象发送消息。消息体现了对象的自治性和独立性，对象间可以通过消息实现交互，模拟现实世界。消息传递的方式为：同样输入→不同对象→不同结果（终态）；过程调用的方式为：同样输入→同样输出。

5. 行为

行为是指一个对象对于属性改变或消息收到后所进行的行动的反应。一个对象的行为完全取决于它的活动。

6. 操作

操作是对象行为、动态功能或实现功能的具体方法。每一种操作都会改变对象的一个值或多个值。操作分为两类：对象自身承受的操作，操作结果改变自身的属性；施加于其他对象的操作，操作结果作为消息发送出去。

7. 关系

关系是指现实世界中两个对象或多个对象之间的相互作用和影响。例如，师生关系、上下级关系、机器与配件的关系等。

8. 接口

接口是指对象受理外部消息所指定操作的名称或外部通信协议。

9. 继承

继承指一个类承袭另一个类的能力和特征的机制。继承的优点是避免了系统内部类或对象封闭而造成的数据与操作冗余，并保持接口的一致性。在传递消息时，也无须了解接口的详细情况。继承机制的最主要优点是支持重用，它在层次方面优于传统结构化方法中的过程调用。

（二）面向对象开发方法的基本思想

面向对象开发方法基于类和对象的概念，把客观世界的一切事物都看成是由各种不同的对象组成，每个对象都有各自内部的状态、机制和规律；按照对象的不同特性，可以组成不同的类。不同的对象和类之间的相互联系与相互作用构成了客观世界中的不同事物和系统。面向对象开发方法可描述为：

（1）客观事物是由对象组成的，对象是在原事物基础上抽象的结果。任何复杂的事物都可以通过各种对象的某种组合结构来定义和描述。

（2）对象是由属性和操作方法组成的，其属性反映了对象的数据信息特征，而操作方法则用来定义改变对象属性状态的各种操作方式。

（3）对象之间的联系通过消息传递机制来实现，而消息传递的方式是通过消息传递模式和方法所定义的操作过程来完成的。

（4）对象可以按其属性来归类，借助类的层次结构，子类可以通过继承机制获得其父类的特性。

（5）对象具有封装的特性，一个对象就构成一个严格模块化的实体，在系统开发中可被共事和重复引用，以达到软件（程序和模块）重用的目的。

（三）面向对象开发方法的开发过程

采用面向对象开发方法，首先要进行系统调查和需求分析，对系统中的具体管理问题和用户对系统的需求进行系统的调查研究，确保系统的整体性、开发过程的阶段性与计划性，使系统性能满足系统的目标和要求，以期获取最佳的经济效益。

面向对象的系统开发过程，一般可分为以下四个阶段：

（1）系统分析（分析和求解问题）阶段。利用信息模型技术识别问题域中的对象实体，标识对象之间的关系，确定对象的属性和方法，利用属性描述对象及其关系，并按照属性的变化规律定义对象及其关系的处理流程，该阶段简称 OOA。

（2）系统设计（确定问题模型）阶段。对系统发现的结果进一步抽象、归类、整理，以范式（物理模型）的形式确定，该阶段简称 OOD。

（3）系统实现（程序设计）阶段。利用面向对象的程序设计语言进行编程，该阶段简称 OOP。

（4）系统测试阶段。运用面向对象的技术进行软件测试，该阶段简称 OOT。

面向对象开发方法还为软件维护提供了有效途径，程序与问题域一致，各个阶段表现一致，大大降低了理解难度，提高了软件的维护效率。

面向对象的系统开发过程如图 2.6 所示。

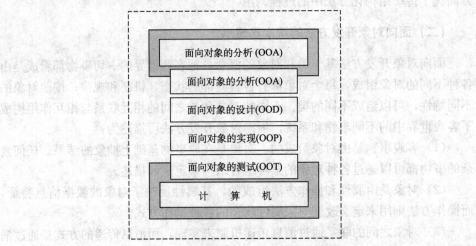

图 2.6　面向对象的系统开发过程示意图

（四）面向对象开发方法的特点和优缺点

1. 面向对象开发方法的特点

面向对象开发方法的特点包括：

（1）利用特定软件直接从对象客体的描述到软件结构的转换。

（2）解决了传统结构化方法中客观世界描述工具与软件结构的不一致性。

（3）减少了从系统分析、设计到软件模块结构之间的多次转换映射的繁杂过程。

2. 面向对象开发方法的优缺点

（1）优点包括：①是一种全新的系统分析设计方法（对象、类、结构属性、方法）；②适用于各类信息系统的开发；③实现了对客观世界描述到软件结构的直接转换，大大减少了后续软件的开发量；④开发工作的重用性、继承性高，降低了重复工作量；⑤缩短了开发周期。

（2）缺点包括：①不太适宜大型的 MIS 开发，若缺乏整体系统设计划分，则易造成系统结构不合理、各部分关系失调等问题；②只能在现有业务基础上进行分类整理，不能从科学管理的角度进行理顺和优化；③初学者不易接受，难学。

面向对象开发方法把分析、设计和实现很自然地联系在一起。虽然面向对象设计原则上不依赖于特定的实现环境，但是实现结果和实现成本却在很大程度上取决于实现环境。因此，直接支持面向对象设计范式的面向对象程序语言、开发环境及类库，对于面向对象开发方法的实现来说是非常重要的。

为了把面向对象设计结果顺利地转变成面向对象程序，首先应该选择一种适当的程序设计语言。面向对象的程序设计语言适合用来实现面向对象设计结果。事实上，具有方便的开发环境和丰富的类库的面向对象程序设计语言，是实现面向对象设计的最佳选择。

良好的程序设计风格对于面向对象实现来说格外重要。它既包括传统的程序设计风格准则，也包括与面向对象开发方法的特点相适应的一些新准则。

面向对象开发方法使用独特的概念完成软件开发工作，因此，在测试面向对象程序时，除了继承传统的测试技术之外，还必须研究与面向对象程序特点相适应的新的测试技术。在这方面需要做的研究工作还很多，目前这已逐渐成为国内外软件工程界研究的一个新的热门课题。

面向对象开发方法可以普遍适用于各类管理信息系统的开发，但它涉足系统分析以前的工作环节则显得力不从心，用面向对象开发方法开发较小规模的系统过程的控制比较容易实现，而对于大规模的系统，软件结构和数据组织都将成为问题。

四、三种主要开发方法的比较

从国外最新的统计资料来看，信息系统开发工作的重心正逐渐向系统调查、分析阶段偏移。开发各环节的工作量所占比重如表 2.1 所示。

表 2.1　信息系统开发各环节工作量的比重情况（单位：％）

阶段	调查	分析	设计	实现
工作量	>30	>40	<20	<10

系统调查和分析阶段的工作量占总开发量的 70％以上，而系统设计和实现环节占总开发工作量的比重不到 30％。

1. 结构化系统开发方法

结构化系统开发方法能够辅助管理人员对原有业务进行清理，理顺和优化原有业务，使其在技术手段和管理水平上都有很大提高；发现和整理系统调查、分析中的问题及疏漏，便于开发人员准确地了解业务处理过程；有利于与用户一起分析新系统中适合企业业务特点的新方法和新模型；能够对组织的基础数据管理状态、原有信息系统、经营管理业务、整体管理水平进行全面系统的分析。

2. 原型法

原型法是一种基于 4GL 的快速模拟方法，通过模拟以及对模拟后原型的不断讨论和修改，最终建立系统。要想将这样一种方法应用于大型信息系统的开发过程中的所有环节是不可能的，故原型法多被用于小型局部系统或处理过程比较简单的系统设计到实现的环节。

3. 面向对象开发方法

面向对象开发方法是围绕对象来进行系统分析和系统设计，然后用面向对象的工具建立系统的方法。这种方法可以普遍适用于各类信息系统开发，但是它不能涉足系统分析以前的开发环节。

综上所述，只有结构化系统开发方法是真正能够较全面地支持整个系统开发过程的方法。尽管其他方法有许多这样那样的优点，但都只能作为结构化系统开发方法在局部开发环节上的补充，暂时都还不能替代其在系统开发过程中的主导地位，尤其是在占目前系统开发工作量最大的系统调查和系统分析这两个重要环节。

五、计算机辅助开发方法

20 世纪 80 年代，计算机图形处理技术和程序生成技术的出现，缓和了系统开发过程中的系统分析、系统设计和开发"瓶颈"，即主要靠图形处理技术、程序生成技术、关系数据库技术和各类开发工具为一身的计算机辅助软件工程（computer aided software engineering，CASE）法工具代替人在信息处理领域中的重复性劳动。

（一）CASE 的概念

人们对软件工具开发管理信息系统的使用，导致了计算机辅助软件工程的产生。计算机辅助软件工程的定义是：在软件工程活动中，软件工程师和管理人员按照软件工程的方法和原则，借助计算机及其软件工具，开发、维护、管理软件产品的过程。

计算机辅助软件工程的最初形式是一个个孤立的软件开发工具。随着对软件开发过程的研究和各种设计方法的产生，这些工具按照一定的软件开发方法有机地组织起来，并遵循一定的软件开发模型，构成一个集成软件开发环境。

这个软件开发环境是一组方法、过程及计算机程序的整体化构件，它支持从需求定义、程序生成直到维护的整个软件生存周期。

（二）CASE 的基本思路

从方法论的角度看，计算机辅助开发并不是一种真正意义上的方法，它是对整个开发过程进行支持的一种技术。用 CASE 法解决问题的基本思路是：系统开发过程中的第一步如果都可以在一定程度上形成对应关系的话，那么就完全可以借助于专门研制的软件工具来实现上述一个个的开发过程。例如，结构化系统开发方法中的业务流程分析→数据流程分析→功能模块设计→程序实现、业务功能一览表→数据分析、指标体系→数据/过程分析→数据分布和数据库设计→数据库系统；面向对象开发方法中的问题抽象→属性、结构和方法定义→对象分类→确定范式→程序实现，等等。在实际开发过程中，上述几个过程很可能只是在一定程度上对应（不是绝对的一一对应），故这种专门研制的软件工具暂时还不能一次"映射"出最终结果，还必须实现其中间过程，对于不完全一致的地方由系统开发人员再作具体修改。

在实际开发一个系统中，CASE 环境的应用必须依赖于具体的开发方法，如结构化系统开发方法、原型法、面向对象开发方法等，而一套大型完备的 CASE 产品，能为用户提供支持上述各种方法的开发环境。CASE 法只是一种辅助的开发方法，主要体现为帮助开发者方便、快捷地产生出系统开发过程中的各类图表、程序和说明性文档。CASE 环境从根本上改变了我们开发系统的物质基础，在考虑问题的角度、开发过程的做法以及实现系统的措施等方面都与传统方法有所不同。

（三）CASE 的组成

在计算机辅助软件工程环境中，按照集成程度的高低，CASE 的集成形式有数据交换、公共工具访问、公共数据管理和全集成四种形式。

1. 数据交换

数据交换是计算机辅助软件工程中文件级的集成方式。在数据交换方式（图2.7）中，不同的工具各自存放着自己的数据。在集成使用时，以格式转换程序为中介，将对方的数据格式转换成需要的数据格式，这种交换是点到点的数据交换方式，且是单向的。这种集成方式的缺点是格式转换耗费的时间长，不能适应大型、多工具集成的软件开发。

图 2.7　CASE 工具的集成形式——数据交换

2. 公共工具访问

公共工具访问方式（图 2.8）是指各个 CASE 工具被封装在统一的界面框架之下，采用统一的用户界面和操作方式。这些工具之间的数据交换采用点到点的格式转换方式，也需要用格式转换程序作为中介进行访问。

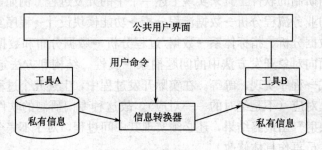

图 2.8　CASE 工具的集成形式——公共工具访问

3. 公共数据管理

公共数据管理方式（图 2.9）是指将不同 CASE 工具产生的数据存放在同一个逻辑数据库中（即软件工程信息库）。该库中数据的物理存放既可采用集中式也可采用分布式。这种集成方式还需要在各个 CASE 工具之间进行数据的格式转换，但转换过程是在环境内部完成的，它对开发人员是透明的。这种方式简化了数据交换，并增加了共享数据的完整性。

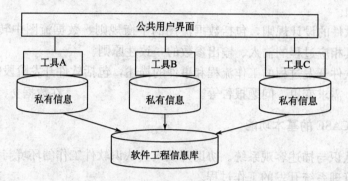

图 2.9 CASE 工具的集成形式——公共数据管理

公共数据管理能够比较好地实现集成和表示集成，是工具间集成的高级形式。

4. **全集成**

全集成方式（图 2.10）综合了公共工具访问和公共数据管理方式的所有特征，将所有各自独立的软件工具集成在一起。

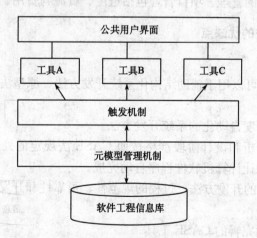

图 2.10 CASE 工具的集成形式——全集成

全集成是通过元数据管理机制和 CASE 工具的触发控制机制实现的。元数据是各个 CASE 工具所产生数据的元级描述，是关于数据描述的数据，它们以特定的形式存放在软件工程信息库中。元数据主要描述的内容如下：

（1）数据的定义，包括数据的类型、属性、表示法、数据的生产者与消费者等。

（2）数据项之间的关系和依赖性描述，包括数据流图级、数据项级、代码段级的数据项。

（3）软件的设计规则，包括数据流图的平衡规则，数据流图中转换的输入、输出流与其相应过程的输入、输出参数的一致性原则。

（4）软件开发过程的工作流程和事件的描述，包括软件开发阶段的划分、里程碑定义、需求变更、问题报告等。

（四）CASE 的基本功能

（1）认识与描述客观系统。协助开发人员认识软件工作的环境与要求，合理地组织与管理系统开发的工作过程。

（2）存储与管理开发过程中产生的信息。系统开发中产生大量的信息结构复杂、数量众多，由工具提供一个信息库和人机界面，有效地管理这些信息。

（3）代码的编写或生成。通过提供的各种信息，用户在较短时间内，半自动地生成所需的代码段落，并进行测试、修改。

（4）文档的编制或生成。包括文字资料、各种报表、各种图形的编制或生成（文档编写是系统开发中比较繁重的工作，费时、费力，很难保持一致）。

（5）软件项目的管理。项目管理包括进度、资源与费用、质量管理。

（五）CASE 法的优缺点

1. 优点

（1）CASE 法可以用于辅助结构化系统开发方法、原型法和面向对象开发方法的开发。

（2）是一种高度自动化的系统开发方法。

（3）只要在分析和设计阶段严格按照 CASE 法规定的处理过程，就能够将分析、设计的结果让计算机软件程序自动完成。

（4）CASE 法的开发方法，过程的规范性、可靠性和开发效率均较好。

2. 缺点

目前缺乏全面完善的 CASE 工具。

六、其他方法简介

前面介绍的方法各有优缺点，因此在信息管理系统的开发中，其他一些方法也在不断被提出和实践，其中一种发展潜力较大的方法是软构件开发方法。这里主要介绍这种方法的基本原理和实现。

软构件开发方法克服了原型法需要快速工具支持的不足，代之以软件构件化的技术来构造系统。一般说来，大部分 MIS 在功能上有相似之处，可以利用软件的重用技术大大简化开发过程。软构件开发方法的提出正是基于这种思想。利用软构件法开发 MIS，首先要准备一个名叫"软构件"（也被称为构件库）的构件集合，比如，可以收集一些已经开发出的 MIS 的总体设计、规划、局部流程以及某些人机界面、通用模块、简单开发工具。事实上，开发 MIS 的大部分工作集中在构造软构件阶段，后续的确定系统的总体框架、构筑构件框架、修改总体框架、创建构件和修改构件等工作都主要是同"软构件"打交道。软构件开发方法的关键是尽量使用已经开发出来的软构件，借助软构件的重用组合技术，开发出的系统具有较大的灵活性并便于更新维护。但是软构件开发方法是一个比较新的技术，没有成熟的方法，如果使用不当，忽视了对软构件集合的管理，那么其他一些问题也就接踵而来。

采用软构件开发方法开发 MIS 系统的过程与搭积木的过程很类似，因此该方法又称积木法。一般是先构筑系统的总体框架，然后构造各个构件，并依次把构件安装到系统中去。

1. MIS 构件的定义

MIS 构件是具有一定处理功能的程序框架，其逻辑结构已定，且软构件体的程序框架由固定部分——程序框架、可变部分——宏结点（产生替代该宏结点的规则序列）组成。

由上述软构件定义可知，软构件并不是简单的一段程序，生成应用功能构件的过程是执行规则、产生代码替换宏结点的过程。

2. 通用 MIS 构件的类型

通用 MIS 构件可分为以下两类：

（1）用户软构件。又可分为通用处理软构件和专用处理软构件。其中，用户引用前者时，通过给出适当的参数，系统将生成相应的功能构件；后者是用户自己使用的软构件，相当于固定功能构件。

（2）控制软构件。指标准的控制功能构件及界面构件等。

3. MIS 构件的生成流程

MIS 构件的生成流程可抽象成几个公共操作过程。作为生成的规则，MIS 构件的生成过程就是根据软构件宏结点提供的信息（规则）采取的生成动作，即读取用户输入的参数并生成相应的程序段，然后用该生成的程序段代替宏结点的过程。

4. 软构件库的管理程序

为了适应多种 MIS 系统开发的需要，软构件库中应含有大量的各类软构件，但若软构件过多，又会带来软构件的查找、使用和维护的困难。为此，需要设计软构件库的管理程序。

软构件库的管理程序主要完成以下几个功能：

（1）软构件查找，即在软构件中查找到所要求的软构件。

（2）软构件扩充，即加入一个软构件到软构件库中。

（3）软构件集成，即利用已有的软构件集成软件系统。

（4）软构件删除，即删除一个已存在的软构件。

（5）软构件修改，即修改一个已存在的软构件。

5. 系统生成方案

采用软构件技术开发 MIS 系统的设计目标是，以积木组合开放式结构构造 MIS 集成一体化的环境。根据 MIS 系统的一般结构，完整的 MIS 系统应具有以下主要生成功能：数据库文件、功能菜单、数据库维护、查询、索引排序、统计计算、图形生成与分析、报表生成、打印、数据一致性检验、数据一致性维护及应用系统文档信息。

MIS 系统生成是建立在一个个积木块——软构件的基础之上的。MIS 系统的生成过程也就是从软构件库中提取软构件，并将它们按照集成算法组合的过程。

MIS 系统采用软构件开发方法，把应用系统划分为若干积木块，把程序生成问题转化为软构件的设计、处理问题。对于不同的应用系统，通过分析发现它们之间的共性与个性，把共性部分做成标准软构件，把用户要求存入规则库。根据软构件集成算法，将软构件连接成完整的系统。

6. 总结与展望

软构件技术的出现，极大地满足了多个应用领域的要求，使得由各种技术形成的软构件可以最大限度地进行重用。这就引出了大规模软件开发所面临的另一个问题：如何建造面向对象的软构件库结构并对其进行有效的组织和管理。在大型软构件库的支持下，利用现有的、质量好的、可靠性强的软构件，按照大规模软件开发的工程规范进行开发，是满足这些大型系统要求的良好途径。

现在，人们越来越多地寄希望于具有分散和联合处理能力的开放性分布式软构件技术。分布式软构件技术的目标是实现开放的软构件产品，使应用程序能相互操作，降低开发与管理费用。尽管到目前为止，还没有出现一个完整的开放式软构件系统的实施方案，但软构件技术仍具有巨大的发展潜力。

■ 第二节　开发策略和开发方式

一、系统开发的基本条件

（一）系统开发成功的要素

合理地确定系统目标。目标的确定直接影响系统开发的成功与否，目标的确定应坚持先进性和实用性相结合的原则。

组织系统性队伍。信息系统涉及多种学科、多种人才，搞单干是不可能完成信息系统的开发任务的，这就需要根据具体系统的具体情况，合理组织系统开发所必需的各方面人才，共同完成任务。

从总体上对系统开发进行规划。信息系统的开发涉及面广、工作复杂，需要遵循系统工程的开发步骤。

（二）系统开发的基本条件

管理信息系统的开发，必须在具备一定条件的基础上才能够进行，否则系统的开发难以成功。管理信息系统开发之前应具备以下条件。

1. 领导重视

MIS 开发周期长、耗资大，且涉及管理方法的变革，必须主要领导亲自抓才能成功。MIS 的开发是一项庞大的系统工程，它涉及组织日常管理工作的各个方面，需要领导出面组织力量、协调各方面的关系。没有领导的支持，MIS 系统开发将面临巨大的阻碍，系统的开发也很难成功。领导最熟悉也最清楚组织面临的问题，最能合理地确定系统目标，拥有实现组织目标的人、财、物的调配权，能够决定投资、调整机构、确定应用程度等。其一，管理信息系统应该首先满足企业的管理需求，只有企业的最高领导最了解企业的战略目标和管理需求；其二，管理信息系统开发和实施有些要涉及企业业务流程的重组、企业组织机构的调整和改变，这一切都只有企业的最高领导亲自过问才能解决。苏联曾提出"第一把手原则"；美国等国和我国的实践也证明，系统开发失败的一个重要原因是，领导不是参加者而是旁观者。

2. 具备科学管理的工作基础

管理信息系统是在科学管理的基础上发展起来的。只有在合理的管理体制、完善的规章制度、稳定的生产次序、科学的管理方法和完整准确的原始数据的基础上，才能考虑管理信息系统的开发问题。为了适应计算机管理的要求，单位的管理工作必须逐步实现管理工作的程序化、管理业务的标准化、报表文件的统一化、数据资料的完善化与代码化。

（1）管理工作的程序化。管理工作程序化就是单位工作安排井然有序，有合理的工作流程，从流程图上能清楚地看出各部门的管理工作是如何一环扣一环地进行的，从而便于管理信息系统在原工作流程的基础上进行分析、设计，并加以改进，为管理信息系统的建立奠定基础。

（2）管理业务的标准化。将管理工作中重复出现的业务按照现代化生产对管理的客观要求以及管理人员长期积累的经验，规定标准的工作程序和工作方法，用制度将它固定下来，成为行动的准则。

（3）报表文件的统一化。设计出一套标准的报表格式和内容，避免职能部门间各行其是。工作带来的压力，数据多次重复、往返转抄等也会造成遗漏和重复。

（4）数据资料的完善化与代码化。数据资料需完整、准确且有统一的数据编码。

3. 业务管理部门的支持

开发好 MIS，各业务管理部门的支持是十分重要的。各级业务部门应选派最熟悉本部门业务流程及信息需求的管理人员参与到 MIS 的开发工作，这样他们才能对 MIS 的构成和应有的功能提出自己的看法，为真正开发出一个适应部门管理要求的 MIS 打下基础。

4. 建立一支开发队伍

在 MIS 的开发过程中，必须建立一支由既懂计算机又懂管理的计算机技术人员和业务管理人员两方面人员组成的开发队伍，只有计算机技术人员和业务管理人员的紧密配合，才能开发出一个良好的 MIS。缺乏业务管理人员参与开发的 MIS，即使设计、编码工作做得很出色，至多只是代替手工、完成部分手工劳动的系统。这支队伍的人员应包括：系统分析员，负责系统分析；系统设计员，负责系统设计；程序员，负责应用程序设计；操作员，包括硬件操作和数据录入人员；系统维护人员，负责系统硬件和软件维护；信息控制人员，负责信息收发、调度和核对；管理人员，负责系统开发、运行和维护的组织与领导工作。

在 MIS 开发过程中，系统分析员起着举足轻重的作用，他要主持整个系统的开发工作，确定工作目标及确定实现目标的具体方案。系统分析员的知识水平和能力决定了 MIS 的质量，系统分析员必须具备专业技术及组织管理的才能。缺乏称职的系统分析员是目前制约 MIS 开发的重要原因之一。

5. 建立专门的组织机构

建立 MIS 开发的组织机构，也就是成立由企业领导亲自挂帅的系统开发领导小组（信息委员会），它是系统开发的最高决策机构。领导小组的负责人应由企业主要负责人担任，成员应包括有关部门的负责人、有经验的管理专家、系统分析员。开发领导小组不负责开发的具体技术工作，其主要职责包括：提出和确定新系统的目标、规划和总策略；对开发项目的目标、预算、进度、工作质量等进行监督和控制；审查和批准系统开发各阶段的工作报告；协调系统开发中有关的各项工作；向上级组织报告系统开发的进展情况；组织系统的验收；负责主要成员的任用和规定各成员的职责范围等。

系统开发领导小组下设的系统开发小组负责具体的开发技术工作。系统开发小组由系统分析员负责，其任务是根据系统目标和系统开发领导小组的指导开展具体工作。这些工作主要包括：系统开发方法的选择；各类调查的设计和实施；调查结果的分析；撰写可行性报告；系统的逻辑设计；系统的物理设计；系统的具体编程和实施；制定新旧系统的交接方案；监控新系统的运行；协助组织进行新的组织机构变革和新的管理规章制度的制定等。

要开发好 MIS，组织是关键。建立适应 MIS 开发需要的专门组织机构是 MIS 开发成功的保证。

6. 具备一定的资金能力

MIS 开发要有一定的物质基础。MIS 开发是一项投资大、风险大的系统工程，企业在 MIS 开发过程中，需要购买机器设备和软件，消耗各种材料，发生人工费用、培训费用以及在开发过程中发生的其他各种费用。这些对企业来说是一个不小的负担。为了保证 MIS 开发的顺利进行，开发前应有一个总体规划，进行可行性论证，对所需资金应有一个准确的预算，制定资金筹措计划，保证资金的按期到位。同时，开发过程中还要加强资金管理，防止浪费现象的发生。

二、开发策略

为了保证管理信息系统开发工作的高效率，选择一个合适的系统开发策略显得尤为重要。要根据管理信息系统的不同规模、繁简程度和不同的管理层次来选择合适的系统开发策略。只有选择了合适的系统开发策略，才能保证所开发的管理信息系统能够准确而完整地反映用户的需求，保证用户对信息的需求。

根据系统的特点和开发工作的难易程度或者风险的大小，一般采取下列开发策略：

（1）接收式开发策略。接收式开发策略就是根据用户需求和现有状况直接设计、编程从而过渡到新系统。这种方式主要适用于：经过调查分析，认为用户对信息的需求是正确的、完全的和固定的，现有的信息处理过程和方式也都比较科学的企业，也适用于系统规模不大、信息和处理过程结构化程度高、用户和开发者又都很有经验的场合。

（2）直接式开发策略。直接式开发策略是指经过调查分析后，确定了用户需求和处理过程，且今后不会有太大的变化，则管理信息系统的开发工作就可以按照某一种开发方法的工作流程开发，直到最后完成开发任务。这种开发策略对开发者和用户的要求很高，要求在系统开发之前就完全调查清楚实际事务的状况和需求。

（3）迭代式开发策略。迭代式开发策略是指被开发的系统具有一定的复杂性和难度，一时难以确定，需要进行反复分析、反复设计，随时反馈信息，发现问题，修正开发过程。这种开发策略对用户和系统开发者的要求很低，但开发时花费较大，耗时也长。

(4) 实验式开发策略。实验式开发策略是指当用户需求的不确定性太高时，一时无法制定具体的开发计划，只能用反复试验的方式来做。这种开发策略一般需要较高级的软件支撑环境，仅适用于小型项目，对于大型项目在使用上有一定的局限性。

在实际开发过程中，开发的过程策略可分为下列几种：

(1) "自上而下"策略。从整体上协调和规划，由全局到局部，由长远到近期，从一个组织的高层管理着手，考虑组织的目标、对象和策略；然后再确定需要哪些功能去保证目标的完成，从而划分相应的业务子系统，并进行各子系统的具体分析和设计。"自上而下"策略的整体性、逻辑性较强，应用模块分解方法进行各子系统的划分和功能确定。但对于一个大型系统的开发，因为工作量太大会影响到对具体细节的考虑，致使周期拉长，开发费用增加，评价标准难以确定等。

(2) "自下而上"策略。从现行系统的业务状况出发，先实现各项业务的具体功能，逐步由底层到高层，直至最后形成整个系统。这种策略是从具体业务信息子系统综合到总的管理信息系统的分析和设计，实际是模块组合的方法，但是它不能很好地考虑系统的总目标和总功能，所以在上层分析与设计时，反过来又要对下层子系统的功能和数据作较大的修改与调整。该策略可根据资源情况逐步满足用户要求，边实施边见效，但缺乏整体目标和协调性，可能造成功能及数据的矛盾、冗余，并导致返工。

(3) 综合策略。为了充分发挥以上两种策略的优点，人们往往将它们综合起来考虑。在用"自上而下"策略确定了一个总的管理信息系统方案之后，"自下而上"策略则是在总体方案的指导下，对一个个业务信息系统进行具体功能和数据的分析与设计，并汇成为自己的决策程序。这两种策略的结合，通过全面分析、协调和调整之后，将得到一个比较理想的，耗费人力、物力、时间较少的用户满意的系统。

三、开发方式

管理信息系统的开发方式主要有自行开发、委托开发、合作开发、购买通用性商品软件等几种方式。企业在选择管理信息系统开发方式时，应让用户企业的领导和业务人员参与。企业应该根据本单位的技术力量、资金情况、外部环境等各种因素进行综合考虑，选择一个适合本企业的管理信息系统开发方式。表2.2中列出了四种开发方式的特点及其比较。

表 2.2　几种开发方式的特点

方式 特点比较	自行开发方式	委托开发方式	合作开发方式	购买通用性 商品软件
分析和设计力量的要求	非常需要	不太需要	逐渐培养	少量需要
维护力量的要求	非常需要	不需要	需要	少量需要
系统维护的难易	容易	困难	较容易	困难
开发费用	少	多	较少	较少

1. 自行开发方式

自行开发方式是指用户依靠本单位的力量独立完成管理信息系统开发的各项任务。选择这种方式开发管理信息系统的单位，应拥有一支较强的系统使用、维护能力的队伍，如大专院校、科研院所、高科技公司等。

自行开发方式的优点是：开发费用少，开发出的管理信息系统更能满足本单位的需求，能更方便地维护和扩展，有利于企业培养自己的系统开发人员。

不足之处是：由于开发人员专业性不强，系统开发水平不高，有时会造成系统开发周期过长。

2. 委托开发方式

委托开发方式适用于管理信息系统的用户单位缺少管理信息系统的开发经验，开发队伍的力量较弱，但资金比较充裕。这种方式一般由用户单位委托有开发经验的专业机构或专业开发人员，按照用户的需要来承担管理信息系统开发的任务。当用户单位采用这种委托开发方式来开发管理信息系统时，要与系统开发单位签订管理信息系统开发项目的协议，双方明确新系统的目标和功能、开发计划与费用、系统标准与验收方式、人员培训等内容。

委托开发方式的优点是：省时、省事、开发周期短；缺点是：开发费用较高，系统维护需要开发单位的长期支持。

3. 合作开发方式

合作开发方式是指由用户单位和有丰富开发经验的机构或专业开发人员共同完成管理信息系统的开发任务，双方共享开发成果。这种开发方式适用于单位有一定的管理信息系统分析、设计及软件开发人员，但独立开发系统的能力还较弱。与开发单位合作开发管理信息系统可以在开发中建立、完善和提高用户单位的技术队伍，以便对运行中的管理信息系统进行维护。合作开发方式相对于委托开发方式来说，更能节约资金，可以通过管理信息系统的开发培养，增强用户单位的技术力量，便于管理信息系统的维护工作；缺点是：开发单位和用户不太容易沟通。因此，在采用合作开发方式开发管理信息系统时，需要开发单位、用户双方及时达成共识，形成协调一致。

4. 购买通用性商品软件

随着计算机软件开发朝着专业化方向发展，一批大中型软件企业已经开发出一批功能通用、使用方便、功能强大的商品化应用软件，这些应用软件是系统开发人员事先编制好的、能完成一定功能的成套软件。这些应用软件完成了系统设计、编码和测试工作，又有完整的软件文档供用户使用和维护。而且这些商品化软件的费用会随着应用软件销量的增加而逐渐降低，一般低于自行开发的费用。

由于通用性商品软件的功能是通用的，其专用性比较差，难以满足用户单位的特殊需求，用户必须组织一定的技术力量（或者在开发商的协助下），根据单位自身的需求改进和完善软件功能，必要时还需编制一些接口软件等二次开发工作后，软件才能在用户单位使用。

用户单位购买商品化软件的优点是：能缩短软件开发时间，节省开发费用，系统功能稳定，可以得到较好的维护。缺点是：商品化软件的功能专用性比较差，难以满足用户的特殊要求。

购买通用性商品软件适用于以下情况：

（1）用户的需求功能是通用软件中的主要通用功能，这样，用户选择的余地也就比较大，二次开发的成本也不会太高。

（2）用户单位缺少管理信息系统的开发人员，购买商品软件既省时又省事。

采用购买商品软件的方式不太适用于功能复杂、需求量不确定性程度较大的用户单位。用户在选择商品化软件时，应该注意的是：软件的功能能否满足用户的功能要求；使用是否方便、灵活；对计算机系统环境的要求；对文件、数据库的结构要求；供应商的信用程度及技术支持的情况；更重要的是软件系统的文档资料是否齐全。

综上所述，不同的开发方式有不同的优点和缺点，需要根据使用单位的实际情况进行选择。

➤ 案例

一个高校学生管理系统的开发过程

东方大学是我国一所有名的重点大学，不仅在教学质量上堪称国内一流，在院校教学设施等方面也一直名列前茅。东方大学在信息化建设方面也颇有远见，郑副校长早在八年前就提出了建设全校信息系统的目标，设想将所有的教务、人事、办公、图书情报和教学设备等信息全部用计算机管理起来。

东方大学学生管理信息系统于 1996 年 9 月开始实施，原计划于 1997 年 7 月完工。当时，随着局域网络的发展和计算机价格大幅度降低，学校办公自动化成为可能。同时，随着国内高教事业的发展，东方大学的规模迅速扩大，短短几年内学生人数就由 7000 人猛增至上万人，原有的教务人员已难以应付随之猛增的学生管理工作。正是在这种情况下，郑副校长提出了建立学生管理信息系统的方案，力图通过办公自动化来应对越来越重的学生管理业务。同时，这也是考虑到，为了在与兄弟院校的竞争中占据有利地位，增强东方大学在国内办公自动化领域的声誉。

该项目涉及的部门有学生处和全校二十多个院系的教务处。其中，学生处拥有全校学生的基本信息，负责处理全校性的学生管理业务，如学生证的制作与管理、全校所有课程的选课安排等，同时，学生处还要督导各院系教务处的管理工作。而各院系教务处负责本院系的具体学生工作，如本院系学生成绩的录入与编排、学生选课的登记等，同时将有关数据如学生成绩等上报学生处，供其用于存档等处理。建立一个统一的数据库系统，将会使数据共享、重用更为方便。

因此，在郑副校长的责令下，由学生处全权负责，学校计算中心担负开发，其他相关部门协同工作，开始了该系统的开发实施。为此，学校拨款 50 万元给计算中心，购买了两台奔腾 II 服务器以及网络连接设备，在学生处和计算中心又安装了一些计算机作为客户端，而其他各院系的计算机则自行解决。起初，学生处刘处长和计算中心张主任向郑副校长承诺，计算中心将于 1997 年 7 月完成开发工作，在系统完成后学生处将付给计算中心 10 万元开发费。

系统具体实施前，计算中心派了一位负责此项目的王老师带领两名学生到学生处进行需求分析，对项目进行了整体的系统规划，他们花费了 3 个月时间，找学生处每一位工作人员都谈了话，并写了一份详细的系统分析报告。该系统分析报告内列出了所有的数据项目，有 20 个表和 400 多个数据项。另外，他们还列出了整个学生处业务的详细流程图。学生处负责该项目的刘处长看到王老师夜以继日地工作很感动，对图文并茂的精美的分析报告也很满意。张主任请刘处长就此报告谈谈意见，刘处长和处里几个同志研究了一下，该处没有负责计算机系统的专业人员，对计算机的使用仅限于 WPS、Word 等的操作，对于报告中系统开发方面的图表和术语没人能看懂，抱着对计算中心王老师完全信任的态度，刘处长说："技术上由你们负责，我们完全放心。"当时刘处长主要关心的是另一件事：在系统运行后，自己的任务量究竟能减少多少。因为当时学生处的工作量过于繁重，他希望该系统能够改变这一情况，因此希望计算中心王老师等在系统设计中能考虑将学生管理业务在学生处和各院系之间进行重新分配。如学籍管理数据，原系统规划中是由学生处在学生入学前统一录入数据库，供各院、系和学生处共同使用；后来按刘处长的要求，此项工作被分布到各院系的教务处执行。另外，学生证原来也是由学生处统一制作，而现在学生处也要求划分到各院系完成，学生处只负责加盖公章。王老师等根据学生处的要求修改了系统分析报告书，并按此报告书开始了具体的开发实施。

　　系统开发期间，王老师由于另有其他工作任务，并没有参与到实际的开发工作中，具体的编程工作交给两位学生负责。王老师认为，系统分析报告书已经写好并得到用户认可，编程工作已没有必要再与学生处打交道了，关键是程序设计是否按系统设计方案实现。他将这项工作作为两位学生的毕业设计课题，开始了程序设计工作。开发该系统选择的是最先进的开发工具 PowerBuilder 和 SYBASE 数据库。虽然当时两位学生对此开发工具并不熟悉，但对赫赫有名的 PowerBuilder 十分感兴趣。在此期间，他们经常工作到很晚，从入门开始学习 PowerBuilder 和 SYBASE 数据库系统，经过半年时间，逐渐精通了这些工具。1997 年 7 月，他们顺利完成了系统设计和实施，同时也完成了毕业论文，走上了工作岗位。

　　1997 年 8 月，系统按期安装到学生处的计算机上。学生处的第一印象是：该系统设计的界面十分漂亮。看惯了 DOS 下文字界面的用户对于图形界面精美的画面和用鼠标指指点点很感兴趣，他们赞叹计算中心的技术高人一筹，但不久出现了一系列问题。首先，在这期间，许多院系都开始购买新的 586 机器，代替了过去的 486 机器，而操作系统也从 Windows 3.1 升级到 Windows 95。这时，原来开发的应用系统就必须安装到新机器上。计算中心的同志帮助安装后，系统可以工作了，但是在屏幕显示和打印时出现了一些问题，有时死机，有时打印出乱码。学生处想找计算中心来解决问题，可是两位负责编程的同学已经离开学校，而其他人都不敢贸然接手。学生处派人到各院系去了解系统的使用情况，发现许多院系还未开始使用或很少使用该管理系统。当问及原因时，还未使用该系统的教务人员说，他们最近工作很繁重，还没有时间学习新系统的使用。而开始使用但利用率很低的院系的教务人员说，他们已习惯于使用 WPS、Word 等办公软件而且用得很好，不明白为什么还要弄一套学生系统。更有教务人员说，新系统不但没有减轻他们的工作量，反而增加了一些不必要的操作，还不如手工处理来得方便。学生处的刘处长和计算中心谈过此情况后，计算中心王老师认为，只要使用一段时间就会熟悉该系统。于是，刘处长要求各院系的教务处尽快将系统投入使用。但事隔一个月之后，各院系仍未有起色。当学生处再次问及他们原因时，许多人都反映说系统使用不方便，有些数据不知道怎么输入，有些数据则要输入好几遍。有一位教务人员说，"昨天我输入一个地方，我不知道怎么输入，就想跳过去，但是系统不让我跳过去，我也退不出来，只好关机了。"学生处将此情况反映给计算中心，要求计算中心人员对该系统进行修改。计算中心认为该系统达到了系统规划书的设计要求，要求学生处尽快付给他们开发费，否则就不能进行新的修改工作，而学生处则认为系统没有投入使用不能付款。这样谁也不肯让步，系统应用也就搁置下来。

　　一晃一年时间过去了，系统仍迟迟未能正常运作。该系统的搁浅以及产生的矛盾也引起了学校领导的重视。郑副校长多次找刘处长和张主任谈话，但双方各执一词，一直未能解决问题。1998 年 9 月，郑副校长主持召开了学生处、计算中心、各院系以及相关部门参加的会议，并邀请了校内外几位信息系统方面的专家列席会议。会上，大家对系统开发过程进行了反思，发现了许多问题，同时也商议了解决的办法。

　　1998 年 9 月下旬，东方大学决定再次开发该系统，并成立了以郑副校长为首的包括所有相关部门负责人在内的信息化委员会，对学生管理信息系统的开发进行直接领导，重新开发该系统。

➤ 问题与讨论

　　1. 你认为该系统没有按期投入使用，其原因是什么？

　　2. 在该系统的开发过程中，出现了哪些问题？它们之间的关系是什么？

　　3. 为使新的系统开发成功，应当如何做？请具体说明你的意见。

➤ 本章小结

　　实践证明，管理信息系统的开发是一项艰巨而复杂的工作，因此开发方法及开发策略的选择至关重要。本章重点讲述管理信息系统传统的三种开发方法：结构化系统开发方法、原型法和面向对象开发方法，并概要地讲述了计算机辅助软件工程法和其他的系统开发方法，使学生对系统开发方法有一个总体的认识。另外，对系统开发策略和开发方式的基本概念、分类及选择问题也进行了讲述。

　　系统开发方法是影响系统开发成功的关键因素之一。无论哪一种方法，都有其各自的特点与不足，对于开发 MIS 这样大型、复杂的系统，严格地按照某一种开发方法是不可取的。实际上，最好的开发方法都是在充分分析应用领域的本质特征、开发规律的基础上，综合各种开发方法的特点，在长期的工程实践中逐步形成和完善的。

➤ 思考题

　　1. 结构化系统开发方法包含哪些阶段？各阶段的文档是什么？

　　2. 原型法有何特点？什么情况下适合使用原型法？

　　3. 什么是面向对象开发方法？与结构化系统开发方法相比它有何优点？

　　4. 信息系统开发中容易出现哪些问题？应如何解决？

　　5. 谈谈你对管理信息系统开发策略的认识。

　　6. 常用的管理信息系统开发方法有哪些？它们各有什么优缺点？

第三章

系 统 规 划

➤本章导读

　　现代企业用于信息化的投资越来越多，如沃尔玛公司的投资已达数十亿元。由于系统建设投资大、周期长，它的成败对企业的经营影响重大。大量事实说明，如果一个操作错误会造成几万元损失的话，那么一个设计错误就会造成几十万元损失，一个计划错误就会造成几百万元的损失，而一个规划错误将会造成几千万元甚至上亿元的损失。调查结果表明，信息系统的失败差不多有70%是由规划不当造成的。

　　自20世纪60年代起，信息系统规划开始受到MIS业界的重视，许多专家在实践的基础上提出了不同的方法。但是，由于组织的特点、类型和对规划的具体需求的多样性，在信息系统的规划过程中经常会遇到各种各样的问题。因此，如何正确应用信息系统规划方法，针对组织的具体特点和需求来进行规划，就成为企业信息系统建设中的重要问题。本章全面讨论管理信息系统规划的重要性、概念、步骤，并介绍主要的系统规划方法及企业流程重组等问题。

➤学习目的

　　了解信息系统发展阶段论模型；

　　正确把握信息系统规划的战略意义；

　　熟练掌握初步调查的内容以及可行性研究方法；

　　掌握管理信息系统的常用规划方法的基本思想、步骤和优缺点；

　　了解企业流程重组的概念、意义、步骤及方法等。

第一节　系统规划概述

自 20 世纪 60 年代起，信息系统规划就开始受到 MIS 业界的重视。对于企业来说，缺少信息系统规划将会面临很多问题：信息系统建设没有方向和目标；企业战略和关键业务得不到支持；IT 利器变成企业的包袱。因此，企业必须深刻认识到信息系统规划的重要性，并把它摆到重要的战略位置上。

一、信息系统发展阶段论模型

（一）诺兰模型

美国管理信息系统专家诺兰（Richard L. Nolan）通过对 200 多个公司、部门发展信息系统的实践和经验总结，提出了著名的信息系统进化的阶段模型，即诺兰模型。他在 1974 年首次提出了信息系统发展的四阶段论，之后经过实践的进一步验证和完善，又于 1979 年将四阶段论调整为六阶段论。

1. 诺兰的四阶段论模型

在诺兰的信息系统发展四阶段论中，按时间顺序将时间横轴划分成四个区间，即开发期、普及期、控制期和成熟期。他把这些区间称为信息系统的发展阶段，同时用纵轴来表示与信息系统相关联的费用支出。当时，计算机主要用于促进组织的业务合理化和省力化，与信息系统相关的支出额与效果之间的关系比较明确（图 3.1）。

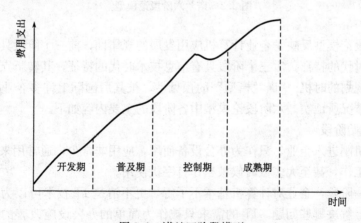

图 3.1　诺兰四阶段模型

2. 诺兰的六阶段论模型

进入 20 世纪 80 年代后，信息系统的用途不断扩大，信息化投资额与它带来的效果之间的关系变得模糊起来。这就带来了评价变量的多样化，此时诺兰又总结出六阶段论模型（图3.2）。诺兰把阶段（横轴）分为初始期、普及期、控制期、整合期、数据管理期和成熟期六个阶段，这是一种波浪式的发展历程，其中前三个阶段具有计算机数据处理时代的特征，后三个阶段则显示出信息技术时代的特点，前后之间的"转折区间"是在整合期中，由于办公自动化机器的普及、终端用户计算环境的进展而导致了发展的非连续性，这种非连续性又被称为"技术性断点"。

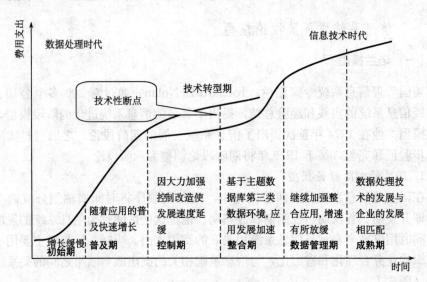

图 3.2　诺兰六阶段论模型

六阶段论模型反映了企业计算机应用发展的规律性，前三个阶段具有计算机数据处理时代的特征，后三个阶段具有信息技术时代的特征，其转折点处是进行信息资源规划的时机。"诺兰模型"的预见性，被其后国际上许多企业的计算机应用发展情况所证实。六阶段论模型中各阶段的主要内容如下。

1）初始阶段

计算机刚进入企业，只作为办公设备使用，应用非常少，通常用来完成一些报表统计工作，甚至大多数时候被当作打字机使用。

在这一阶段，企业对计算机基本不了解，更不清楚IT技术可以为企业带来哪些好处、解决哪些问题。IT的需求只被作为简单的办公设施改善的需求来对待，采购量少，只有少数人使用，在企业内没有普及。

初始阶段的特点是：①组织中只有个别人具有使用计算机的能力；②该阶段一般发生在一个组织的财务部门。

2）普及阶段

企业对计算机有了一定了解，想利用计算机解决工作中的问题，如进行更多的数据处理，给管理工作和业务带来便利。于是，应用需求开始增加，企业对IT应用开始产生兴趣，并对开发软件热情高涨，投入开始大幅度增加。但此时很容易出现盲目购机和盲目订制开发软件的现象，缺少计划和规划，因而应用水平不高，IT的整体效用无法凸显。

普及阶段的特点是：①数据处理能力得到迅速发展；②出现许多新问题（如数据冗余、数据不一致性、难以共享等）；③计算机使用效率不高等。

3）控制阶段

在前一阶段盲目购机、盲目订制开发软件之后，企业管理者意识到如果计算机的使用超出控制，则IT投资增长快，但效益不理想，于是开始从整体上控制计算机信息系统的发展，在客观上要求组织协调、解决数据共享问题。此时，企业IT建设更加务实，对IT的利用有了更明确的认识和目标。在这一阶段，一些职能部门内部实现了网络化，如财务系统、人事系统、库存系统等，但各软件系统之间还存在"部门壁垒"、"信息孤岛"。信息系统呈现单点、分散的特点，系统和资源利用率不高。

控制阶段的特点是：①成立了一个领导小组；②采用了数据库（DB）技术；③这一阶段是计算机管理变为数据管理的关键。

4）整合阶段

在控制的基础上，企业开始重新进行规划设计，建立基础数据库，并建成统一的信息管理系统。企业的IT建设开始由分散和单点发展到成体系。此时，企业IT主管开始把企业内部不同的IT机构和系统统一到一个系统中进行管理，使人、财、物等资源信息能够在企业中集成共享，更有效地利用现有的IT系统和资源。不过，这样的集成所花费的成本会更高、时间更长，而且系统更不稳定。

整合阶段的特点是：①建立集中式的DB及相应的IS；②增加大量硬件，预算费用迅速增长。

5）数据管理阶段

企业高层意识到信息战略的重要性，信息成为企业的重要资源，企业的信息化建设也真正进入到数据处理阶段。这一阶段中，企业开始选定统一的数据库平台、数据管理体系和信息管理平台，统一数据的管理和使用，各部门、各系统基本实现资源整合和信息共享。IT系统的规划及资源利用更加高效。

6）成熟阶段

到了这一阶段，信息系统已经可以满足企业各个层次的需求，从简单的事务处理到支持高效管理的决策。企业真正把IT同管理过程结合起来，将组织内部、外部的资源充分整合和利用，从而提升了企业的竞争力和发展潜力。

3. 诺兰阶段模型的应用

诺兰模型是第一个描述信息系统发展阶段的抽象化模型，具有划时代的重要意义。"诺兰模型"是在总结了全球尤其是美国企业计算机应用发展历程中浓缩出的研究成果，该理论已成为说明企业信息化发展程度的有力工具。20 世纪 80 年代，美国和世界上相当多的人都接受了诺兰的观点。该模型在概念层次上对企业中信息化的计划制定过程大有裨益。据权威统计，发达国家大约有近半数的企业在 20 世纪 80 年代末到 90 年代初都认为本企业的信息系统发展处于整合期阶段，这从实践中验证了诺兰模型的正确性。

诺兰阶段模型总结了管理信息系统发展的经验和规律，其基本思想对于管理信息系统建设具有指导意义。

一般认为，模型中的各阶段都是不能跳跃的。

无论在确定开发管理信息系统的策略，或者在制定管理信息系统规划时，都应首先明确组织当前处于哪一生长阶段，进而根据该阶段特征来指导管理信息系统建设。

根据诺兰阶段性理论模型的描述，我国绝大多数企业的信息化进程刚刚处于控制期，是一个上马信息系统的抉择期和转折点，要想进一步促进企业发展，就必须抓住机遇实施企业信息资源的总体数据规划。

(二) 西诺特模型

1988 年，西诺特（W. R. Synnott）参照"诺兰模型"提出了一个新的模型，这是一个过渡性的理论，主要考虑到了信息随时代变迁的变量。他用四个阶段的推移来描述计算机所处理的信息。从计算机处理原始数据的"数据"阶段开始，逐步过渡到用计算机加工数据并将它们存储到数据库的"信息"阶段；接着，经过诺兰所说的"技术性断点"，到达把信息当作经营资源的"信息资源"阶段；最后到达将信息作为带来组织竞争优势的武器，即"信息武器"阶段。

西诺特还提倡，随着计算机处理的信息及其作用的变化，作为信息资源管理者的高级信息主管或称为首席信息官（chief information officer，CIO）的重要性应当受到重视。当前，发达国家都接受了西诺特对诺兰模型的改善，将信息资源管理作为企业的头等大事来抓。综观国内企业，已有海尔、春兰、长虹、TCL 等先进企业引入 CIO 机制的典型案例。

(三) 米切模型

"诺兰模型"和"西诺特模型"均把系统整合（集成）和数据管理分割为前后两个阶段，似乎可以先实现信息系统的整合再搞数据管理，但后来的大量实践表明这是行不通的。美国的信息化专家米切（Mische）于 20 世纪 90 年代初对此作了进一步修正，揭示了信息系统整合与数据管理密不可分，系统整合期的重要特征就是搞好数据组织，或者说信息系统整合的实质就是数据整合或集成。此前的研究仅仅集中于数据处理组织机构的管理和行为的侧面，而没有更多地研究各种信息技术的整合集成，忽视了将信息技术作为企业的发展要素而与经营管理相融合的策略。米切的信息系统发展阶段论的研究成果可以概括为具有"四阶段、五特征"的企业综合信息技术应用连续发展的"米切模型"，具体见图 3.3。

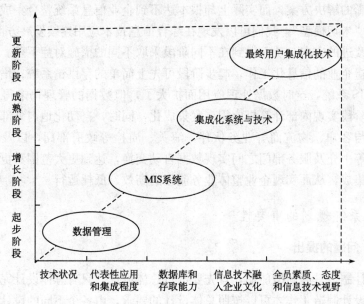

图 3.3 米切的"四阶段、五特征"的连续发展模型

米切将综合信息技术应用的连续发展划分为四个阶段，即起步阶段（20 世纪 60～70 年代）、增长阶段（20 世纪 80 年代）、成熟阶段（20 世纪 80～90 年代）和更新阶段（20 世纪 90 年代中期～21 世纪初期）。其特征不只表现在数据处理工作的增长和管理标准化建设方面，而是涉及知识、理念、信息技术的综合水平及其在企业经营管理中的作用及地位，以及信息技术服务机构提供成本效益和及时性都令人满意的解决方案的能力。

决定这些阶段的特征有五个方面，包括：技术状况；代表性应用和集成程度；数据库和存取能力；信息技术融入企业文化；全员素质、态度和信息技术视野。其实，每个阶段的具体属性还有很多，概括起来有 100 多个不同属性。这些特征和属性可用来帮助一个企业确定自己在综合信息技术应用的连续发展中所处的位置。

"米切模型"可以帮助企业和开发机构把握自身当前的发展水平，了解自己的 IT 综合应用在现代信息系统发展阶段中所处的位置，是研究一个企业的信息体系结构和制定变革途径的认识基础，由此就能找准这个企业建设现代信息网络的发展目标。

调查表明，目前许多企业运行的 MIS 系统，在开发时没有经过科学有效的构思和详细规划，以及深入研究如何将信息技术与业务工作结合起来；而在考虑系统整合或集成时，一般都偏重于计算机系统和通信网络方面，这似乎是花大钱能立竿见影的解决方案，而实际上却根本达不到企业信息系统整合集成的目的。

参照"米切模型"，我们可以发现在综合信息技术应用连续发展方面的差距，并能找到改进的方向，从而做到在不同阶段采取不同的措施对症下药。例如，对于家电制造企业的信息化工作，起步阶段可先上简单的存供销系统；增长阶段开始建立 MIS 系统，这时数据处理应用面扩大了，但数据的管理仍未得到有效加强；成熟阶段实现内部计算机应用高度集成化，同时，自动化地与外部进行信息交换，即与客户、物流商等业务伙伴，海关、质检等政府部门，以及代理、银行、保险等中介及服务部门之间实现数据自动交换，达到更大范围和更深层次上的开放性集成，从而实现企业整体业务流程的高效、低耗运行。

二、系统规划的重要性

(一) 问题的提出

要设计制造一艘新型船舶，首先要进行总体设计。只有总体设计完成了，各个部件的设计制造工作才可以按照总体设计的要求，由各个不同的设计小组去完成。而作为总体设计者来说，不能凭主观去详细规定每个部分的设计细节，但却要负责这些设计小组之间的控制与协调工作。假如这些独立的设计小组只顾一门心思地热衷于建造自己的子系统，而没有任何来自上级的协调，最终得到的成果将无法使用。一项工程的建设必须要有系统规划，并且要在系统规划的指导下完成相应的建设工作。

受信息系统项目本身特点的影响，管理信息系统项目的开发是一项复杂的系统工程，人们对于它的认识，并不像对一般工程项目那样更易于掌握并开展工作。在信息系统的建设过程中，由于各类人员之间的协调工作不到位，开发人员一门心思地开发各自负责的部分系统，虽然从局部的角度考虑，属于"界面友好"的系统，但真正把各子系统组装成一个大系统时，问题便会暴露出来，往往需要做大量的修改工作，甚至有些系统集成后，由于修改工作量太大无法进行修改而被迫宣布重新开始。以往的教训使人们越来越清楚地认识到，一个完整的管理信息系统，应该由许多分离的功能模块组成，各模块之间依靠数据联系在一起，即数据是被各功能模块所共享的。只有这些数据被有效地设计出来，各功能模块的开发设计工作才能有效地进行，同时也有利于今后的开发、调试工作。只有在统一的系统规划指导下，这种分散的功能模块才能被有机地结合起来，构成一个有效的大系统。对于管理信息系统的开发设计工作来说，系统规划是不可或缺的。

管理信息系统规划就是根据组织的总体发展战略和资源状况，对组织信息系统近期、中期与长期的使命和目标、实现策略和方法、实施方案等内容作出的统筹安排。

（二）系统规划的重要性

（1）信息是企业的重要资源，应当被全企业所共享，只有经过规划和开发的信息资源才能发挥应有的作用。由于企业或组织内外的信息资源很多，其内外之间都有大量的信息需要交换和共享，因此，如何收集、存储、加工和利用这些信息，以满足各种不同层次的需要，这显然不是分散的、局部的考虑所能解决的问题，必须有来自高层的、统一的、全局的规划，将这些信息提取并设计出来，才能实现信息的共享。

（2）各子系统除完成相对独立的功能外，相互之间还需要协调工作，系统规划的目的是使信息系统各组成部分之间能够相互协调。子系统之间的协调必须有来自高层的系统规划，系统规划是站在总体的高度，识别并规划出支持各项管理的数据、数据产生的地点和使用的部门，负责协调相互之间的关系，以克服手工管理方式的弊病。

（3）系统规划主要是使人力、物力和时间的安排合理、有序，以保证将来的子系统开发工作顺利进行。由于信息系统的开发是一项长期而艰巨的任务，其内部各子系统的开发不能齐头并进，往往是采取先开发一部分再开发另外一部分这样一种循序渐进的开发过程。究竟哪些子系统先开发，在什么时间完成；哪些子系统后开发，在什么时间开始，在整个开发过程中什么时间内完成哪个阶段的任务，这些任务的完成需要什么人、做什么样的工作等有关开发进度的安排、人员的调配、设备的配置等一系列问题，都必须在系统规划阶段给予有效解决。

三、系统规划的内容、特点和步骤

（一）系统规划的内容

管理信息系统的系统规划一般有长期（3～5年）和短期（1～2年）计划，内容有以下几个方面：

（1）确定管理信息系统的目标、环境和总体结构。管理信息系统的目标是确定系统应该实现的功能；系统的环境是指系统实现的环境和条件（即系统开发、维护的人、财、物及管理的规程）；系统的总体结构是指组成系统的各个子系统。

（2）组织现状。组织现状是指开发管理信息系统的组织结构，以及计算机的环境（包括计算机硬件、软件情况以及系统开发进度、系统开发费用的投入等）。

（3）业务流程现状。充分了解组织业务流程的现状，通过调查找出存在的问题。重要的是要根据信息技术的特点，考虑在新技术下企业流程的重组，即对手工方式下形成的业务流程进行根本性的再思考、再设计。

（4）对影响管理信息系统规划的信息技术进行更新。管理信息系统的实施需要信息技术的支持。信息技术的更新、发展将在很大程度上给管理信息系统的开发带来一定的影响，并且决定将来管理信息系统的质量。因此，在制定管理信息系统规划时，需要及时采用新技术，使开发出来的管理信息系统具有更强的生命力。

（二）系统规划的特点

系统规划的有效性包括两个方面：一方面是战略规划正确与否，正确的规划应当做到组织资源与环境的良好匹配；另一方面是规划是否适合于该组织的管理过程，也就是与组织活动匹配与否。一个有效的规划一般有以下特点：

（1）目标明确。系统规划的目标应当是明确的，而不应是二义的，其内容应当使人得到振奋和鼓舞。目标要高远，但经过努力可以达到，其描述的语言应当是坚定和简练的。

（2）可执行性良好。好的规划的说明应当是通俗的、明确的和可执行的，它应当是各级领导的向导，使各级领导能确切地了解它、执行它，并使自己的战略和它保持一致。

（3）组织人事落实。制定规划的人往往也是执行规划的人，一个好的系统规划只有有了好的人员执行才能实现。因而，系统规划要求一级级落实，直至个人。高层领导制定的规划一般应以方向和约束的形式告诉下级，下级接受任务，并以同样的方式告诉下级，通过这样一级级的细化，做到深入人心、人人皆知，系统规划也就个人化了。

个人化的系统规划明确了每一个人的责任，可以充分调动每一个人的积极性。这样一方面激励了大家动脑筋想办法，另一方面也激发了组织的生命力和创造性。在一个复杂的组织中，只靠高层领导一个人是难以识别所有机会的。

（4）灵活性好。一个组织的目标可能不随时间而变，但它的活动范围和组织计划的形式无时无刻不在发生改变。现在所制定的系统规划只是一个暂时的文件，只适用于现在，应当进行周期性的校核和评审，灵活性强使之容易适应变革的需要。

（三）系统规划的步骤

制定管理信息系统系统规划的目的是保证管理信息系统的战略与整个组织的战略和目标协调一致。具体步骤如下：

（1）明确管理信息系统规划的目标、任务与要求，做好规划的准备工作。包括明确企业战略目标、信息系统功能目标、开发条件、假定和限制等。

（2）现行系统的初步调查与分析。包括当前的目标与任务、组织机构及管理体制、现行系统的状况、可供利用的资源及约束条件、存在的主要问题及薄弱环节等。

（3）确定系统的开发策略。包括选择合适的具体开发方式、方法等。

（4）提出新系统开发方案。包括新系统的目标、功能、结构、开发进度计划、各阶段的资源需求和计算机系统的配置等。

（5）可行性研究。包括开发新系统的必要性，以及新系统的开发方案在经济上、技术上和组织管理上的可行性等。

（6）形成系统规划的报告。将制定的管理信息系统的系统规划形成文档，请有关专家进行技术审核，经组织领导批准后系统规划生效。

■ 第二节 现行系统初步调查与分析

管理信息系统的开发要基于现行系统，因此，对现行系统的调查了解是制定系统规划的基础工作。由于系统规划阶段尚未得出开发与否的明确结论，为避免可能的资源浪费，这一阶段对现行系统的调查了解以满足系统规划的必要依据和要求为原则，主要是从总体上了解企业概况、基本功能、信息需求及主要薄弱环节等内容，而对现行系统的详细调查则有待于得出继续开发结论后，在系统分析阶段进行。

一、系统调查的原则

1. 自顶向下全面展开的原则

系统调查工作首先从组织管理工作的最顶层开始，然后再调查为确保最顶层工作的完成的第二层管理工作的支持。依此类推，直到摸清组织的全面管理工作。

2. 工程化的工作方式的原则

对于一个大型系统的调查，一般都由多个系统分析人员共同完成。所谓工程化的方法，就是将每一步工作事先都计划好，对多个人的工作方法和调查所用的表格、图例都进行规范化处理，以使群体之间都能互相沟通、协调工作。另外，所有规范化的调查结果（如表格、问题、图等）都应整理归档，以便进一步工作时使用。

3. 全面铺开与重点调查相结合的原则

如果是开发整个组织的 MIS，开展全面的调查工作是必需的。如果近期内只需要开发组织内某一局部的信息系统，就必须坚持全面铺开与重点调查相结合的原则，即自顶向下全面铺开，但再次只侧重于局部相关的分支的原则。

4. 主动沟通、亲和友善的工作方式的原则

系统调查是一项涉及组织内部管理工作的各个方面、各种不同类型的人的工作，故调查者主动与被调查者在业务上进行沟通是十分重要的。另外，营造出一种积极、主动、友善的工作环境和人际关系是调查工作顺利开展的基础。一个好的人际关系可能使调查和系统开发工作事半功倍；反之，则有可能使调查工作根本无法进行下去。

二、初步调查的内容

初步调查主要是根据系统开发可行性的要求，从企业内部对信息系统开发的实际需求出发，调查和研究企业基础数据管理工作对支持将要开发的信息系统的可能性，企业管理现状和现代化，管理的发展趋势，现有的物力、财力对新系统开发的承受能力，现有的技术条件以及开发新系统在技术上的可行性，管理人员对新系统的期望值以及对新系统运作模式的适应能力，等等。

初步调查的内容包括以下几个方面。

(一) 用户需求分析

初步调查的第一步就是要从用户提出新系统开发的缘由和用户对新系统的要求入手，考察用户对新系统的需求，预期新系统要达到的目的。例如，用户对新系统开发的需求状况、对新系统的期望目标，是否愿意下大力气参与和配合系统开发；当新系统改革涉及用户业务范围和习惯做法时，用户是否能根据系统分析和整体优化的需求，来调整自己的职权范围和工作习惯。

(二) 现有企业的运行状况

现有企业的运行状况主要有以下几个方面的内容：

(1) 企业的目标与任务。企业目标是指企业在较长一段时间内生产经营活动的奋斗目标、发展方向以及远景规划。企业任务一般是指为实现企业长远目标所规定的近期的生产经营内容。

（2）企业概况。①总体情况。包括企业性质、隶属关系、企业简史、目前企业的规模以及人员、设备资金、技术水平和经济效益的状况。②产、供、销概貌。包括产品构成与特点，产品的加工工艺流程与特点，生产类型与特点等；用户的数量与分布；产品销售现状与趋势等。③企业的组织结构、管理体制和管理水平的概况。

（3）外部环境。企业与外界的物质、资金、信息的往来关系对信息系统开发有很大的影响，因此必须了解企业的纵向领导关系、横向联合关系、同行业间的竞争情况，以及对企业的供应、销售情况有重大影响的协作单位的概况等。

（4）现行信息系统的概况应着重了解现行系统的职能工作内容，人员的数量与素质，信息系统的工作质量、效率、可靠性以及存在的薄弱环节。这部分内容的调查对于判断开发新系统的必要性和形成新系统目标是非常重要的。

（三）新系统的开发条件

初步调查不仅要为论证新系统的必要性收集资料，更要为论证新系统的可行性提供充分的依据。这一方面的调查内容包括：

（1）企业领导、管理部门负责人和广大管理人员对开发新系统的态度。

（2）目前的管理基础工作、管理部门的机构是否健全，职责与分工是否明确和合理，规章制度是否齐全，各项管理业务是否科学合理等。

（3）可提供的资源，包括可投入系统的人力、物力和财力。

（4）约束条件，指一些不以系统开发人员的主观努力为转移，对系统开发起限定作用的某些情况。

三、企业状况分析

状况分析是总体规划中的重要环节。在初步调查的基础上，需要对调查结果进行分析，以发现现行系统存在的问题和优化改进的方向与途径。这项工作需要企业管理专家和信息系统专家共同进行，分析的内容包括：①分析建立计算机管理信息系统的应用需求、数据处理需求和管理功能需求；②分析现行管理体制的合理性与缺陷；③分析建立信息系统内部资源所能投入的能力和适用能力；④分析外部环境的变化对企业经营生产的影响程度；⑤分析现行信息系统的运行效果；⑥分析影响管理水平提高的薄弱环节和瓶颈。

第三节　可行性研究

一、新方案设想

在初步调查和分析的基础上，需要本着服从和服务于企业战略使命和长期目标的要求，以及继承和优化相结合的原则，初步制定信息系统开发方案。新系统方案初步设想包括如下几个方面：

（1）新系统的定位。根据用户要求，考虑新系统是覆盖整个组织还是局部的信息系统。

（2）新系统的规模。

（3）新系统的总体结构和层次。

（4）新系统的主要功能和子系统划分。

（5）新系统的硬件配置原则。

（6）新系统实施计划，包括系统开发阶段划分、开发进度计划、开发的组织方式和投资预算等。

二、可行性研究的主要内容

在系统目标已经确定、对系统的基本情况又有所了解的情况下，系统分析人员就可以对项目进行可行性研究。可行性研究的任务是明确应用项目开发的必要性和可行性。必要性来自实现开发任务的迫切性，而可行性取决于实现应用系统的资源和条件。

可行性研究的内容包括以下几个方面。

1. 管理上的可行性研究

管理上的可行性指管理人员对开发应用项目的态度和管理方法的条件。主管领导不支持的项目肯定不行。如果高中层管理人员对项目的抵触情绪很大，就有必要等一等，积极做他们的工作，创造条件。管理方面的条件主要指管理方法是否科学、相应管理制度改革的时机是否成熟、规章制度是否齐全以及原始数据是否正确等。

2. 技术上的可行性研究

首先，在设备方面，从计算机的内外存容量、联网能力、主频速度、输入输出设备等方面论述是否满足管理系统数据处理的要求，数据传递与通信是否满足要求，网络和数据库的可实现性等。其次，在技术力量方面，主要考虑从事系统开发和维护工作的技术力量与水平能否满足系统开发的要求。

3. 经济上的可行性研究

经济上的可行性研究主要是预估费用支出和对项目的经济效益进行评估。在费用支出方面，不仅要考虑主机费用，而且要计算外围设备费用、软件开发费用、人员培训费用和将来系统投入运行后的经常费用（如管理、维护费用）与备件费用。经济效益可从两方面综合考虑：一是直接经济效益；二是间接经济效益。如果经济效益难以正确估算，则可以从提高管理水平、提高质量信息等方面作定性判断。

通过以上的分析与研究，可以得出可行性研究的结论：立即开发、暂缓开发和不开发。

无论可行性研究的结论是否符合，都应对本阶段的工作进行总结，按照规范的形式编写出可行性研究报告，并报用户审批。

三、可行性研究报告的编写

可行性研究报告是开发人员对现行系统的初步调查、分析论证和规划的结论，是系统开发过程中的第一个正式文档，其格式如下。

1. 引言

（1）摘要，包括系统名称、目标和功能。

（2）背景，包括系统开发的组织单位、系统的服务对象、本系统与其他系统或机构的关系。

（3）参考和引用的资料。

（4）专门术语的定义。

2. 系统的初步调查概况

（1）现行系统调查研究。主要内容包括组织机构、业务流程、工作负荷、费用、人员、设备、计算机应用情况、现行系统中存在的主要问题和薄弱环节。

（2）需求调查和分析。

3. 新系统的几种方案介绍

一般要求提出一种主方案和几种辅助方案：①拟建系统的目标；②系统的初步规模及初步方案、投资规模、组成和结构；③系统的实施方案；④投资方案、投资数量、来源及时间安排；⑤人员培训及补充方案；⑥其他可供选择的方案。

4. 可行性研究的层次

可行性研究的层次包括：①必要性；②管理上的可行性；③技术上的可行性；④经济上的可行性。

5. 结论

结论可有三种，即可按方案立即开发、暂缓开发或不开发。

▐ 第四节　系统规划的方法

制定 MIS 战略规划的方法有很多种，主要有关键成功因素（critical success

factors，CSF）法、战略目标集转移（strategy set transformation，SST）法和
企业系统规划（business system planning，BSP）法等三种。还有几种用于特殊
情况或者作为整体规划的一部分使用，如企业信息分析与集成技术（BIAIT）、
产出/方法分析（E/MA）、投资回收法（ROI）、征费法（chargeout）、零线预算
法、阶石法等。

一、关键成功因素法

（一）关键成功因素法的基本思想

关键成功因素法是一种重点问题突破法，即首先抓住影响系统成功的关键因
素进行分析，确定企业组织的信息需求。1970 年，哈佛大学的 William Zani 教
授在 MIS 模型中应用关键成功变量，这些变量是确定 MIS 成败的因素。10 年
后，麻省理工学院的 John Rockart 教授把 CSF 法提高成为 MIS 的战略。应用这
种方法，可以对企业成功的重点因素进行辨识，确定组织的信息需求，了解信息
系统在企业中的位置。所谓关键成功因素，就是它们是组织最需要得到的决策信
息，是管理者重点关注的活动区域。

所谓关键成功因素（CSF）是指在规划期内影响企业战略成功实现的关键性
任务，是关系组织生存和成功与否的重要因素。CSF 是由行业、企业、管理者
以及周围环境形成的。不同组织、不同业务活动中的关键成功因素是不同的，即
使在同一组织同一类型的业务活动中，在不同的时期，其关键成功因素也有所不
同。其特点是：①CSF 是少量的、易于识别的、可操作的目标；②CSF 可确保
企业的成功；③CSF 可用于决定组织的信息需求。

CSF 主要是通过与高层管理者的面谈得到的，因为这些人日常中总在考虑
什么是关键因素。通过若干次面谈，辨明其目标及由此产生的关键性成功因素，
将这些个人的关键性成功因素进行汇总，从而导出企业整体的关键成功因素，然
后据此建立能够提供与这些关键成功因素相关的系统。

（二）关键成功因素法的步骤

CSF 法是通过分析找出企业成功的关键因素，然后再围绕这些关键因素来
确定系统的需求，并进行规划的方法。具体步骤如图 3.4 所示。

（1）了解企业组织的目标。

（2）识别关键成功因素。

（3）识别性能指标和标准。

（4）识别测量性能的数据（数据字典定义）。

1 目标识别   2 CSF识别   3 性能指标和标准识别   4 数据字典定义

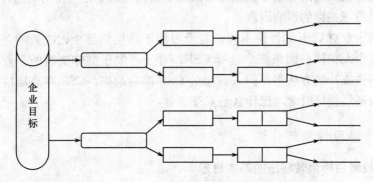

图 3.4   关键成功因素法步骤

（三）关键成功因素法的工具

关键成功因素法的起点是企业目标，通过对目标的分解和识别、关键成功因素识别、性能指标识别，终点是到产生数据字典。从建立数据库开始，逐步推进，直至细化为数据字典。对关键成功因素的识别，是指识别联系系统目标的主要数据类及其关系。常用工具为树枝因果图。

例如，某企业的目标是提高市场占有率，对于各种影响因素以及子因素，可以用树枝图描述，如图 3.5 所示。

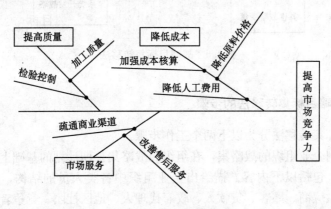

图 3.5   树枝因果图

对于影响企业组织目标的多种因素，如何对其进行分析、评价，以及找出关键成功因素，不同企业可以采取不同的方法。习惯由高层进行决策的企业，可以由高层决策者个人进行选择；习惯由群体进行决策的企业，可以采用德尔菲法，对不同人的观点进行综合考虑。关键成功因素法适用于高层领导进行决策和规划，因为企业组织的高层领导往往面临的是半结构化或非结构化的问题，自由度大，经常要考虑关键的影响因素。

不同的企业对 CSF 的评价不同。对于习惯于高层领导个人决策的企业，主要高层领导个人在树枝因果图中选择 CSF；对于习惯于群体决策的企业，可以采用德尔菲法或其他方法将不同人设想的 CSF 综合起来。CSF 在高层应用效果较好，因为高层领导时常考虑什么是 CSF。

二、战略目标集转移法

（一）战略目标集转移法的基本思想

战略目标集转移法是将整个战略目标看成由使命、目标、战略和其他战略变量（如管理的复杂性、改革习惯以及重要的环境约束等）组成的一个"信息集合"，这种方法是由 William King 于 1978 年提出来的。管理信息系统的战略规划过程就是把企业组织的战略目标转化为管理信息系统战略目标的过程，如图 3.6 所示。

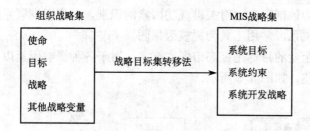

图 3.6　战略目标集转移法

（二）战略目标集转移法的步骤

战略目标集转移法分为以下两个工作步骤：

（1）识别企业组织的战略集，在组织的战略集长期计划的基础上，进一步进行归纳描述。包括以下内容：描绘出企业组织中各类人员的结构，如卖主、经理、员工、供应商、顾客、贷款人、政府代理人、地区社团、竞争者等；识别上述每类人员的目标；识别上述人员的使命和战略。当对企业组织的战略进行初步识别后，交给负责人进行审阅、修改。

（2）将企业组织的战略集转化为管理信息系统的战略集，将企业组织的目标、约束、设计原则转化为管理信息系统的目标、约束，并提出一个完整的管理信息系统结构，把这个结构交给企业负责人。

下面是某企业运用战略目标集转移法进行战略规划的示意图，如图 3.7 所示。

　　战略目标集转移法从另一个角度去识别企业组织的管理目标，它清楚地反映了各类人员的要求，最后将企业的战略目标转化为管理信息系统的战略目标，描述全面，其缺点是重点不突出。

三、企业系统规划法

（一）企业系统规划法的基本思想

　　企业系统规划（BSP）法是由 IBM 公司于 20 世纪 70 年代提出的一种企业管理信息系统规划的结构化的方法。它与 CSF 法相似，首先自上而下地识别系统目标、业务过程、数据，然后自下而上地设计系统，以支持系统目标的实现，如图 3.7 所示。

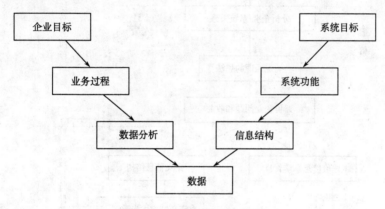

图 3.7　BSP 法的基本思想

　　企业系统规划法可以帮助组织建立一个既支持短期信息需求，又支持长期信息需求的管理信息系统规划。这种方法为管理者提供了一种正式的、客观的方法，以确定支持企业需求的管理信息系统的优先权。在参与 BSP 研究的过程中，系统专业人员必须加强与高层管理决策人员之间的信息联系，并且尽量争取高层管理人员参与管理信息系统项目计划的实施。

（二）企业系统规划法的基本步骤

　　BSP 法从企业目标入手，逐步将企业目标转化为管理信息系统的目标和结构。它摆脱了管理信息系统对原组织结构的依从性，从企业最基本的活动过程出发，进行数据分析，分析决策所需数据，然后自下而上地设计系统，以支持系统目标的实现。BSP 法的主要步骤可以归纳为四个阶段，如图 3.8 所示。

1. 准备工作阶段

准备工作阶段主要进行系统规划的前期工作，包括以下三个方面：

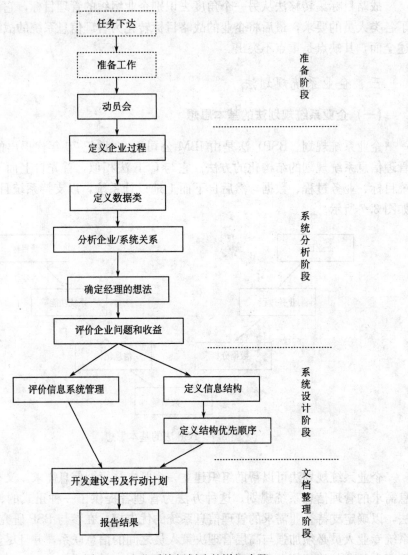

图 3.8　企业系统规划法的详细步骤

（1）在信息系统项目得到上级领导或主管部门批准后，下达任务，明确系统开发的目标，着手成立系统开发的组织。

（2）做好系统调查计划、调查对象、调查大纲等准备工作。

（3）开动员会，由信息系统项目的开发负责人介绍企业组织的现状、组织机构、决策过程、用户对现行系统的看法和对新系统的期望，统一明确对系统开发的问题和要求。

2. 系统分析阶段

系统分析阶段是系统规划的基础，也是系统设计的前提，主要包括以下五个方面的工作。

1）定义企业过程

定义企业过程是 BSP 法的核心。系统组每个成员均应全力以赴地识别它们、描述它们，对它们要有透彻的了解，只有这样 BSP 才能成功。企业过程是逻辑上相关的一组决策和活动的集合，这些决策和活动是管理企业资源所必需的。

整个企业的管理活动由许多企业过程组成。识别企业过程可对企业如何完成其目标有一个深刻的了解，识别企业过程可以作为信息识别构成信息系统的基础，按照企业过程所建造的信息系统，在企业组织变化时可以不必改变，或者说信息系统相对独立于组织。

（1）定义企业过程的依据。一般来说，一个组织或部门往往与某类资源属性有关，企业活动和决策形成与此资源有关的生命周期，并形成对其他资源的支配，这种资源又称为"关键资源"。关键资源一般具有垂直穿越各管理层次和平行穿越各职能部门的特点，因而，关键资源是识别企业过程、构建系统结构的重要基础。在企业中，产品/服务往往用来定义关键资源。

利用关键资源识别企业过程，往往是通过关键资源及其支持性资源的四个生命周期阶段来实现的。这四个阶段如下：

第一阶段——需求、计划、度量和控制。即决定需要多少产品和资源，获取它们的计划及确定计划的要求、度量和控制。

第二阶段——获取和实现。即开发产品或服务，或获取开发过程中所需的资源。

第三阶段——经营管理。即组织、加工、修改或维护有关支持性资源，对产品/服务进行存储或服务。

第四阶段——回收或分配。即产品或服务的价值实现，支持性资源的使用结束。

（2）定义企业过程的步骤。任何企业的活动均由三方面组成：一是计划/控制；二是产品/服务；三是支持性资源。这可以说是三个源泉，任何活动均由这里导出。定义企业过程的步骤如图 3.9 所示。

（3）计划/控制过程。识别企业过程要依靠占有材料和分析研究，但更重要的是要与有经验的管理人员讨论商议。我们先从第一个源计划与控制出发，经过分析、讨论、研究、切磋，可以把企业战略规划和管理控制方面的过程列于表 3.1。

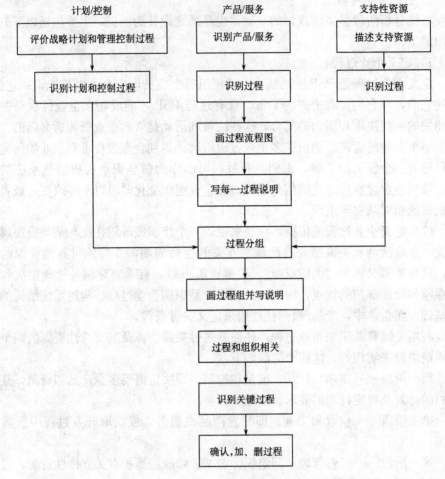

图 3.9　BSP 企业过程识别步骤

表 3.1　计划/控制过程

战略规划	管理控制	战略规划	管理控制
经济预测	市场/产品预测	预测管理	预测
组织计划	工作资金计划	目标开发	测量与评价
政策开发	雇员水平计划	产品线模型	
放弃/追求分析	运营计划		

（4）产品/服务过程。产品/服务过程的首要工作是识别企业的产品/服务，然后识别与之相关的过程。一般是按照产品/服务的生命周期去识别，任何一种产品均有生、老、病、死，或者说有要求、获得、服务、退出四阶段组成的生命

周期。对于每一个阶段，都用一些过程对它进行管理，则可以沿着这条线去摸清这些过程。产品/服务过程见表 3.2。

表 3.2　产品/服务过程

要　求	获　得	服　务	退　出
市场计划	工程设计开发		
市场研究	产品说明	库存控制	销　售
预　测	工程记录	接　受	订货服务
定　价	生产调度	质量控制	运　输
材料需求	生产运行	包装储存	运输管理
能力计划	购　买		

（5）支持性资源过程。在企业系统规划法中，支持性资源是企业实现目标的消耗品和使用物。基本的支持性资源有材料、资金、设备和人员四种类型。此外，还有一些如市场、厂商及文字材料等辅助性资源。支持性资源识别企业过程，其方法类似于产品/服务，我们从资源的生命周期出发列举企业过程。一般来说，企业资源包括资金、人才、材料和设备等。与产品/服务过程的识别过程相同，支持性资源过程的识别也是从其四个生命周期入手，按阶段进行过程识别。表 3.3 就是一个支持性资源过程的识别例子。

表 3.3　支持性资源过程

资源	生命周期			
	要　求	获　得	服　务	退　出
资金	财务计划 成本控制	资金获得 接收	公文管理 银行账 会计总账	会计支付
人事	人事计划 工资管理	招聘 转业	补充和收益 职业发展	终止合同 退休
材料	需求生产	采购 接收	库存控制	订货控制 运输
设备	主设备计划	设备购买 建设管理	机器维修 家具、附属物	设备报损

（6）过程归并和分析。过程归并和分析工作主要是将已经从计划/控制、产品/服务和支持性资源中识别的过程进行组合，以消除在层次上的不一致性，并归并有共性的过程。

（7）最后的工作是识别企业的关键过程。识别关键过程的目的是确定需对哪些部门作更详细的研究。战略规划和管理控制往往包含关键过程。企业过程定义是企业系统规划法的首要工作，是以后各项工作的基础，其根本作用在于了解信息系统能够在哪些方面支持企业，这也是企业系统规划法的研究目标。

识别企业过程还有另外一种方法，叫做"通用模型法"。它首先引用一个较粗的、较通用的模型，见图3.10。

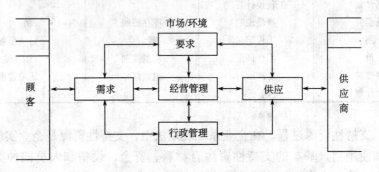

图 3.10 识别企业过程通用模型法

这个模型不断扩展，以适应特殊企业的需要。例如，"需求"可以扩展成"商品化"和"销售"，"需求"联系于使产品或服务生效的过程，其外部接口是顾客。如果说以前所说的识别过程的方法是由微观到宏观的枚举综合，那么这种方法就是由宏观到微观的分解。

2）定义数据类

定义数据类是BSP法的另一个核心。所谓数据类就是指支持业务过程所必需的逻辑上相关的一组数据。例如，记账凭证数据包括凭证号、借方科目、贷方科目、金额等；一个系统中存在着许多数据类，如顾客、产品、合同、库存等。在定义企业业务过程之后，下一步的工作就是对由过程所产生、控制和使用的数据，按逻辑上的相关性进行分析和归并，以减少数据的冗余。

与企业经营管理活动相关的数据，主要有以下几种类型：

（1）存档类数据。这一类数据与记录企业资源的状况资源直接相关。

（2）事务类数据。这一类数据反映由于获取或分配活动所引起的存档类数据的变化。

（3）计划类数据。这一类数据包括战略计划形式，也可以是文本的形式。

（4）统计类数据。这一类数据包括历史的和综合的数据，用于对企业的度量和控制。

识别企业数据的方法有两种。一种是企业实体法，实体有顾客、产品、材料以及人员等客观存在的东西。企业实体法的第一步是列出企业实体，一般来说要列出7～15个实体。再列出一个矩阵，实体列于水平方向，在垂直方向列出数据类，如表 3.4 所示。

表 3.4 数据/企业实体矩阵

企业实体 数据类	产品	顾客	设备	材料	卖主	现金	人员
计划/模型	产品计划	销售领域 市场计划	能力计划 设备计划	材料需求 生产调度	—	预算	人员计划
统计/汇总	产品需求	销售历史	运行 设备利用	开列需求	卖主行为	财务统计	生产率 盈利历史
库存	产品 成本 零件	顾客	设备 机器负荷	原材料 成本 材料单	卖主	财务 会计总账	雇用工资 技术
业务	订货	运输		采购 订货	材料 接收	接收 支付	

另一种识别数据的方法是企业过程法，它利用以前识别的企业过程，分析每一个过程利用什么数据、产生什么数据，或者每一过程的输入和输出数据是什么。它可以用输入-处理-输出图来形象地表达，见图 3.11。

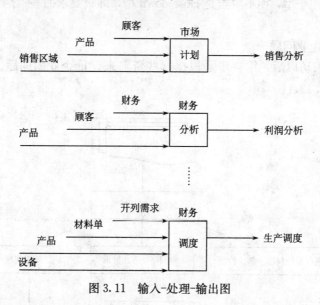

图 3.11 输入-处理-输出图

3）分析企业/系统的关系

分析企业和系统的关系主要用几个矩阵来表示，其一是组织/过程矩阵，它在水平方向列出各种过程，垂直方向列出各种组织。如果该组织是该过程的主要负责者或决策者，则在对应的矩阵元中画＊；若为主要参加者就画 x；若为部分参加者就画／，这样一目了然。如果企业已有现行系统，就可以画出组织和系统矩阵。在矩阵元中填 C，表示该组织用该系统，如果该组织以后想用某系统，可以在矩阵元中填入 P，表示该组织计划用该系统。同理，可以画出系统过程矩阵，用以表示某系统支持某过程。用同样的方法还可以画出系统和数据类的关系。

4）确定经理的想法

确定经理的想法就是确定企业领导对企业前景的看法。作为系统组的成员，应当充分准备好采访提纲，然后很好地进行采访及分析总结等。采访的主要问题参考如下：①你的责任领域是什么？②你的基本目标是什么？③你去年达到目标所遇到的三个最主要的问题是什么？④是什么妨碍你解决它们？⑤为什么需要解决它们？⑥较好的信息在这些领域的价值是什么？⑦如果有更好的信息支持，你在什么领域还能得到更大的改善？⑧这些改善的价值是什么？⑨什么是你最有用的信息？⑩你如何衡量你的下级？⑪你希望作什么样的决策？⑫你的领域明年和三年内的主要变化是什么？⑬你希望本次规划研究达到什么结果？⑭规划对你和企业将起什么作用？

以上问题仅供参考，均应根据具体情况增删。一般来说，所提问题应是 open up 型，即打开话匣子型，而不应当是 close down 型，即只要求回答“是”、“否”式的问题。

5）评价企业问题

在 BSP 采访以后，第一步是根据这些资料来评价企业的问题。评价过程的流程图见图 3.12。

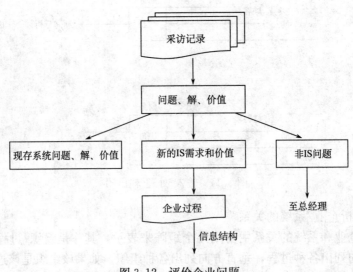

图 3.12   评价企业问题

根据图 3.13，第一步就要总结采访数据，这可以汇集到一个表上，见表 3.5。

表 3.5 采访数据汇总情况

主要问题	问题解	价值说明	信息系统要求	过程/组影响	过程/组起因
由于生产计划影响利润	计划机械化	改善利润 改善顾客关系 改善服务和供应	生产计划	生产	生产

第二步是分类采访数据，任何采访的数据均要分为三类，即现存系统的问题和解、新系统的需求和解，以及非 IS 问题。第三类问题虽不是信息系统所能解决的，但也应充分重视，并整理递交给总经理。

第三步是把数据和过程关联起来，可以用问题/过程矩阵表示，表中的数字表示这种问题出现的次数，如表 3.6 所示。

表 3.6 问题/过程矩阵

问题/过程组	市场	销售	工程	生产	材料	财务	人事	经营
市场/顾客选择	2	2						2
预测质量	3							4
产品开发			4			1		1

3. 系统设计阶段

在系统设计阶段，主要是利用 U/C 矩阵定义系统的总体结构，即确定管理信息系统的子系统。

BSP 法是根据信息的产生和使用来划分子系统的，它尽量把信息产生的企业过程和使用的企业过程划分在一个子系统中，从而减少子系统之间的信息交换。划分子系统的步骤如下：

（1）作 U/C 矩阵。利用定义好的企业过程和数据类作一张过程/数据类表格，即 U/C 矩阵，如表 3.7 所示。矩阵中的行表示数据类，列表示过程，并用字母 U（use）和 C（create）表示功能对数据类的使用和产生，交叉点上标 C 的表示这个数据类由相应的过程产生，标 U 的表示这个过程使用这个数据类。例如，销售预测过程需要使用有关产品、销售和价格方面的数据，则在这些数据下面的销售一行对应交点标上 U；而计划数据产生于财务计划过程，则在对应交叉点上标 C。在矩阵中，按关键资源的生命周期顺序放置过程，即计划流程，度量和控制流程，直接涉及产品的流程，最后是管理支持性资源的流程。之后，根据流程产生数据的顺序将数据类排在另一轴上，开始是由计划过程产生的数据，接着把所有其他数据类列入矩阵中，并在适当的行列交叉处填上字母 C 和 U。

表 3.7　过程/数据类矩阵

过程 \ 数据类	顾客	预算	财务	供应厂家	材料计划	材料库存	产品库存	顾客合同	费用	销售	价格	收支	计划	人员	工资	在制品库存	生产进度	机床负荷	采购合同	工艺	产品	设备	零件	材料定额	工时定额
市场分析	U							U		U	U		U								U				
产品调查	U							U		U	U										U				
销售预测	U	C								U	U		C								U				
财务计划		U	U					U					C												
借贷资金		U	C										U												
基金管理		U	U																			C			
产品设计													U							C	U				
产品工艺																				C	U		U		
制定定额																				U	U		U	C	C
材料计划				U	C	U							U							U	U				
采购				C	U	U														C	U				
进货				C	U	U														U					
库存控制						C			U									U		U					
作业计划						U							U			U	C	C		U		U			U
在制品控制							U		U								C	U		U		U		U	
作业安排														U		U	U	U		U					U
设备管理																		U					C		
设备维修																		U							
机床安排																		U		U		U			
顾客服务	C						U	U		U	U										U				
产品库存管理							C	U	U	U	U														
顾客合同管理	U						U	C		C	U														
包装										U											U				
运输	U									U											U				
总会计		U	U									U	C							U					
出纳		U	U						U		U	U				U									
现金收支									U				C			U									
费用计算						U	U		C				U			U	U							U	
预算计划		C	U					U	U				U				U								
成本计算			U						U			C	U												
利润分析			U						U				U												
人员管理				U										U	C	C									
招工														U	U	C									
人员分配														U											U
考勤														U	C										U
人员工资			U											U	U										

（2）对 U/C 矩阵作重新排列。对表 3.7 中的数据作重新排列，调换"数据类"的横向位置，使得矩阵中 C 靠近对角线（表 3.8）。在表 3.8 中将 U 和 C 最密集的地方框起来，就构成了子系统。框外的 U 表明子系统之间的数据流向。

表 3.8　U/C 矩阵调整表

过程＼数据类	顾客	预算	财务	产品	零件	工艺	材料定额	工时定额	材料计划	供应厂家	采购合同	材料库存	生产进度	机床负荷	在制品库存	设备	顾客	产品库存	顾客合同	销售	收支	费用	价格	人员	工资
市场分析		U	U														U	U		U					
产品调查																	U	U		U					
销售预测	C	C	U																	U			U		
财务计划	U	C	U																			U			
借贷资金	U	U	C																						
基金管理	U		U																						
产品设计		U		C																					
产品工艺				U	U	C																			
制定定额				U	U	U	C	C																	
材料计划		U			U				C	U	U	U													
采购			U		U				U	C	C	U													
进货									U	C	U	U													
库存控制												U										U			
作业计划		U			U	U						U	C	C	U										
在制品控制					U								U		C		U					U			
作业安排					U								U	U	U									U	
设备管理													U			C	U					U			
设备维修													U			U									
机床安排					U									U		U									
顾客服务			U														C	U	U			U			
产品库存管理																		C	U	U		U			
顾客合同管理																	U	U	C	U		U			
包装			U															U							
运输																	U	U							
总会计	U		U			U											U			C		U			
出纳	U		U																	U	U				U
现金收支																				U	C				U
费用计算						U							U	U						U	U	C			U
预算计划	C		U																	U	U				
成本计算		U																			U	U	C		
利润分析		U																		U	U	U			
人员管理		U																						C	U
招工		U																						U	U
人员分配					U																			U	U
考勤					U																			U	U
人员工资		U																						U	C

（3）确定主要系统。将业务流程和数据类依据其管理的资源划分成若干组，并用方框框起来，如表3.8所示。这些方框代表逻辑子系统的组合，表明产生和维护某些特定的、相关的数据类的责任。

（4）表示数据流向。落在系统方框外的那些字母 U 表示对数据流的应用，用箭头表示数据从一个系统流向另一个系统，如表3.9所示。

表 3.9　过程/数据类矩阵调整表（加入数据流）

过程＼数据类	顾客	预算	财务	产品	零件	工艺	材料定额	工时定额	材料计划	供应厂家	采购合同	材料库存	生产进度	机床负荷	在制品库存	设备	顾客	产品库存	顾客合同	销售	收支	费用	价格	人员	工资
市场分析		U		U													U	U	U				U		
产品调查				U													U	U	U				U		
销售预测	C	C															U						U		
财务计划	U	C	U																			U			
借贷资金	U	U	C																						
基金管理	U																								
产品设计		U		C												U									
产品工艺				U	U	C																			
制定定额				U	U	U	C	C																	
材料计划		U			U		U		C	U	U														
采购										U	C	C													
进货										U	C	C													
库存控制											U	C	U												
作业计划		U			U	U			U			U	C	C	U										
在制品控制					U	U							U		C		U								
作业安排						U			U				U	U	U								U		
设备管理													U	U		C									
设备维修													U	U											
机床安排					U								U	U											
顾客服务				U													C	U	U				U		
产品库存管理																	C	U	U				U		
顾客合同管理																	U	U	C	C					
包装				U													U								
运输																	U	U							
总会计	U		U									U					U				C	U	U		
出纳	U		U																		U				
现金收支																	U				C	U			
费用计算													U				U				U	C			
预算计划	C		U											U			U				U	U			
成本计算			U																		U	U	C		
利润分析			U																		U	U	U		
人员管理		U							U															C	C
招工		U																						U	C
人员分配								U																U	U
考勤								U																U	C
人员工资			U																					U	U

（5）识别子系统。用方框和箭头表示数据的产生和使用后，可以去掉字母 C和 U，并给每个子系统命名，这就是一个完整的管理信息系统的总体结构图，如图 3.13 所示。

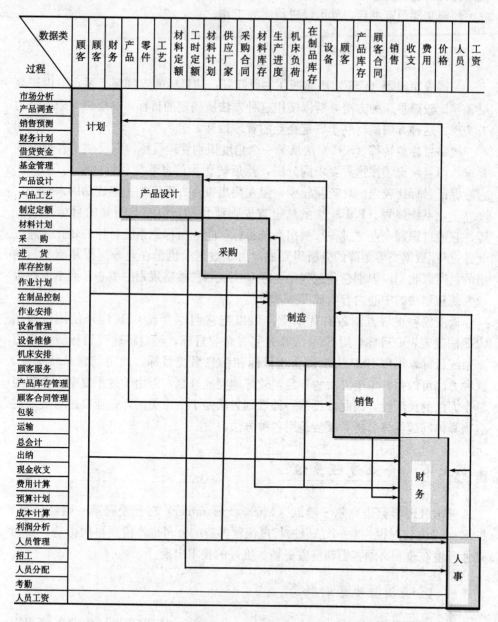

图 3.13　U/C 矩阵转化为管理信息系统的总体结构图

4. 文档整理阶段

文档整理阶段，主要是指将以上各阶段的工作进行总结和归纳，形成相应的文档资料，包括信息系统开发的建议书、开发计划两方面的文档。这些文档经过有关领导和部门审批后，就可以进行实施工作。

四、三种系统规划方法的比较

关键成功因素（CSF）法能抓住主要问题，使目标的识别突出重点。由于高层领导比较熟悉这种方法，所以使用这种方法所确定的目标，高层领导乐于努力去实现。这种方法最有利于确定企业的管理目标。

战略目标集转移（SST）法从另一个角度识别管理目标，它反映了各种人的要求，而且给出了按这种要求的分层，然后转化为信息系统目标的结构化方法。它能保证目标比较全面，疏漏较少，但在突出重点方面不如关键成功因素法。

企业系统规划（BSP）法虽然也首先强调目标，但没有明显的目标导引过程。它通过识别企业"过程"引出系统目标，企业目标到系统目标的转化是通过业务过程/数据类等矩阵的分析得到的。由于数据类也是在业务过程基础上归纳出的，所以我们说识别企业过程是企业系统规划法战略规划的中心，而不能把企业系统规划法的中心内容当成 U/C 矩阵。

以上三种规划方法各有优缺点，可以把它们综合成 CSB 法来使用，即用 CSF 法确定企业目标，用 SST 法补充完善企业目标，然后将这些目标转化为信息系统目标，再用 BSP 法校核企业目标和信息系统目标，确定信息系统结构。这种方法可以弥补单个方法的不足，较好地完成规划，但由于过于复杂而会削弱单个方法的灵活性，因此，没有一种规划方法是十全十美的，企业在进行规划时应当具体问题具体分析，灵活运用各种方法。

■ 第五节 企业流程重组

美国管理学家迈克尔·哈默（Michael Hammer）在接受《第一财经日报》的 E-mail 专访时说："一个已经进行过流程再造的公司也许需要再次再造，因为商业环境在改变，顾客们期待着更新、更好的技术出现。"

一、企业流程重组的概念

企业流程重组（business process reengineering，BPR）也译为业务流程重组、企业流程再造，是 20 世纪 90 年代由美国麻省理工学院（MIT）的计算机教授迈克尔·哈默和 CSC 管理顾问公司董事长钱皮（James Champy）提出的。

1993 年，在他们联手写作的《公司重组——企业革命宣言》一书中，哈默和钱皮指出，200 年来，人们一直遵循亚当·斯密的劳动分工思想来建立和管理企业，即注重把工作分解为最简单和最基本的步骤，而目前应围绕这样的概念来建立和管理企业，即把工作任务重新组合到首尾一贯的工作流程中去。他们给BPR下的定义是："为了飞跃性地改善成本、质量、服务、速度等现代企业的主要运营基础，必须对工作流程进行根本性的重新思考并彻底改革。"它的基本思想就是必须彻底改变传统的工作方式，也就是彻底改变传统的自工业革命以来，按照分工原则把一项完整的工作分成不同部分，由各自相对独立的部门依次进行工作的工作方式。

二、企业流程重组产生的背景

企业流程重组理论的产生有深刻的时代背景。20 世纪六七十年代以来，信息技术革命使企业的经营环境和运作方式发生了很大的变化，而西方国家经济的长期低增长又使得市场竞争日益激烈，企业面临着严峻挑战。有些管理专家用3C 理论阐述了这种全新的挑战。

顾客（customer）——买卖双方关系中的主导权转向了顾客一方。竞争使顾客对商品有了更大的选择余地，随着人们生活水平的不断提高，顾客对各种产品和服务也有了更高的要求。

竞争（competition）——技术进步使竞争的方式和手段不断发展，发生了根本性的变化。越来越多的跨国公司越出国界，在逐渐走向一体化的全球市场上展开各种形式的竞争，美国企业面临日本、欧洲企业的竞争威胁。

变化（change）——市场需求日趋多变，产品寿命周期的单位已由"年"趋于"月"，技术进步使企业的生产、服务系统经常变化，这种变化已经成为持续不断的事情。因此，在大量生产、大量消费的环境下发展起来的企业经营管理模式已无法适应快速变化的市场。

面对这些挑战，企业只有在更高水平上进行一场根本性的改革与创新，才能在低速增长的时代增强自身的竞争力。

在这种背景下，结合美国企业为挑战来自日本、欧洲的威胁而展开的实际探索，1993 年哈默和钱皮出版了《再造企业》（Reengineering the Corporation）一书，书中认为："20 年来，没有一个管理思潮能将美国的竞争力倒转过来，如目标管理、多样化、Z 理论、零基预算、价值分析、分权、质量圈、追求卓越、结构重整、文件管理、走动式管理、矩阵管理、内部创新及一分钟决策等。"1995年，钱皮又出版了《再造管理》一书。哈默与钱皮提出，应在新的企业运行空间条件下，改造原来的工作流程，以使企业更适应未来的生存发展空间。这一全新的思想震动了管理学界，一时间"企业再造"、"流程再造"成为学界谈论的热门话题，哈默和钱皮的著作以极快的速度被大量翻译、传播。与此有关的各种刊物、演讲会也盛行一时，在短短的时间里该理论成为全世界企业及学术界研究的热点。IBM信用公司通过流程改造，实行由一个通才信贷员代替过去多位专才并减少了九成作业时间的事例更是广为流传。

三、企业流程重组的类型

1990年，美国MIT的Hammer教授首先提出BPR的概念，但Hammer在业务流程重组的方法中并没有为企业提供一种基本范例。不同行业、不同性质的企业，流程重组的形式不可能完全相同。企业可根据竞争策略、业务处理的基本特征和所采用的信息技术的水平来选择实施不同类型的BPR。

根据流程范围和重组特征，可将BPR分为以下三类。

1. 功能内的BPR

这通常是指对职能内部的流程进行重组。在旧体制下，各职能管理机构重叠、中间层次多，这些中间管理层一般只执行一些非创造性的统计、汇总、填表等工作，计算机完全可以取代这些业务而将中间层取消，使每项职能从头至尾只由一个职能机构管理，做到机构不重叠、业务不重复。例如，物资管理由分层管理改为集中管理，取消二级仓库；财务核算系统将原始数据输入计算机，全部核算工作由计算机完成，变多级核算为一级核算等。

宝钢实行的纵向结构集中管理就是功能内BPR的一种体现。按纵向划分，宝钢有总厂、二级厂、分厂、车间、作业区五个层次。在1990年年底的深化改革中，宝钢将专业管理集中到总厂，二级厂及以下层次取消全部职能机构，使职能机构扁平化，做到集中决策、统一经营，增强了企业的应变能力。

2. 功能间的BPR

这是指在企业范围内，跨越多个职能部门边界的业务流程重组。例如，北京第一机床厂进行的新产品开发机构重组，以开发某一新产品为目标，组织集设计、工艺、生产、供应、检验人员为一体的承包组，打破部门的界限，实行团队管理，以及将设计、工艺、生产制造并行交叉的作业管理等。这种组织结构灵活机动，适应性强，将各部门人员组织在一起，使许多工作可以平行处理，从而大幅度地缩短了新产品的开发周期。

又如，宝钢的管理体制在横向组织结构方面实行了一贯管理的原则。所谓一贯管理，就是在横向组织方面适当简化专业分工，实行结构综合化。凡是能由一个部门或一个人管理的业务，就不设多个部门或多个人去管；在管理方式上实现各种物流、业务流自始至终连贯起来的全过程管理，克服传统管理中存在的机构设置分工过细及业务分段管理的情况。

3. 组织间的 BPR

这是指发生在两个以上企业之间的业务重组，如通用汽车公司（GM）与 SATURN 轿车配件供应商之间的购销协作关系就是组织间 BPR 的典型例子。GM 采用共享数据库、EDI 等信息技术，将公司的经营活动与配件供应商的经营活动连接起来。配件供应商通过 GM 的数据库了解生产进度，拟定自己的生产计划、采购计划和发货计划，同时通过计算机将发货信息传给 GM。GM 的收货员在扫描条形码确认收到货物的同时，通过 EDI 自动向供应商付款。这样就使 GM 与其零配件供应商的运转像一个公司，实现了对整个供应链的有效管理，缩短了生产周期、销售周期和订货周期，减少了非生产性成本，简化了工作流程。这类 BPR 是目前业务流程重组的最高层次，也是重组的最终目标。

由以上三种类型的业务流程重组可以看出，各种重组过程都需要数据库、计算机网络等信息技术的支持。ERP 的核心管理思想是实现对整个供应链的有效管理，与 ERP 相适应而发展起来的组织间的 BPR 创造了全部 BPR 的概念，是全球经济一体化和 Internet 广泛应用环境下的 BPR 模式。

四、企业流程重组的原则

企业流程重组实际上是站在信息的高度，对业务流程的重新思考和再设计，是一个系统工程，包括在系统规划、系统分析、系统设计、系统实施与评价等整个规划与开发过程之中。

进行信息系统分析时，要充分认识信息作为战略性竞争资源的潜能，创造性地对现有业务流程进行分析，找出现有流程存在的问题及产生问题的原因，分析每一项活动的必要性，并根据企业的战略目标，采用关键成功因素法等，在信息技术的支持下，分析哪些活动可以合并、哪些管理层次可以减少、哪些审批检查可以取消等。

（一）核心原则

流程设计变革中必须坚持以下三个核心原则：

（1）以流程为中心。业务流程重组不同于以往的任何企业变革，不仅企业的流程设计、组织机构、人事制度等发生了根本性的变革，更重要的是组织的出发点、领导和员工的思维方式、企业的日常运作方式、企业文化等都得到了再造，使企业的经营业绩得到巨大提高，最终使企业由过去的职能导向型转变为以顾客为中心的流程导向型。

（2）坚持以人为本的团队式管理。以流程为中心的企业必须坚持以人为本的新的发展观，既关心人也关心流程。作为流程小组成员，他们共同关心的是流程的绩效；作为个人，他们需要学习，为以后的发展作准备。

（3）以顾客为导向。在市场竞争中，一个企业要成功必须能赢得顾客，因此，业务流程重组时必须以顾客为导向，站在顾客的角度考虑问题。

（二）操作性原则

（1）围绕结果设计组织而不是以作业来组织。围绕结果就是围绕企业最终要为顾客提供的产品流程，而不是依据以往的工作顺序进行设计和组织。

例如，一家公司由销售到安装按这样的装配线进行：第一部门处理顾客需求，第二部门把这些需求转换为内部产品代码，第三部门把信息传达给每个工厂和仓库，第四部门接收这些信息并组装产品，第五部门运送并安装。顾客订单信息按顺序移动，但这个流程却经常出现问题。因此，公司在进行业务流程重组时，放弃原来的生产方式，将各部门的责任整合，并由一个顾客服务代表监督整个流程，顾客只要与这个代表联系就可知道订单的进展状况。

（2）让使用作业结果的人执行作业。假设一个销售人员接到顾客提出改进产品的要求，如果能及时按要求对产品加以改进，公司就会得到一大笔订单。在传统企业里，销售人员只能把样品的规格数据交给开发部门，然后等待，他既不能对开发工作日程进行监督，也不能对开发中的问题提出建议。而实际上他是公司里对这件事最清楚也是最关心的，其结果直接影响他的销售业绩。显然，这是一个既糟糕而我们又习以为常的流程。只有让使用作业结果的人执行作业，才能使责任和利益相统一，既调动作业实施者的积极性，又使流程成为有人负责的过程。

（3）把信息处理与信息生产的工作合并。一直困扰企业管理的一个问题是信息在传送过程中的缺失和曲解，如果从信息产生的地方一次性采集信息，把信息处理与信息生产的工作合并，这样就可以避免重复输入，从而解决这个问题。

（4）将地域上分散的资源加以整合。传统企业的资源被人为地分割，应该进行变革，但人们通常认为地域上资源的分散是无法改变的。分散的资源能给使用者提供更好的服务，却造成成本的不经济，因此，可以利用 IT 技术，将地域上分散的资源加以整合，优化资源配置，获得规模经济。

（5）利用信息技术进行重组企业，而不是让旧的流程自动化。不少企业投入大量资金进行自动化建设，结果却令人失望，主要原因在于用新科技自动化老式的经营方法，原封不动地保留了原来的流程。计算机只是加快了制造流程的速度，不能从根本上解决绩效不佳的问题。因此，应要灵活运用现代信息技术再造流程，使绩效得到大幅度的提高。

（6）联系平行的活动过程，可以把各项活动的结果进行整合。企业再造的工程要求一开始各环节就相互联系，不能指望在一个详尽的分析结果基础上设计一个完美的新流程。因为太长的分析会使人们失去耐心，也会使小组成员失去对原有流程的客观判断能力，找不到再造的切入点。

以银行为例，银行有贷款、信用卡、资产融资等各种不同的信用业务，各业务单位一般无法知道顾客有没有超过信用额度，使公司的贷款超过上限。因此，可以设计一个协调平行功能，在流程活动中进行协调，而不是等流程完成后再去协调。

（7）在工作中进行决策并实现自我控制。再造是以"再造"这一流程为中心的，成败的关键在于这一流程的结果，而不是再造的任务过程。再造是一个创造性的流程，无法规定和衡量再造的每一个任务的完成情况，决策只能在再造工作中逐渐形成，使行为者自我管理和自我控制。

（8）新流程应用之前应该进行可行性实验。新流程设计后，如果直接实施，可能会使客户受到粗糙或不完善流程的缺陷的影响，而如果通过多次反复实验，就可以使流程得到不断改进和完善。

五、企业流程重组的步骤

（1）确认组织的战略目标。把企业过程重组方法与组织的目标联系起来，用战略目标引导业务流程重组的进行。否则，没有针对性，实施企业流程重组就可能使组织与预定的战略方向偏离。

（2）确认可能受到战略影响的企业流程。例如，当企业决定建立一个"网上商店"的战略时，可能受影响的业务流程有订货方式、销售过程等。

（3）确定每一流程的目标。随着企业的发展，有些过程可能会偏离目标，通过确认，可以使旧的流程重新回到正确的目标上来，从而使流程重组的工作目标得以明确。

（4）了解每一重组流程所涉及的人员，确定一个训练有素的企业流程重组的总负责人，让其指导流程重组的全过程。

（5）每个流程参与者画出自己现在工作过程的流程图。这一方面，可以使他们能更好地考虑组织流程的整体需求；另一方面，可以使总负责人明确了解每个参与者对流程的理解。

（6）根据现有的流程图，结合流程的目标，找出实施新的战略目标必须完成的流程，设计一个新的流程雏形。

六、企业流程重组的方法

BPR作为一种重新设计工作方式、设计工作流程的思想，是具有普遍意义的，但在具体做法上，必须根据本企业的实际情况来进行。美国的许多大企业都不同程度地进行了BPR，其中有以下几种主要方法。

1. 合并相关工作或工作组

如果一项工作被分成几个部分，而每一部分再细分，分别由不同的人来完成，那么每一个人都会出现责任心不强、效率低下等现象。而且，一旦某一环节出现问题，不但不易于查明原因，更不利于整体工作的开展。在这种情况下，企业可以把相关工作合并或把整项工作都交由一个人来完成，这样既提高了效率，又使员工有了工作成就感，从而鼓舞了士气。如果合并后的工作仍需几个人共同担当或工作比较复杂，则应成立团队，由团队成员从头到尾共同负责一项工作，同时还可以建立数据库和信息交换中心，以对工作进行指导。在这种工作流程中，大家一起拥有信息、一起出主意想办法，从而能够更快、更好地作出正确判断。

2. 工作流程的各个步骤按其自然顺序进行

在传统的组织中，工作在细分化了的组织单位间流动，一个步骤未完成，下一步骤无法进行，这种直线化的工作流程使得工作时间大大加长。如果按照工作本身的自然顺序，是可以同时进行或交叉进行的。这种非直线化的工作方式可大大提高工作速度。

3. 根据同一业务在不同工作中的地位设置不同的工作方式

传统的做法是对某一业务按同一种工作方式处理，因此要对这项业务设计出在最困难、最复杂环境下工作所运用的处理方法，把这种工作方法运用到所有适用于这一业务的工作过程中。这样做，将原来简单的工作复杂化，大大降低了工作效率。如果针对不同的工作设计出不同的业务处理方式，就可以大大提高工作效率，也使工作变得简捷。

4. 模糊组织界线

在传统的组织中，工作完全按部门划分。为了使各部门工作不发生摩擦，又增加了许多协调工作。因此，BPR 可以使严格划分的组织界线模糊甚至超越组织界线。例如，宝洁公司根据超级市场信息网传送的销售和库存情况，决定什么时候生产多少、送货多少，而并不一味地依靠自己的销售部门进行统计，这也就避免了很多协调工作。

➢ **案例**

东方公司管理信息系统的系统规划

东方公司杨总经理上任后发现，该公司在信息管理手段上较为落后，所有信息管理方面的工作绝大部分都由手工完成。即便是有些单项业务使用了计算机，如生产经营日报的汇总打印，也极具形式化的特征（例如，生产经营日报的汇总打印实际上是管理人员手工将经营日报的各项数据计算出来后再录入计算机并打印出来）。杨总经理与高层领导们商量以后，决定拨出相应经费建立企业的管理信息系统。

杨总经理指派有很高协调能力的宣传部傅部长组织协调这项工作的开展。傅部长接手这项任务后的第一项工作就是组建东方公司信息中心，并亲自担任信息中心主任。组建的信息中心除傅部长外，还有既懂技术且原则性很强又能全身心投入工作的马副主任、熟悉计算机硬件及系统软件的小范与同事们，共 10 人左右。

傅部长和马副主任接手这项工作以后，找到了北方大学管理学院的李教授，通过向李教授咨询，最后决定：为了使企业中上层领导对企业管理自动化有一个知识性的了解并配合企业管理信息系统的开发工作，傅部长请示杨总经理后邀请李教授及其他北方大学的相关专家在东方公司举办了针对处级以上领导的企业管理及其信息化的培训班。

之后，北方大学李教授组织北方大学管理学院及信息工程学院管理信息系统方面的专家到东方公司搜集公司的相关资料，了解公司目前的业务情况，并分别与各部门的主要管理人员面谈，以了解该公司管理信息系统的需求范围与内容。

几周后，李教授及各位专家根据收集来的资料和对其他企业的管理信息系统的了解（之前东方公司信息中心马副主任带领中心成员曾到已有管理信息系统的企业进行过参观考察），列出了东方公司管理信息系统的主要功能需求及信息需求，并应用一些方法对各项功能进行了整理分析，得出了东方公司管理信息系统的总体功能结构，并据此与计算机及网络公司进行了初步的经费估算，规划了人力分配、进度计划。最后，经杨总经理同意，决定将整个系统的建设分为三期工程来完成。第一期工程开发建设物资管理、销售管理、技术管理、生产计划管理、生产调度、财务管理及总经理综合信息服务七个子系统。李教授的课题组用几周的时间写出了《东方公司管理信息系统可行性研究报告》。

东方公司随后组织了一次研讨会，由李教授及其他专家向东方公司的各级主管领导和外请专家针对东方公司管理信息系统的系统规划工作，作了一个详细的报告。外请专家及东方公司各级领导确认了报告的内容并对一些问题提出了修改意见与建议。

随后，杨总经理指派东方公司信息中心与北方大学课题组就经费与完成时间进行了谈判，最后双方同意以 350 万元的经费及一年半的时间完成这个系统的第一期工程，并签署了合作协议。

之后，在北方大学李教授的组织下，组成了由北方大学专家和东方公司信息中心工作人员组成的联合项目组，并开始进入东方公司管理信息系统设计的第二阶段——系统分析阶段。

➢ **问题与讨论**

　　1. 东方公司在信息系统规划方面做了哪些工作？

　　2. 在信息系统规划阶段，需要哪些人参与？是技术人员还是管理人员？

➢ **本章小结**

　　系统规划是按照结构化系统开发方法进行管理信息系统的第一个阶段。对于系统能否进行开发，需要对其进行可行性论证，只有通过可行性论证后，才能对系统如何开发进行整体规划。针对不同系统，需要选择合适的规划方法。

　　本章首先论述信息系统发展阶段论模型，包括诺兰四阶段和六阶段模型、西诺特模型和米切模型；然后，介绍信息系统规划的重要性、内容和步骤，着重介绍了常用的信息系统规划方法：关键成功因素（CSF）法、战略目标集转移（SST）法、企业系统规划（BSP）法，并对这三种方法的优缺点进行了详尽的分析；最后，对企业信息系统建设中非常重要的一个问题——企业流程重组问题进行了较系统的介绍。

➢ **思考题**

　　1. 信息系统规划的重要性有哪些？

　　2. 信息系统规划是否比企业的一般规划更困难？为什么？

　　3. 信息系统可行性研究应从哪几个方面着手考虑？

　　4. 信息系统战略规划有哪些方法？试比较它们的优缺点。

　　5. 为什么企业建设信息系统要进行业务流程重组？操作步骤如何？

第四章

系统分析

> **本章导读**

　　对于以结构化系统分析与设计开发方法开发系统而言，在系统分析阶段，我们的目标是根据系统规划所确定的某个开发项目的目标和用户的信息需求，提出系统的逻辑方案。系统分析在整个系统开发过程中，是要解决"做什么"的问题，是要把解决哪些问题、满足用户哪些具体的信息需求调查和分析清楚。从逻辑上，或者说从信息处理的功能需求上提出系统的方案，即逻辑模型，为下一阶段进行物理方案（即计算机和通信系统方案）设计、解决"怎么做"提供依据。

　　系统分析阶段的成果最后汇总为一份书面资料——系统分析报告（或称系统说明书），这是系统开发工作中最重要的文件。

　　由于应用环境的复杂性，系统分析过程不可能一次完成，往往需要进行多次反复修改与完善。完善的系统分析除为系统开发提供可靠的保证外，还可以大大减少开发后期的错误，减少不必要的返工，保证系统开发按计划、按时完成。

> **学习目的**

　　了解系统分析阶段的主要任务、工作内容；

　　理解详细调查的意义，掌握详细调查的方法与内容；

　　掌握数据流图、数据词典、判定树、判定表、结构化语言等工具；

　　熟练使用所学的结构化分析方法分析系统、描述系统；

　　掌握系统分析说明书的书写格式。

第一节　系统分析概述

一、系统分析的任务

1. 详细调查

详细调查现行系统的情况和具体结构，并用一定的工具对现行系统进行详尽的描述，这是系统分析最基本的任务。在充分了解现行系统现状的基础上，进一步发现其存在的薄弱环节，并提出改进的设想，这是决定新系统功能强弱、质量高低的关键。

2. 用户需求分析

用户需求分析是指按用户要求分析出新系统应具有的全部功能和特性，其主要包括：功能要求，性能要求，可靠性要求，安全、保密要求，开发费用、时间以及资源等方面的限制等。

3. 提出新系统的逻辑模型

在详细调查和用户需求分析的基础上，提出新系统的逻辑模型。逻辑模型是指在逻辑上确定的新系统模型，而不涉及具体的物理实现，也就是要解决系统"做什么"，而不是"如何做"的问题。逻辑模型要靠一组图表工具帮助建立完成，用户可通过逻辑模型了解未来的新系统，并进行讨论与改进。

4. 编写系统分析报告

对上述采用图表描述的逻辑模型进行适当的文字说明，就形成了系统分析报告，它是系统分析阶段的主要成果。

二、系统分析的工作特点及要求

（一）工作特点

1. 系统分析工作人员需要有较高的综合知识水平

系统分析是围绕管理问题展开的，这一阶段要用到现代信息技术。这就要求系统分析员既要与各级、各类管理人员打交道，又要了解相关技术（如计算机硬软件技术、数据管理技术、计算机网络和数据通信技术等）的应用与发展情况。由于系统分析工作的主要任务是明确问题、确定目标、了解用户的信息需求，因此完成这类任务可能遇到的困难、需要解决的问题以及工作量，甚至工作进程都难以预先估计，从而使工作不确定性很大。现代社会组织，尤其是企业的管理环境复杂多变，现代信息技术日新月异，使系统分析工作面临的主要挑战，特别是政策体制和权力分配的变化对信息需求和系统方案有很大影响，因而在工作中必须对发展与变革进行科学预测和深入分析，提高系统的应变能力。

2. 系统分析工作人员在开展工作的过程中，要做好与各层管理人员的沟通交流工作

系统分析是要明确管理信息系统在支持管理决策方面要解决什么问题，因而必须对管理系统进行描述。由于管理系统是以人为主体的系统，因此人的思想与行为，如决策过程、信息需求的描述是系统分析的主要困难之一。必须综合运用定性、定量的分析方法和有关知识与经验，对组织行为和管理决策过程进行科学分析，对各级、各类管理人员的信息需求进行深入了解。因而，在系统分析工作中，大量的工作是与各级、各类管理人员进行联系和交流，这是明确问题、获取信息需求的主要方式。

系统分析工作涉及的主要人员有：①用户单位的主要领导成员；②使用管理信息系统的各职能部门的负责人；③用户单位信息管理的高层负责人，如主管信息工作的副总经理、信息中心主任等；④负责运行、维护管理信息系统的管理人员、技术人员和操作人员。

上述人员往往专业背景不同，工作风格也各有千秋，系统分析人员与他们的交流和协调以及他们之间的交流和协调常常会出现困难。系统分析人员必须善于和各类人员建立相互理解与信任的关系，增进交流，做好协调，这是系统分析工作发现问题、解决问题的主要途径。

3. 使用结构化系统分析方法

系统分析阶段主要是要完成系统详细调查、新系统逻辑方案的提出等工作，每项工作的完成都要借助一系列工具的辅助，才能做出符合标准与规范的产品。主要使用的工具有：①业务流程图；②数据流图（data flow diagram，DFD）；③数据词典（data dictionary，DD）；④结构化语言；⑤决策树；⑥决策表。

采用结构化系统分析的工具建立的系统逻辑模型一般具备以下特点：①表达方式规范，表达的内容确切，无二义；②形式简洁，易理解，便于和非专业用户交流；③便于查询、检索，易维护；④便于计算机辅助建模。

4. 系统分析工作的主要成果是文档资料

系统分析工作的主要成果包括系统开发建议书、可行性研究报告、现行系统调查报告、系统说明书等文档资料。这些文档资料是最终方案决策的依据，是下一步工作的基础，也是系统分析人员和用户交流与相互理解的手段。文档编写的质量对系统开发工作有着重要的影响。系统分析人员不但对情况要有详细的了解，对问题要有深刻的理解，而且要掌握有关文件编写的规范与标准，并且要有较强的文字表达能力、耐心与毅力，只有这样才能编写出内容翔实准确、文字精练、结构清晰、符合规范的目标文件。

5. 系统分析工作应确定系统边界，适当而止

在管理信息系统建设中，由于各部门、各类人员的信息需求及目标的多样

性，有些目标和需求不一致，甚至相互冲突。例如，在工业企业中，生产部门常常希望销售部门尽早提供比较准确的市场对产品的需求信息，以便对产品的制造作出合理的安排，而销售部门则希望生产部门跟踪市场的变化以及时调整生产计划。但是，管理信息系统的建设是长期任务，不是一次项目开发所能全部完成的。因此，在一次系统开发中，系统分析工作实现的目标是有限的，不可能把现有系统中的所有问题都提出来，更不可能将所有问题都加以解决。因此，一次系统开发只能满足用户的部分信息需求，做到各有关用户人员大体满意，其他问题需留待后续的系统开发项目解决。所以，在系统分析中，既要明确本次系统开发项目要集中力量解决哪些问题，即"做什么"，又要清醒认识到本次开发哪些问题暂不予解决，即"不做什么"，明确系统开发任务的边界。管理系统各部分之间联系密切，如果系统开发的边界不明确，则可能造成系统开发任务在开发过程中不断扩张，而使主要任务难以完成。因此，在系统分析阶段，确定系统的边界，也就是这个"度"的掌握非常重要。

（二）要求

1. 系统分析应在充分理解用户需求的基础上进行

管理信息系统的最终目的是满足用户管理上的各种功能需求，而信息技术是实现各种用户功能需求的手段。开发人员在理解用户需求的基础上，用现代信息技术实现用户所要求的功能。如果开发人员对需求理解错误，那么无论技术手段如何先进，其结果都可能南辕北辙。因此，需求分析是系统开发成功的重要保证，必须加以高度重视，但准确确定用户的需求是一件比较困难的事情。一方面，用户一般都缺乏相关的信息技术知识，无法确定计算机系统究竟能做什么、不能做什么，因此无法准确地表达自己的需求，并且提出的需求往往是不断变化的。另一方面，系统开发人员一般不熟悉用户所在的行业，对用户的管理运作也不非常了解，因此常常会根据自己的设想来臆造用户的需求。需求定义发生的差错主要包括不完全合乎实际需要、不容易使用、操作困难、容易发生差错等。

保证系统开发人员充分了解用户需求的方法是，系统开发人员与用户不断地交流。

2. 系统分析阶段的工作应由开发人员和用户共同完成

系统分析是围绕管理问题展开的，但要涉及现代信息技术的应用。只有在用户和开发方之间充分交流合作的情况下，计算机技术才能很好地被应用到用户的管理工作中，开发出来的系统也才能既满足用户需求，又做到技术先进。但是，在缺乏计算机知识的用户和缺乏企业管理知识的计算机程序设计人员之间，要实现真正的沟通是很困难的。在这种情况下，就需要系统分析员作为两者的"桥梁"，其"桥梁"作用如图 4.1 所示。

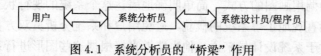

图 4.1　系统分析员的"桥梁"作用

系统分析人员就是在信息系统开发初期从事系统分析工作的开发人员。他们的任务就是明确需求和资源限制因素，并将它们变成具体的实施方案。系统分析工作始终是由客户和系统分析人员协作完成的。系统分析员是系统分析工作的主持者和主要承担者，在整个系统开发工作中是管理人员（用户）和计算机技术人员的"桥梁"。

系统分析人员必须具备多种技能，以便有效地开展工作。这些技能可以分成两类：处理人际关系方面的能力和解决有关技术问题的能力。具体地说，系统分析人员应具备以下基本素质：①有一定的理论水平，全面系统地掌握计算机系统开发的基本理论和有关标准；②具有较全面的计算机专业知识和信息系统开发的经验；③有较强的在新的问题领域提取知识的能力；④善于掌握非技术因素。

3. 系统分析是在充分了解原有系统的基础上进行的

信息技术在企业管理中的应用，并不是简单地用信息技术去模拟企业原有的业务流程。如果那样做的话，信息技术根本就无法发挥作用。企业信息系统的开发应在总体规划的基础上，开发方与用户密切配合，用系统工程的思想和方法，对用户的管理业务活动进行全面的调查分析，详细了解用户的各种管理业务的流程，分析老系统的局限性和不足，然后根据企业的条件和最新的计算机技术发展情况，确定新系统的逻辑方案。例如，由计算机替代会计的核算功能，会计-出纳岗位设置就变成了出纳-计算机的设置，效率得到极大提高。目前，随着企业信息化水平的提高，新系统的建立往往要求对老系统中的管理业务流程进行重新构造。

4. 系统分析要避免重复工作

系统分析工作的主要成果（产品）是文件（文档资料），这些文件一方面可以用来与用户进行交流，另一方面可以用来进行系统设计，这就大大增强了系统开发的一致性。正确而规范的文档资料可以提高系统的可修改性，当然它并不能保证系统分析不出错。实际上，系统分析阶段中的分析过程也是文档资料的编制过程，系统分析员在编制文档资料的过程中要相当仔细，尽量避免出现错误，特别是逻辑上的错误或矛盾。一旦发现错误就要及时更正，不要把错误带到下一阶段的开发工作中。

5. 系统分析要讲究方法

系统分析是一项复杂的工作，好方法的使用既可以保证工作的顺利进行，又可以提高工作效率。结构化分析方法在系统分析中得到了广泛的使用。在系统分析时，我们强调用画图的方式，简单明确地表达这个系统的现行状态，使用户从这些图中就能直观地了解系统的概貌，避免用户和系统分析员双方在理解上的偏差。另外，对于系统设计员来说，他也能够直接根据这些图形进行系统设计，并保证设计的正确性。因此，图形工具是系统分析员和用户、系统分析员和系统设计员之间联系的"桥梁"。

三、结构化分析方法

结构化分析（structured analysis，SA）方法，是一种使用很普遍、简单实用的方法，适用于分析大型的数据处理系统，特别是企事业管理信息系统。这种方法实质上是一种大系统理论的系统分解法，通常与系统设计阶段的结构化分析步骤衔接起来使用。

1. 结构化分析方法的基本原理

结构化系统分析的基本思想是系统论的思想。结构化分析采用系统工程的方法，强调将整个系统的开发过程划分为若干阶段，每个阶段都有明确的任务，这也是生命周期法阶段划分的基础。

结构化分析方法采用"分解"和"抽象"两个基本手段来分析复杂系统：一是自顶向下地对现有系统进行分析。是指把大问题分解为若干个小问题，对每个小问题再单独分析，直到细分的子系统足以清楚地被理解和表达为止。二是抽象。就是在分析过程中，要透过具体的事物看到问题的本质属性，并将所分析的问题实体变为一般的概念。抽象是一种手段，只有通过抽象，才能正确认识问题，把握住事物的内部规律，从而达到分析的目的。结构化分析的图表工具主要由数据流程图、数据字典和数据处理说明组成。

2. 结构化分析方法的步骤

（1）通过调查获取现行系统具体的"物理模型"，理解当前系统是怎么做的，并将理解表达成现行系统具体的"物理模型"。分析人员要利用组织结构图、功能体系图、业务流程图等工具将现实的事物表达出来。

（2）抽象出现行系统的逻辑模型。即从现行系统的、具体的"物理模型"中抽象出逻辑模型（数据流程图、数据字典、数据处理说明等）。

（3）建立新系统的逻辑模型。通过分析新系统与现行系统在逻辑上的差别，明确新系统"做什么"，并对现行系统的"逻辑模型"进行优化，进而建立新系统的逻辑模型。

3. 结构化分析方法的特点

结构化分析方法的特点包括：①面向用户，用户自始至终参与系统的分析工作；②强调调查；③对管理业务中的各种数据进行分解；④层次分解；⑤用图形来分析和构建新方案。

第二节 系统详细调查和用户需求分析

当系统开发人员和用户一致认为新系统所提出的目标可行后，系统的研制开发工作就进入了实质性的阶段。这时的首要任务就是进行详细调查，深入了解系统的处理流程，确定用户需求。

一、详细调查的目的

系统分析阶段的首要工作就是详细调查。详细调查不同于我们前面所介绍的初步调查，详细调查的对象是现行系统（包括手工系统和已采用计算机的管理信息系统），详细调查的目的是深入了解企业管理工作中信息处理的全部具体情况和存在的具体问题，为提出新系统的逻辑模型提供可靠的依据，因此其细微程度要比初步调查高得多，工作量也要大得多。

二、详细调查的原则

详细调查应遵循用户参与的原则，即由使用部门的业务人员、主管人员及设计部门的系统分析人员、系统设计人员共同进行。设计人员虽然掌握计算机技术，但对使用部门的业务不够清楚，而管理人员熟悉本身业务却不一定了解计算机，两者结合就能互补不足，更深入地发现对象系统存在的问题，共同研讨解决的方案。

三、详细调查的内容

详细调查是对现行系统进行详细具体的调查和分析，为系统分析和新系统逻辑模型的建立提供详尽的、准确的、完整的、系统的资料，使开发工作在摸清系统现状、明确用户需求和充分占有资料的基础上进行。

详细调查的内容包括组织机构的调查、业务处理状况调查、现行系统的目标调查、主要功能和用户需求调查、信息流程调查、数据及功能分析、系统运营环境分析等。

四、详细调查的策略和方法

详细调查可以采用召开调查会、访问、发调查表、参加业务实践等方法。

为便于分析人员和管理人员之间进行业务交流和分析问题，在调查过程中应尽可能使用各种形象、直观的图表工具。图表工具的种类很多，通常用组织结构图描述组织的结构，用管理业务流程图和表格分配图描述管理业务状况，用数据流程图描述和分析数据、数据流程及各项功能，用决策树和决策表等描述处理功能和决策模型。

参加业务实践是了解系统的一种很好的形式。对于复杂的计算过程如能亲自动手算一算，对以后设计和编写程序设计说明书都是很有益的一步。一个好的办法是在这个阶段就收集出一套将来可供程序调试用的试验数据，这对系统实施阶段考核程序的正确性很有用处。

详细调查主要分为管理业务调查和数据调查两部分进行。

五、用户需求分析

所谓用户需求，是指新系统必须满足的所有性能和限制，通常包括功能要求、性能要求、可靠性要求、安全保密要求以及开发费用、开发周期和可使用资源的限制等方面。

用户需求分析主要从四个方面进行：问题的识别、分析与综合、制定规格说明和评审。

1. 问题的识别

新系统的开发必须以当前系统为基础，并对其修改而成。用户需求分析的第一步就是应该识别当前系统中所缺少的和薄弱的环节。识别的方法有访谈、问卷调查、开调查会、德尔菲法和原型法等。

2. 分析与综合

在对用户问题识别的基础上，系统分析员逐步细化所有的系统功能，找出系统各元素之间的联系、彼此之间的接口特性和设计上的限制，并分析它们是否满足功能要求、是否合理。依据功能需求、性能需求、运行环境需求等，剔除不合理的部分，增加需要部分，最终综合成系统的解决方案，给出新系统的逻辑模型。

3. 制定规格说明

对已经确定的需求应当进行清晰准确的描述，即编制需求分析文档。

4. 评审

为保证需求分析的准确性，在需求分析的最后一步，应该对功能的正确性、完整性和清晰性，以及其他需求给予评价。评审的主要内容包括：系统定义的目标是否与用户的要求一致；系统需求分析时提供的文档资料是否齐全；文档中的所有描述是否完整、清晰；与其他相关系统的重要接口是否已经描述清楚；设计的约束条件或限制条件是否符合实际；开发的技术风险是什么；等等。

在实际分析过程中，上述几个方面是有反复的。比如，若在需求分析评审中提出修改意见,就需要重新对问题进行分析和综合,修改需求分析文档等。

六、系统详细调查举例

下面我们以开发某校的教学管理系统为例,简单介绍进行系统详细调查工作应如何开展。

首先,在系统规划的基础之上,担负系统开发任务的设计人员要与学校主要教学管理人员进行交流,并到教学一线学院、教研室参观了解情况。在掌握学校基本情况后,选择重点突破调查策略,制定详细的调查计划。

(一)采用详细调查的方法

1. 开座谈调查会

教学管理系统的开发应得到学校各级领导和职工的重视和支持。在校长、分管副校长的主持下,系统设计人员与各业务主管部门领导进行了多次座谈,了解教学管理的主要工作流程、管理模式,教学系统的目标、功能和总需求。

2. 与相关部门工作人员面谈

深入到具体的职能管理部门,从教务处主任、各系主任到具体教务管理员、教学教师代表,逐一进行详细的调查,收集信息资料,了解他们工作的细节,征询他们对信息系统的具体要求,与他们共同讨论如何通过信息系统支持他们的工作。

3. 发放调查表书面调查

针对系统分析人员关心的问题,调查表的设计原则是既要反映所调查的系统,又要便于业务管理人员填写。

4. 直接参加业务实践

(二)详细调查结果

1. 组织机构调查结果

某校组织机构图如图4.2所示。

本次开发的教学管理系统主要涉及该校的教务处和学生科两个管理部门,对两部门的机构情况进行了详细调查,主要内容包括部门组织结构、下属岗位、岗位责任与权力、岗位人员配备、岗位规章制度等。

(1)教务处的管理职能:根据教育部及省教育厅有关教学工作指导文件的精神,结合学院的实际,提出学院专业设置和调整的意见;组织各系(部)制定和实施专业教学计划和课程大纲;拟定学院年度、学期教学工作计划;负责制定教

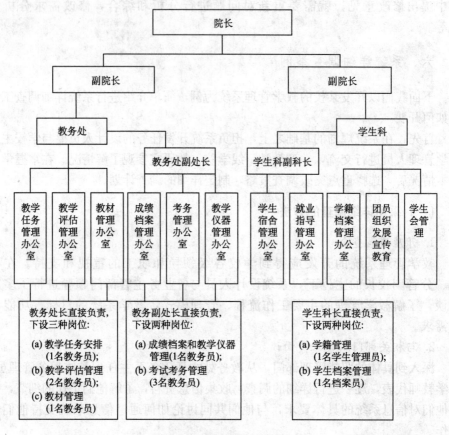

图 4.2　某校组织机构图

学方面的规章制度，并督促检查各系（部）、教研室贯彻执行，重点做好教学常规管理评估工作；向学院领导汇报教学工作，提出改进教学、提高教学质量的建议；为校级决策提供准确翔实的依据。

（2）教学任务管理岗位职责：根据教学计划，制定学年校历并组织教学的运行；组织下达教学任务；负责教室的使用与调度，负责提出教室设施配备计划；负责组织编排课程表，负责日常课程的调度工作。

（3）教学评估管理岗位职责：负责制定专业办学水平、课程建设质量、课堂教学质量评估等教学质量评估体系，并主持实施各种教学评估工作；组织各系（部）、教研室做好日常教学检查和期中教学检查工作，并深入实际监控理论教学、实践教学过程的各个环节（包括备课、授课、辅导、改作业、考核等）；指导各系（部）、教研室的教学工作；协助人事处制定和实施教师的培养提高计划，做好教师定编、教师工作量核算工作，负责教师业务的考核，建立教师业务档案；组织各系（部）、教研室做好教师开新课以及新开课的试讲工作；组织各种教育教学研讨活动，根据学院教学和教学管理实际，组织有关教学课题研究，完成学院下达的教学研究任务，组织全院的教学经验交流。

（4）成绩档案管理岗位职责：负责学生学习成绩的建档、保管工作；负责提供完整准确的毕业生成绩档案；负责日常的各种学生成绩统计、查询及分析工作。

（5）考试考务管理岗位职责：负责全校期末考试的组织工作；负责组织全校补考工作；负责编排考场，组织监考、巡考人员；负责试题库建设及试卷的印刷、保管保密和发放工作；负责组织计算机、英语等课程的统考以及学生专升本摸底考试工作。

（6）教材建设管理岗位职责：负责起草学校教材建设规划，收集有关教材建设的出版信息；负责制定并落实教材使用计划；组织教师编写具有高等职业技术教育特色的教材或讲义以及其他教学资料，并根据教学的需求，有计划地进行声像视听教材 CAI 课件以及试题库的建设；做好教材出版工作；负责制定校内讲义编审计划及审核工作；组织开展教材研究活动，组织优秀教材的评审和奖励工作；负责教材质量调查、评价及信息反馈工作；做好教材采购、销售和库存的管理工作。

（7）学生学籍档案管理岗位职责：根据学校学生学籍管理规定，负责学生休、复、转、退、停、降、留等学籍变动处理工作；组织各系审核毕业生资格，负责管理毕业证书和补办学历证明工作；负责在校生统计报表、学生名册的编制、学生学籍变动情况的统计工作；负责学生学籍注册及发布工作；协助有关部门做好新生入学的有关工作。

（8）教学管理文件（部分）：学院学生学籍管理办法；学院学生成绩考核规定；学院教学评估细则；关于公共英语考核、计算机基础教育考试的暂行规定；关于学生毕业（生产）实习（设计）的暂行规定；关于"十五"期间加强教材建设与改革的意见；学院考试工作细则；学院试卷管理办法；关于教学事故及处理的暂行规定；学院教学例会制度；学院教务管理系统数据管理规定……

2. 业务处理流程调查结果

业务处理调查需要对管理业务工作（包括实物或信息数据的来源、怎样处理它们、输出的信息或产品输出到何处去等）的流程进行描述。我们采用的结构化描述工具是业务流程图，可以仅用文字来描述业务工作，但业务流程图比用文字描述更直观、易懂、清晰。业务流程图的符号说明如图 4.3 所示，各部分业务流程图如图 4.4～图 4.8 所示。

图 4.3　业务流程图的符号

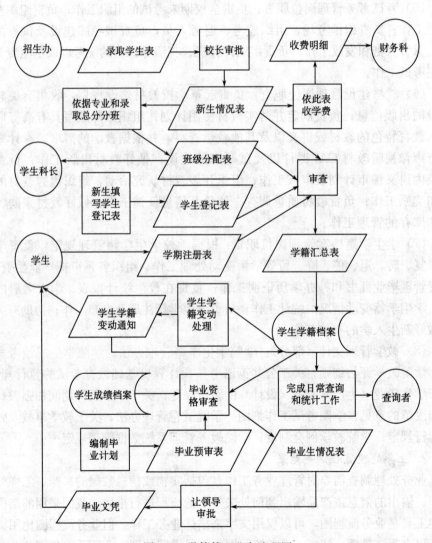

图 4.4　学籍管理业务流程图

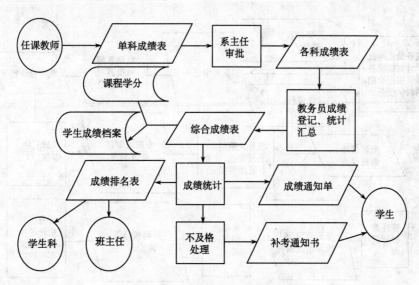

图 4.5 成绩管理业务流程图

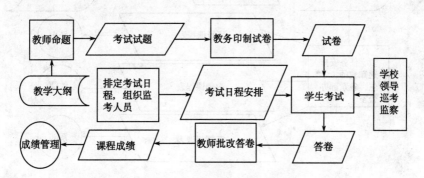

图 4.6 考试考务业务流程图

3. 信息数据要素调查结果

通过业务流程调查对各业务活动有了比较深入的了解后，还要进一步收集和整理各管理业务活动所涉及的数据的表现形式，如各种统计图报表、登记表、计划表、档案卡等（表 4.1），并对这些信息载体进行逐项登记。由于篇幅有限，在此我们仅给出收集到的教学管理业务部分主要的表格形式，并将它们逐个整理登记成册。

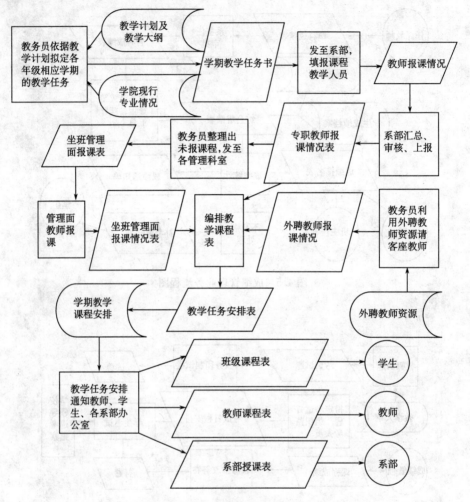

图 4.7　教学任务管理业务流程图

表 4.1　教学管理工作涉及的数据表格

表格名称	相关部门	管理业务	处理时间	数量	使用目的
录取学生表	招生办	新生录取	30 天	5	新生录取简况
××学院学生登记表	学生科	学籍档案	60 天	1000	存档
××学院学生注册登记表	学生科	注册学籍	7 天	50	学生学期注册档案
毕业生预审表	学生科	毕业管理	15 天	50	审查毕业生资格
毕业生情况表	学生科	毕业管理	15 天	50	毕业生信息登记
单科成绩表	教务处	成绩管理	3 天	500	教师登记考试成绩

续表

表格名称	相关部门	管理业务	处理时间	数量	使用目的
班级成绩汇总表	教务处	成绩管理	3 天	50	学生成绩排名奖励
成绩通知单	教务处	成绩管理	7 天	3000	通知学生本人
补考通知单	教务处	成绩管理	7 天	500	通知学生本人
期末考试安排表	教务处	考试考务	7 天	100	考试安排
听课记录	教务处	评估	15 天	50	教师教学表现依据
教师赋分表	教务处	评估	1 学期	20	教师德勤绩评估
学期教学任务书	教务处	教学任务	15 天	50	通知教学安排
班级课程表	教务处	教学任务	15 天	50	班级教学安排
教师课程表	教务处	教学任务	15 天	100	教师教学安排
系部教师授课汇总表	教务处	教学任务	15 天	10	系部管理

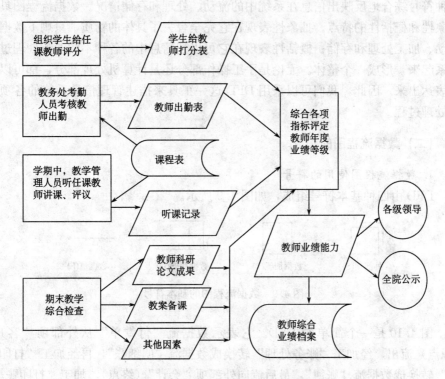

图 4.8　教学评估管理业务流程图

第三节　描述系统逻辑方案的工具

一、数据流程图

企业业务调查过程中绘制的管理业务流程图和表格分配图等，虽然形象地表达了管理中信息的流动和存储过程，但仍没有完全脱离一些物质要素（如货物、产品等）。为了用计算机进行信息管理，还必须进一步舍去物质要素，收集有关资料，绘制出原系统的数据流程图，为下一步分析做好准备。

（一）数据流程图的定义

数据流程图（data flow diagram，DFD），是描述数据处理过程的有力工具。数据流程图从数据传递和加工的角度，以图形的方式刻画数据处理系统的工作情况。数据流程图是一种能全面描述信息系统逻辑模型的主要工具，它可以用少数几种符号综合地反映出信息在系统中的流动、处理和存储情况。数据流程图具有抽象性和概括性的特点。抽象性表现在它完全舍去了具体的物质，只剩下数据的流动、加工处理和存储；概括性表现在它可以把信息中的各种不同业务处理过程联系起来，形成一个整体。无论是手工操作部分还是计算机处理部分，都可以用它表达出来。因此，我们可以采用DFD这一工具来描述管理信息系统的各项业务处理过程。

（二）数据流程图的构成

1. 数据流程图使用的符号

DFD由四种基本符号组成，如图4.9所示。

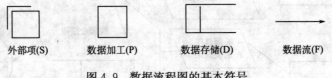

外部项(S)　　　数据加工(P)　　　数据存储(D)　　　数据流(F)

图4.9　数据流程图的基本符号

图4.10是一个简单的DFD。它表示数据流"付款单"从外部项"客户"（源点）流出，经加工"账务处理"转换成数据流"明细账"，再经加工"打印账簿"转换成数据流"账簿"，最后流向外部项"会计"（终点）。加工"打印账簿"在进行转换时，从数据存储"总账"中读取数据。

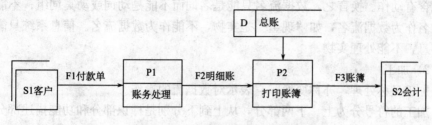

图 4.10　简单数据流程图举例

2. 组成

1）数据流

数据流（data flow）由一个或一组确定的数据组成。

在图 4.10 中，"付款单"这个数据流由客户名、付款事由、日期、金额等数据项组成。数据流用标名箭头表示，名即数据流名，箭头指向表示数据流的流向。现在对数据流符号说明如下。

数据流名应能直观地反映数据流的含义，如日常业务中的产量日报表、汇款单、录取通知书、课程表等均可直接用作数据流名，既明确又简练；也可以用一组数据中的主要数据为数据流命名，如"学生成绩单"由学生姓名、成绩、通信地址等数据组成，但成绩是主要的，可以用"学生成绩"作为这一数据流的名字。

数据流的流向，有以下五种情况：①从加工到加工（P→P）；②从源点到加工（S→P）；③从加工到终点（P→S）；④从加工到数据存储（P→D）；⑤从数据存储到加工（F→P）。其中，前三种情况应注明数据流名；后两种情况，因文件名可以说明数据流，故可不注名。

数据流既可以同名，也可以有相同的数据结构，但必须有不同的数据或具有不同的含义。比如，数据流"付款单"可以有合格付款单、不合格付款单，这两个数据流的数据结构可以是相同的，但所含数据不同，或者意义有区别。

为了区别同名数据流，DFD 中所有与基本加工（基本加工定义见后）相连的数据流都要统一编号，但与数据存储相连的数据流除外，编号写在数据流名之前，以"F"开头。

两个符号（加工、外部项、数据存储）之间可以有多个数据流存在，DFD 并不表明它们之间的任何关系，如次序、主次等。

避免错误的数据流命名方法：不能用动作名作为数据流名，如"取下一个考生成绩"是一个动作，不能用作数据流名。数据流中只能含有数据（信息），而不能含有动作。换言之，数据流名只能是名词而不能是动词或动宾词组；不能用实物名作为数据流名，如"现金"是实物，不能作为数据流名。信息系统只能处理信息，不能处理实物。

2）加工

加工又称处理，亦称变换，它表示对数据流的操作。

加工的符号分为上、下两部分，从上到下分别是标识部分和功能描述部分。

标识部分用于标注加工编号，加工编号应具有唯一性，以标识加工，它以"P"开头。

功能描述部分用来写加工名。为使 DFD 清晰易读，加工名应简单，能概括地说明对数据的加工行为，其详细描述在数据词典中定义。

加工要逐层分解，以使分解后的加工功能简单、易于理解。

对数据的处理功能十分简单、加工逻辑清楚的加工称基本加工。例如，成绩统计、学籍审查、学籍变动通知等。为了区别基本加工，在基本加工的加工编号前打一"＊"做标志。

当分解得到的所有加工均已变成基本加工时，分解即行停止。

现对加工符号说明如下：

顶层加工名可以是系统的名字，如学籍管理系统、成绩管理系统、财务管理系统、工资核算系统等。

加工名要简洁易懂，最好由动词或动宾词组组成，例如，登录成绩、编排课表、输入会计凭证等。由于未分解的加工本身具有抽象性，所以加工名必然具有抽象性，如考试考务、财务管理等，但不可用空洞的动词命名，如处理、转换、计算等。

3）数据存储

数据存储是用来存储数据的。在分层 DFD 中，数据存储一般仅属于某一层或某几层，因此又称数据存储为局部文件。现对数据存储符号说明如下：

数据存储名写在开口的长方框内，应概要地说明文件中的主要数据。

数据存储上一定要有数据流。如果数据流指向数据存储是写操作，那么离开数据存储则是读操作。有的加工要修改数据存储，则要读、写操作，因此，在加工和数据存储之间的数据流是双向的，用两个数据流表示。

为便于说明和管理，数据存储亦应编号，编号写在文件符号左端的小方格中，以"D"开头。

为避免 DFD 中出现交叉线，同一数据存储可在多处画出，可以用图 4.11 所示符号表示数据存储重复。

4）外部项（又称外部实体）

源点和终点（又称端点）是系统外的实体，称作外部项。

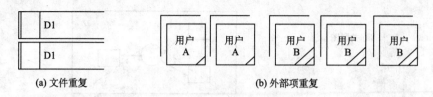

(a) 文件重复　　　　　　　　(b) 外部项重复

图 4.11　重复的符号

3. 数据流程图的绘制步骤

1) 数据流程调查

数据流程调查过程中收集的资料包括：

(1) 收集原系统的全部输入单据（如入库单、收据、凭证）、输出报表和数据存储介质（如账本、清单）的典型格式。

(2) 弄清各环节上的处理方法和计算方法。

(3) 在上述各种单据、报表、账本的典型样品上或用附页注明制作单位、报送单位、存放地点、发生频度（如每月制作几张）、发生的高峰时间及发生量等。

(4) 在上述各种单据、报表、账册的典型样品上注明各项数据的类型（数字、字符）、长度、取值范围（指最大值和最小值）。

2) 绘制数据流程图的步骤

绘制数据流程图的一般步骤如下（图 4.12）。

(1) 首先画顶层的功能关联图即 0 级（顶层）的 DFD。关键是分析出外部实体有哪些。

(2) 画一级数据流程图。方法是：先将系统内部划分成几个主要的操作，并给它们编号，暂不考虑每个操作的内部情况；将每个操作看成是一个加工处理；分析每个操作的任务，确定输入、输出信息；用数据流和文件将相关的加工连接起来。

(3) 画二级数据流程图。二级 DFD 是对一级 DFD 每个数据处理过程的细化。绘制数据流程图的过程是系统分析的主要过程，同时也是一个多次反复的过程。一个数据流程图往往需要经过多次修改和讨论，才能最终确定。

4. 绘制数据流图的主要原则

(1) 明确系统界面。

(2) 自顶向下逐层扩展。

(3) 合理布局。

(4) 数据流程图的绘制过程，就是系统的逻辑模型的形成过程，必须始终与用户密切接触，详细讨论，不断修改，也要与其他系统建设者共同商讨以求一致意见。

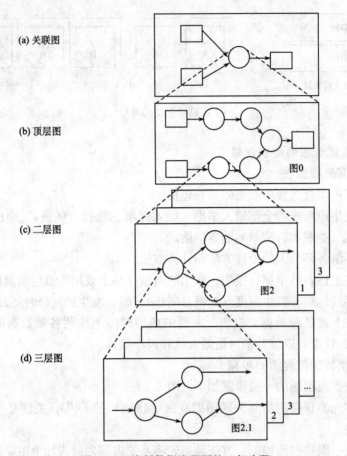

(a) 关联图

(b) 顶层图

图0

(c) 二层图

图2

(d) 三层图

图2.1

图 4.12　绘制数据流程图的一般步骤

5. 绘制数据流程图的注意事项

(1) 细化 DFD 时，外部实体具有相对性。

(2) 上下层关系要平衡，功能要一致。

(3) 数据流必须通过加工，有时是双向的。

(4) 对各层的数据处理要编号。

(5) 数据流程图划分的宗旨：不超过 7 层，一般 3～4 层即可。

(6) 数据存储环节一般作为两个加工环节的界面来安排。

(7) DFD 不是程序流程图，也不是控制结构图。

(8) DFD 先画草图，从上至下或从左至右，最后统一编号，得到完整的 DFD。

6. 绘制数据流程图举例

(1) 储户将填好的取款单、存折交银行，银行作如下处理：①审核并查对账目，将不合格的存折、取款单退回储户，合格的存折、取款单送取款处理；②处理取款，修改账目，将存折、利息单、结算清单及现金交储户，同时将取款单存档。

画出银行取款处理数据流程图。

第一步，画出顶层数据流程图，如图 4.13 所示。需要注意，现金是实物，不能作为数据流。

图 4.13　取款处理顶层 DFD 图

第二步，逐层分解加工，画出一层 DFD，如图 4.14 所示。

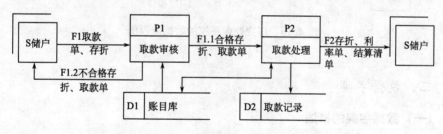

图 4.14　取款处理一级 DFD 图

（2）绘制订货处理系统的数据流程图。按照数据流程图的步骤，首先确定与本系统有关的外部实体——用户。绘制顶层的数据流程图，表示销售部门接到用户的订单后，根据库存情况决定向用户发货，如图 4.15 所示。

图 4.15　顶层数据流程图

然后，绘制一层的数据流程图。对顶层数据流程图的分解从"处理逻辑（加工）"开始，将"销售处理"分解为五个主要的处理逻辑。此外，根据具体情况还应该对低层数据流程图再进行细分和分解，并考虑处理过程中的例外情况，如图 4.16 所示。

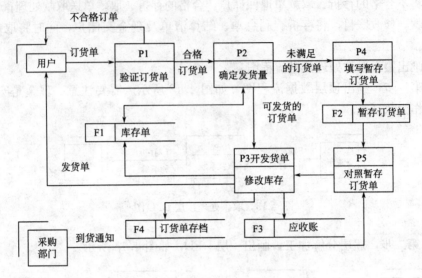

图 4.16　订货处理系统的数据流程图

二、数据字典

(一) 数据字典的概述

数据字典（data dictionary，DD）是对数据流程图中出现的所有数据元素给出定义。它和数据流配合较密切，能够清楚地表达数据处理的要求。数据流程图只给出了系统的组成及相互关系，但没有说明数据元素的含义。为使数据流程图上的数据流名字、加工名字和文件名字具有确切的解释，数据流中的名字应从数据项、数据结构、数据流、处理逻辑、数据存储和外部实体六个方面进行具体的定义，全体定义构成数据字典。数据流程图配以数据字典，就可以从图形和文字两个方面对系统的逻辑模型进行完整的描述。

数据字典是以特定格式记录下来的、对系统的数据流程图中各个基本要素（数据流、加工、存储和外部实体）的内容和特征所作的完整的定义和说明。它是结构化系统分析的重要工具之一，是对数据流程图的重要补充和说明。

(二) 数据字典条目

1. 数据项

数据项又称数据元素，是系统中最基本的数据组成单位，也就是不可再分的数据单位，如学号、姓名、成绩等。分析数据特性一般应从静态和动态两个方面进行。但在数据字典中，仅定义数据的静态特性，具体包括数据项的名称、编号、别名、简述、数据项的取值范围、数据项的长度和数据类型，如表 4.2 所示。

表 4.2 数据项定义

数据项编号	名称	别名	简述	类型	长度	取值范围
A003-001	库存量	数量	某零件的库存数量	字符	6 byte	0~999 999

再如表 4.3 所示，数据字典中对"职工姓名"数据项的描述。

表 4.3 数据项定义

数据项编号	数据项名称	别名	简述	数据类型	长度	取值范围
A001	职工姓名	姓名	本单位在职职工的身份证姓名	字符	6 byte	0~999 999

2. 数据结构

数据结构用以描述某些数据项之间的关系。一个数据结构可以由若干个数据项组成，也可以由若干个数据结构组成，还可以由若干个数据项和数据结构组成。在数据字典中对它们的定义包括名称、编号、简述、数据结构的组成。如表 4.4 所示的订货单就是由三个数据结构组成的数据结构，表中用 DS 表示数据结构，用 I 表示数据项。

表 4.4 数据结构定义

数据结构编号	数据结构名称	简述	数据结构组成
DS03-01	用户订货单	用户所填用户情况及订货要求等信息	DS03-02 * DS03-03 * DS03-04

数据字典中对数据结构的定义包括以下内容：数据结构的名称和编号、简述、数据结构的组成，如表 4.4 所示。

如果是一个简单的数据结构，只要列出它所包含的数据项即可。如果是一个嵌套的数据结构（即数据结构中包含数据结构），则需列出它所包含的数据结构的名称，因为这些被包含的数据结构在数据字典的其他部分已有定义，见表 4.5。

表 4.5 用户订货单的数据结构

DS03-01：用户订货单		
DS03-02：订货单标识	DS03-03：用户情况	DS03-04：配件情况
I1：订货单编号	I3：用户代码	I10：配件代码
I2：日期	I4：用户名称	I11：配件名称
	I5：用户地址	I12：配件规格

续表

DS03-01：用户订货单		
DS03-02：订货单标识	DS03-03：用户情况	DS03-04：配件情况
	I6：用户姓名	I13：订货数量
	I7：电话	
	I8：开户银行	
	I9：账号	

3. 数据流

数据流由一个或一组固定的数据项组成。定义数据流时，不仅要说明数据流的名称、组成等，还应指明它的来源、去向和数据流量等。在数据字典中对它的定义包括名称、编号、简述、数据流来源、数据流去向、数据流组成、数据流流通量、高峰期流通量，如表 4.6 所示。

表 4.6　数据流定义

数据流编号	数据流名称	简述	数据流来源	数据流去向	数据流组成	数据流流量	高峰期流量
F03-08	领料单	车间开出的领料单	车间	发料处理模块	材料编号＋材料名称＋领用数量＋日期＋领用单位	10 份/时	20 份/时（上午 9：00～11：00）

4. 数据处理

数据处理仅对数据流程图中最底层的数据处理加以说明。在数据字典中对它的定义包括数据处理名称、编号、简述、输入的数据流、处理（处理逻辑）、输出的数据流、处理频率，如表 4.7 所示。

表 4.7　数据处理

名称	编号	简述	输入的数据流	处理	输出的数据流	处理频率
计算电费	P02-03	计算应交纳的电费	数据流电费价格，来源于数据存储文件价格表；数据流电量和用户类别，来源于处理逻辑"读电表数字处理"和数据存储"用户文件"	确定该用户类别；确定该用户的收费标准，得到单价；单价和用电量相乘得该用户应交纳的电费	一是外部实体用户；二是写入数据存储用户电费账目文件	对每个用户每月处理一次

5. 数据存储

数据存储在数据字典中只描述数据的逻辑存储结构，而不涉及它的物理组织。在数据字典中对它的定义包括数据存储的编号、名称、简述、数据存储组成、关键字、相关联的处理。表4.8即为给出的一个数据存储定义的例子。

表4.8 数据存储定义

编号	名称	简述	数据存储组成	关键字	相关联的处理
F03-08	库存账	存放配件的库存量和单价	配件编号＋配件名称＋单价＋库存量＋备注	配件编号	P02，P03

6. 外部实体

外部实体包括外部实体编号、名称、简述以及有关数据流的输入和输出。在数据字典中对它的定义包括外部实体编号、外部实体名称、简述、输入的数据流、输出的数据流。表4.9即为给出的一个外部实体的例子。

表4.9 外部实体

编号	名称	简述	输入的数据流	输出的数据流
S03-01	用户	购置本单位配件的用户	D03-06，D03-08	D03-01

编写数据字典是系统开发的一项重要的基础工作。一旦建立并按编号排序之后，就是一本可供查阅的关于数据的字典，从系统分析一直到系统设计和实施都要使用它。在数据字典的建立、修正和补充过程中，始终要注意保证数据的一致性和完整性。

三、描述处理逻辑的工具

数据流程图中比较简单的计算性的处理逻辑可以在数据字典中作出定义，但还有不少逻辑上的比较复杂的处理，有必要运用一些描述处理逻辑的工具来加以说明。下面简要地介绍描述逻辑判断功能的三种工具。

（一）结构化语言

结构化语言是介于自然语言与程序设计语言之间的一种人造语言，因而较严谨，不死板，易于使用、理解和交流。

1. 结构化语言使用的词汇和语句

结构化语言使用的词汇有三类：①陈述句中的动词；②在 DD 中已定义的名

词，如数据流名、文件名等；③一些保留字。

结构化语言使用的语句只有以下三类：①简单的陈述句；②判断语句；③循环语句。

结构化语言中可以使用上述三种语句的复合（即嵌套）。

2. 结构化语言的结构

结构化语言有三种结构，即顺序结构、选择结构和循环结构。

（1）顺序结构由一组有序的陈述句组成。

（2）选择结构与程序设计语言类似，结构化语言也有 IF-ENDIF、IF-ELSE-ENDIF、DOCASE-ENDCASE 等选择结构。

```
①IF<条件>                    例如，IF 成绩<60
      动作 A                        参加补考
   ENDIF                         ENDIF
②IF<条件>                    例如，IF 工作时间为 8～16 时
      动作 A                        日班组值班
   ELSE                          ELSE
      动作 B                        夜班组值班
   ENDIF                         ENDIF
③ DO CASE                    例如，DO CASE
      CASE <条件 1>               CASE 选票上写 "A"
         动作 A                       张三加一票
      CASE<条件 2>                CASE 选票上写 "B"
         动作 B                       李四加一票
      ……                          ……
      OTHERWISE                   OTHERWISE
         动作 N                       选票作废
   ENDCASE                       ENDCASE
```

（3）循环结构是在一定条件下重复执行某动作的结构。

```
DO WHILE<条件>
   动作
ENDDO
```

例如，DO WHILE 全班每个学生
```
      计算总分
      计算平均分
      输出总分和平均分
   ENDDO
```

(二) 决策树

如果一个加工中决策或判断的步骤较多，则使用结构化语言时，语句的嵌套层次太多，不便于基本加工的逻辑功能的清晰描述。决策树又称判断树，是一种图形工具，适合于描述加工中具有多个策略而且每个策略与若干条件有关的逻辑功能。结构化分析中所用的图形工具决策树都是这样的：左边结点为树根，称为决策结点；与决策结点相连的称为方案枝（或称条件枝）；最右方的方案枝（条件枝）的端点（即树梢）表示决策结果，即所采用的策略；中间各结点为分段决策结点。

例如，图 4.17 是一个用于根据期末成绩和平时作业完成情况确定总评成绩的决策树。

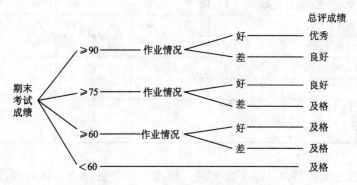

图 4.17　根据期末成绩和平时作业完成情况确定总评成绩的决策树

(三) 决策表

在基本加工中，如果判断的条件多，各条件又相互组合，相应的决策方案较多，在这种情况下用决策树来描述，则树的结构比较复杂，图中各项注释也比较烦琐。决策表又称判断表，为描述这类加工逻辑提供了表达清晰、简洁的手段。决策表也是一种图形工具，呈表格形。决策表共分四大部分，如表 4.10 所示。左上角为各种条件，左下角为各种决策方案，右上角为条件状态的组合，右下角为相应条件组合下与决策方案对应的规则。

表 4.10　决策表的组成

条件	条件状态组合
决策方案	决策规则

决策表的编制，首先要明确加工的功能与目标，然后要识别影响决策的各项因素（条件），列出这些因素可能出现的状态，并制定出决策的规则。

1. 初始决策表

例如，某商业公司的销售策略规定，不同的购货量、不同的顾客可以享受不同的优惠。具体办法是：年购货额在 5 万元以上且最近无欠款的客户可享受15%的折扣；若近 3 个月有欠款，但是本公司 10 年以上的老顾客，可享受 10%的折扣；若不是老顾客，则只有 5%的折扣，而年购货额不足 5 万元者无折扣。用决策表描述如表 4.11 所示。

表 4.11　销售策略初始决策表

项目	1	2	3	4	5	6	7	8
C1：购货 5 万元以上且最近无欠款	Y	Y	Y	Y	N	N	N	N
C2：最近 3 个月有欠款	Y	Y	N	N	Y	Y	N	N
C3：10 年以上的老顾客	Y	N	Y	N	Y	N	Y	N
A1：折扣率 15%	√	√						
A2：折扣率 10%			√					
A3：折扣率 5%				√				
A4：无折扣					√	√	√	√

本例有三个条件（C1、C2、C3），构成八种条件组合，共有四种决策方案（A1、A2、A3、A4）。表 4.11 中右下角"√"表示对应于每种条件组合应采取的行动。例如，对应于条件 C1、C2、C3 都成立时（用"Y"表示），应采取行动 A1。

2. 决策表的优化

初始决策表中有些条件组合可能是矛盾的，应予删除；有些条件组合可以合并，例如，表右栏第 1、2 列的两种条件组合所采取的动作是一样的（只要 C1、C2 成立可以不考虑 C3），可以合并。同样，第 5、6、7、8 栏也可以合并。合并后的决策表如表 4.12 所示。

表 4.12　销售策略优化决策表

项目	1	2	3	4
C1：购货 5 万元以上且最近无欠款	Y	Y	Y	N
C2：最近 3 个月有欠款	Y	N	N	—
C3：10 年以上的老顾客	—	Y	N	—
A1：折扣率 15%	√			

续表

项目	1	2	3	4
A2：折扣率 10%		√		
A3：折扣率 5%			√	
A4：无折扣				√

注：表中"—"表示不考虑该条件。

■ 第四节　新系统逻辑方案的建立

系统分析成果一是确定新系统的逻辑方案，二是形成书面材料——系统分析报告。

一、确定新系统的逻辑方案

新系统逻辑方案的内容包括以下几个方面。

1. 确定新系统的业务流程

新系统的业务流程是业务流程分析和优化重组后的结果，包括以下内容：原系统的业务流程的不足及其优化过程；新系统的业务流程；新系统业务流程中哪些由计算机系统来完成、哪些由用户来完成。

2. 确定新系统的数据流程

新系统的数据流程是数据流程分析的结果，包括下列内容：原数据流程的不合理之处及优化过程；新系统的数据流程；新系统数据流程中哪些由计算机系统来完成、哪些由用户来实现。

3. 确定新系统的逻辑结构

新系统的逻辑结构即新系统中的子系统划分。

4. 确定新系统中数据资源的分布

确定新系统中数据资源的分布即确定数据资源如何分布在服务器或主机中。

5. 确定新系统中的管理模型

管理模型是系统在每个具体管理环节上所采用的管理方法。在老的手工系统中，由于受信息获取、传递和处理手段的限制，只能采用一些简单的管理模型，而在计算机技术的支持下，许多复杂的计算在瞬间即可完成。在管理信息系统的系统分析中，就要根据业务和数据流程的分析结果，对每个处理过程进行认真分析，研究每个管理过程的信息处理特点，找出相适应的管理模型，这是使管理信息系统充分发挥作用的前提。

管理科学的发展在管理活动的各个层次、各个环节都形成了较为成熟的管理方法和定量化的管理模型，为管理信息系统的应用创造了条件。在一个具体系统中，应当采用的模型则必须由前一阶段的分析结果和有关管理科学的状况所决定，因而并无固定模式。但管理作为一门科学，仍是有规律可循的，常用的管理模型主要有综合计划模型、生产计划管理模型、库存管理模型、财务成本管理模型、统计分析与预测模型。

由于管理模型是一个广义的概念，涉及管理的方方面面，同时不同单位由于环境条件各不相同，对管理模型也会有不同的要求，在系统分析阶段必须与用户协商，共同决定采用哪些模型。

二、形成系统分析报告

系统分析报告又称系统说明书或逻辑设计说明书，它反映了系统调查与分析阶段的全部情况，是系统分析阶段的成果与工作总结，也是系统分析阶段的重要文档，是系统分析阶段的最终结果——新系统的逻辑模型。用户可以通过系统分析报告来验证和认可新系统的开发策略和开发方案，而系统设计人员可以用它来指导系统设计工作和以后的系统实施。此外，系统分析报告还可以用来作为评价项目成功与否的标准。系统分析报告主要包括以下内容。

1. 概述

简要说明新系统的名称、主要目标及功能、新系统开发的有关背景以及新系统与现行系统之间的主要差别。

2. 现行系统概况

用本章介绍的一些工具，如组织结构图、功能体系图、业务流程图、数据流程图、数据字典等，详细描述现行组织的目标，现行组织中信息系统的目标，系统的主要功能、组织结构、业务流程等。另外，各个主要环节对业务的处理量、总的数据存储量、处理速度要求、处理方式和现有的各种技术手段等，都应作一个扼要的说明。

3. 系统需求说明

在掌握现行系统真实情况的基础上，针对系统存在的问题，全面了解组织中各层次的用户就新系统对信息的各种需求。

4. 新系统的逻辑方案

根据原有系统存在的问题，明确提出更加具体的新系统目标。围绕新系统的目标，确定新系统的主要功能划分、系统的各个层次数据流程图、新系统的数据字典等，并与原有系统进行比较。

5. 系统开发资源与时间进度估计

为了使有关领导在阶段审查中获得更多的关于开发费用和开发工作量以及所需开发资源的信息，同时也便于对系统开发工作进行管理，要在当前基础上，对开发所需费用、资源和时间作进一步的估算。

➤案例

某企业物资管理系统的分析

在一般的工业企业中，物资管理是企业管理信息系统中很重要的一个子系统，该系统的主要目标是保证生产急需的原材料能够及时、保质、保量地供应到位。由于原材料的种类、规格、型号繁多以及物资出入库频繁，仓库每天需要处理大量的信息。在手工条件下，不能及时给出所有原材料的实际库存量，这就造成了物资管理部门采购生产所需的原材料时容易产生生产急需、仓库有缺料的原材料没有及时采购，生产不需要或不急需、库存量又大的原材料反而采购了等问题，从而出现一方面某些原材料短缺，另一方面某些原材料又积压在库的现象。

当然，出现这种现象的原因不仅在于物资管理部门对实际库存掌握不准，还有其他各种因素。

（1）突发性需求。企业接受一项紧急订货后，为安排紧急订货的生产所需的原材料是一种突发性需求。

（2）工艺更新。技术部门在更改生产工艺、采用新材料时，造成某些原材料的积压和短缺；生产过程中的返工、报废，也会造成原材料的短缺。

（3）管理模式。若依据年度生产计划或凭经验编制物料需求计划，就容易发生原材料在数量上或时间上与生产系统脱节，造成原材料短缺或积压。

（4）原材料占用企业大量的流动资金。原材料的结构性超储和短缺是造成企业流动资金紧张、资金周转不灵的主要原因，严重影响企业的生产和经营活动。开发计算机物资管理系统，动态反映生产所需原材料的采购、库存信息，保证合理库存，降低库存水平，可以有效减少库存资金占用。据统计，采用计算机物资管理系统可以降低库存资金占用20％以上，会取得明显的经济效益。通过对原材料收、发、存信息的统计分析，可以方便地实现手工条件下无法实现的各种统计分析，为管理决策提供有效信息，提高管理水平。

综上所述，开发计算机物资管理系统可以有效提高物资管理水平、降低库存、减少资金占用，是建立企业管理信息系统的突破口。

一、系统调查

（一）组织结构

一般工业企业，其物资管理是由计划编制、采购、仓库与统计等职能部门组成的，如图4.18所示。

计划编制部门主要负责物资需求计划和物资采购计划的编制；采购部门主要负责物资的订购、采购及合同管理；仓库部门负责物资的收、发、存管理；统计

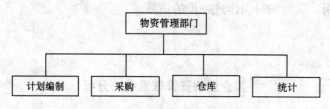

图 4.18　某企业物资管理部门组织结构图

部门负责有关统计数据的收集、计算和分析，编制有关统计报表。

不同企业物资管理的组织结构可能不尽相同，但其管理职能是基本相同的。

（二）业务流程

物资管理系统的业务内容包括：物料需求计划的制定，采购计划的编制；采购合同的编制；采购合同的签订与执行；物资出入库登记；库存管理与分析；材料消耗的统计与分析；报表编制。其业务流程如图 4.19 所示。

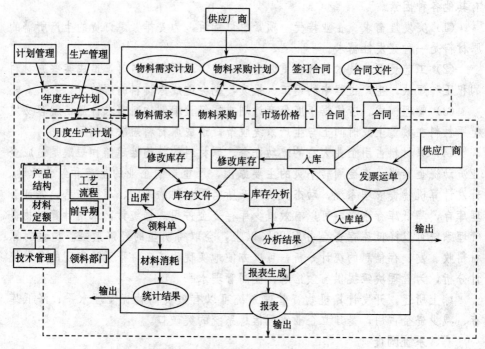

图 4.19　物资管理系统的业务流程图

（1）物资管理系统的第一项工作，是根据生产计划和产品材料定额编制物料需求计划。

（2）在考虑现有实际库存量、合同预计到货量及订货提前期的基础上，编制物料采购计划。

（3）根据市场价格、供应厂商信息，选择供应厂商，签订供货合同，汇集整理合同文档。

（4）据此检查合同执行情况。

（5）供应厂商根据合同将物料发运到厂时，仓库根据发票、运单等按照合同规定验收入库。

（6）修改库存情况。

（7）记录合同执行结果。

（8）在生产过程中，领料部门凭领料单到仓库领用。

（9）仓库按领料限额发给物料，使物资管理系统最基本的功能得以实现。

（10）根据收、发料单进行库存分析、物资消耗的统计与分析、编制统计报表等，以满足企业管理的需要。

二、分层数据流图

根据系统调查的结果，得出物资管理系统的分层数据流程图。

（一）顶层数据流图

图 4.20 给出了物资管理系统的顶层数据流图。该图中描述系统的外部项，输入端的外部项中计划部门向系统提供年度生产计划，生产部门提供月度生产计划及用料计划，技术部门提供产品结构、工艺流程、材料定额等数据，供应商提供供货合同、发票、运单等系统运行后将采购情况传送到财务部门，将统计分析结果报上级领导，同时将产生的报表报送行政主管。

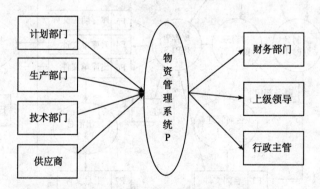

图 4.20 物资管理系统的顶层数据流图

（二）一层数据流图

物资管理系统的一层数据流图如图 4.21 所示。该图是对顶层数据流图分解的结果，反映了物资管理系统的采购管理、库存管理和统计分析三个主要功能。它们之间通过数据流有机地联系在一起，体现了数据的流动关系。

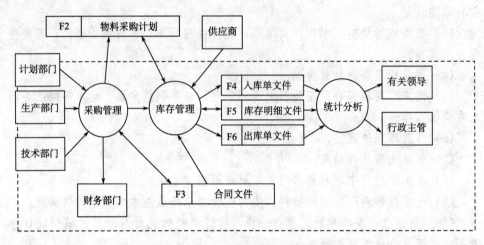

图 4.21 物资管理系统的一层数据流图

（三）二层数据流图

对图 4.21 中的采购管理、库存管理及统计分析等加工过程进一步分解，得出二层数据流图，如图 4.22、图 4.23 所示。

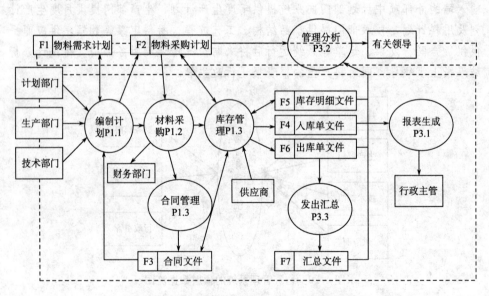

图 4.22 采购管理和统计分析的二层数据流图

（四）三层数据流图

对二层数据流图进行分解与细化，得到物资管理系统的三层数据流图。图 4.24 给出了采购管理的三层数据流图，该图是编制计划的进一步分解。

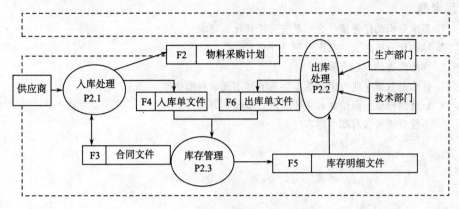

图 4.23 库存管理的二层数据流图

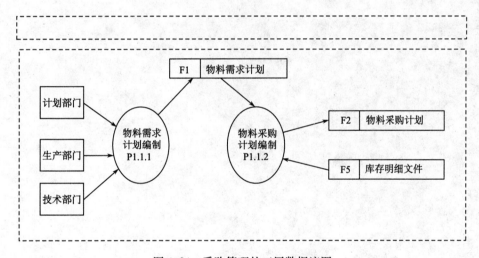

图 4.24 采购管理的三层数据流图

➢ 问题与讨论

1. 你认为该案例中所建立的逻辑模型合理吗？为什么？
2. 物资管理系统分析阶段还应该做哪些工作？

➢ 本章小结

本章首先详细阐述了为完成系统分析阶段的任务所使用的典型的结构化分析方法和工具；然后，以实例形式展示了系统分析的全过程及结果，以帮助理解掌握分析工作中的难点和重点；最后，给出了系统分析的成果——系统分析说明书的标准书写格式。要求读者灵活运用结构化的系统分析工具建立系统的逻辑模型，为下一阶段的系统设计打下基础。

➤ 思考题

1. 系统分析的任务是什么？系统分析有什么要求？
2. 结构化分析方法的基本原理是什么？
3. 详细调查的内容有哪些？
4. 什么是数据字典？组成数据字典的基本元素有哪些？
5. 试述数据流程图绘制的主要原则、步骤和方法。
6. 系统分析报告有哪些内容？

第五章

系统设计

➤本章导读

　　管理信息系统设计阶段的主要目的是将系统分析阶段所提出的反映了用户信息需求的系统逻辑方案转换成可以实施的基于计算机与通信系统的物理（技术）方案。

　　这一阶段的主要任务是从管理信息系统的总体目标出发，根据系统分析阶段对系统逻辑功能的要求，并考虑到经济、技术和运行环境等方面的条件，确定系统的总体结构和系统各组成部分的技术方案，合理选择计算机和通信的软、硬件设备，提出系统的实施计划，确保总体目标的实现。

　　系统设计是在系统分析的基础上由抽象到具体的过程，是新系统的物理设计阶段。在系统设计阶段，要着重解决"如何做"的问题，也就是根据系统分析阶段所确定的新系统的逻辑模型和功能要求，在用户提供的环境条件下，设计出一个能在计算机网络环境中实施的方案，即建立新系统的物理模型。系统设计任务包括确定所需硬件资源、子系统的划分（系统模块结构图）、模块设计说明、代码设计、数据库文件设计、输入输出设计、流程设计等。编程人员将以系统设计方案为依据，编制满足功能要求的应用软件。

➤学习目的

　　理解系统设计的目的、任务、设计内容和依据；

　　理解结构化系统设计的基本原则，掌握基本设计方法；

　　熟练使用模块设计方法、数据库设计方法、代码设计方法、输入输出设计方法等设计物理系统；

　　掌握系统分析说明书的书写格式。

第一节 系统设计概述

一、系统设计的依据

系统设计时，应依据系统分析的成果、现行技术、现行的信息管理与技术标准、用户需求、系统运行环境等五个方面进行设计。

二、系统设计的原则

在系统设计中，应遵循以下原则。

1. 合法性原则

企业是市场经济的基本组成单位，企业的再生产经营活动是整个社会再生产经济活动的组成部分。因此，企业的经济活动必须符合社会经济发展的需要，符合国家颁布的法律、法规和制度的要求。合法性指的是管理信息应符合现行的企业管理制度和其他相关法规的规定。它包含两层含义：一是符合企业管理制度等微观法律、法规的要求；二是符合宏观管理的需求。

2. 整体性原则

整体性是系统的最基本特征之一，系统的整体性要求从整个系统的角度考虑系统的设计。系统的代码要统一，设计规范要标准，传递语言要尽可能一致，对系统的数据采集要做到数出一处、全局共享，使一次输入得到多次利用。

3. 适应性原则

为保持系统的长久生命力，要求系统具有很强的环境适应性，为此，系统应具有较好的开放性和结构的可变性。在系统设计中，应尽量采用模块化结构，提高各模块的独立性，尽可能减少模块间的数据耦合，使各子系统间的数据依赖减至最低限度。这样，既便于模块的修改，又便于增加新的内容，提高系统适应环境变化的能力。

4. 可靠性原则

可靠性是指管理信息系统保证提供正确管理、决策和经营信息的能力。一个成功的管理信息系统必须具有较高的可靠性。

5. 安全性原则

安全性是指系统防止企业信息被泄露和被破坏的能力。企业信息安全的威胁可以分为两类：一是泄露；二是破坏。因此，系统的安全性指的是系统设置安全保护措施，防止信息的泄露和破坏。安全性和可靠性既有联系又有区别，联系是指它们都是系统中的一些设置，防止信息的泄露和破坏；区别是指可靠性主要防止系统产生不准确的信息，而安全性指防止已生成的信息被泄露和破坏。

6. 经济性原则

经济性指在满足系统需求的前提下，尽可能减少系统的开销。一方面，在硬件投资上不能盲目追求技术上的先进，而应以满足应用需要为前提；另一方面，在系统设计中应尽量避免不必要的复杂化，各模块应尽量简洁，以便缩短处理流程，减少处理费用。

三、系统设计的内容

系统设计是解决"如何做"的问题，即建立新系统的物理模型，其工作内容包括系统的总体设计和详细设计。从系统分析的逻辑模型设计到系统设计的物理模型设计，是一个由抽象到具体的过程，有时并没有明确的界限，甚至可能有反复。

概括而言，系统设计包含如下内容。

（1）系统总体设计：①系统总体布局方案的确定；②软件系统总体结构的设计；③计算机硬件方案的选择和设计；④数据存储的总体设计。

（2）详细设计：①代码设计；②数据库设计；③输出设计；④输入设计；⑤用户界面设计；⑥处理过程设计；⑦安全可靠性设计。

（3）系统实施进度与计划的制定。

（4）编写"系统设计说明书"。

■ 第二节 系统总体设计

一、结构化设计概述

（一）系统结构化设计的概念

系统总体设计的首要任务是在分析信息系统的构成及其内部联系的基础上，从系统职能的角度，确定管理信息系统的子系统和模块划分。现代企业管理信息系统复杂的结构和巨大的数据处理量以及复杂的处理流程，使得管理信息系统的建立不是一日之工。就系统的建立原则而言，一般遵循"建立总体规划，分步实施"的策略。按职能划分子系统和功能模块是实施这一策略的基础。因此，系统开发时首先要分析一个系统的职能构成，按照"总体规划，分步实施"的思想，分析各职能模块之间的联系，分期、分批、分步实施。

我们采用系统结构化设计方法（SD方法）来表示、描述子系统的划分。SD方法是由美国IBM公司的 W. Stevens、G. Myers 和 L. Constantine 等提出来的。这种方法在设计系统时重视系统结构分析，强调系统模块、数据、功能结构以及它们之间的数据接口，运用一套标准的设计准则和工具，采用模块化的方法进行系统结构设计。系统结构化设计方法适用于管理信息系统的总体设计，在实际应用中，我们常把系统分析阶段的结构化分析与实施阶段中的结构化程序设计方法前后衔接起来使用。结构化设计思想对系统的研制开发和使用十分重要。

首先，它有利于合理组织和使用各职能子系统所需信息，设计出既能满足子系统需要，又结构合理、存取方便、冗余度低的高效管理数据库，提高系统整体效率。

其次，它有助于提高系统的适应性和实用性。适应性包括可移植性、可扩充性、可维护性等。

再次，它有助于提高整个系统的可靠性。因为如果系统的某一环节、模块出现错误，那么它影响的仅仅是其相应的子系统或模块，恢复也相对容易，而且也不会对整个系统产生较大的影响。因此，一个好的模块划分能大大减少系统出错的可能。

最后，按职能划分管理信息系统也有助于提高系统的通用化程度。

(二) 结构化设计的基本思想

结构化设计的基本思想是采用分解的方法，将系统设计成由相对独立、功能单一的模块组成的结构，它以系统的逻辑功能和数据流关系为基础，根据流程图和数据字典，采用标准的设计准则和图表工具，通过自上而下和自下而上的反复，把系统划分为多个大小适当、功能明确、具有独立性的模块，从而把复杂系统的设计转变为多个简单模块的设计。

我们可以根据系统功能模块结构图最后一层的功能模块是否具有独立性来判断系统功能是否被充分地分解。所谓模块独立性指的是每个模块只能完成一个相对独立的特定子功能，与其他模块之间的关系很简单，且没有过多的相互作用。模块的独立性之所以很重要，主要原因有两条：第一，模块化（即具有独立的模块）设计的软件比较容易开发出来，而且特别适合许多人分工合作开发同一个软件；第二，独立的模块比较容易测试和维护。相对来说，修改独立的模块需要的工作量比较小，错误传播范围也比较小，需要扩充功能时比较容易"插入"模块。总之，模块独立是做好设计的关键。

二、系统总体设计

(一) 新系统总体结构的设计

新系统总体结构设计即绘制功能模块结构图及设计接口。总体规划和系统分析中子系统的划分实际上是定义了系统的总体功能，为了能够真正实现系统分析中所定义的总体功能，系统往往还要向下分解为若干个子系统，这些子系统继续分解，直至最小的基层单位即程序模块。从整体上讲，上层功能包括下层功能，下层功能是上层功能的具体体现，上层功能抽象而下层功能具体。功能模块的分解过程就是一个由抽象到具体、由复杂到简单的逐步具体化的过程。我们可以用图 5.1 表示系统功能模块结构的这种分解过程。

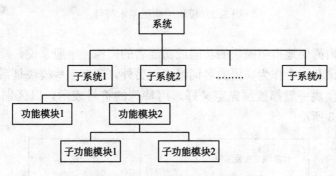

图 5.1 系统功能模块结构示意图

1. 软件系统的总体结构设计任务

软件总体结构设计的主要任务就是应用 SD 方法，将整个系统合理地划分为各个功能模块，正确地处理模块之间与模块内部的联系以及它们之间的调用关系和数据联系，定义各模块的内部结构，等等。

2. 基本概念

要进行新系统总体软件结构设计即功能模块设计，首先，我们要了解与之相关的一些基本概念。

1) 模块结构图

模块经过"自顶向下"的逐层分解，把一个复杂系统分解成几个大模块（或子系统），每个大模块又分解为多个更小的模块。这样就得到具有层次结构的模块结构，可以称之为模块结构图（moduler structured chart）。模块结构图反映了系统的组成及相互关系。

（1）模块结构图的组成。模块结构图由一组特殊的符号图形按照一定规则来描述系统的整体特性。衡量一个模块结构图的复杂程度的两个基本指标是深度和宽度。其中，模块结构图中模块的层数被称为结构图的深度，某一层次中模块的个数被称为该层的宽度，最大的宽度被称为模块结构图的宽度。

模块结构图由模块、调用、数据、控制、循环和处理等基本符号组成，如图 5.2 所示。

• 模块。模块结构图中用矩形来表示一个模块，其中标有模块的名称，也

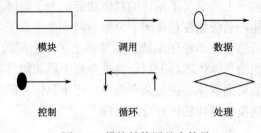

图 5.2   模块结构图基本符号

可以在矩形内简要地指明模块的功能或功能名的简称。一般来说，模块的名称至少由一个动词和一个作为宾语的名词组成。另外，还有一些模块是系统中的公用模块，这些模块一般都被预先定义好，用特殊的符号表示，以区别于一般的模块，如图 5.3 所示。

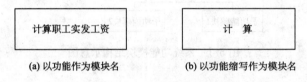

(a) 以功能作为模块名   (b) 以功能缩写作为模块名

图 5.3   模块的表示

模块是一个"具有四种属性的一组程序语句，这四种属性分别是输入/输出、逻辑功能、运行程序、内部数据"。一个模块的输入来源和输出去向应该是同一个调用者，也就是说，这一模块从调用者那里获得输入，然后再把产生的数据返回给调用者；模块的逻辑功能表达了把输入转换为输出的处理功能；内部数据指的是模块自身所携带的数据；运行程序指的是如何用程序实现处理转换的逻辑功能。在系统设计阶段，我们仅仅关注输入/输出和逻辑功能这两个属性，明确描述每一个模块的输入、输出和加工的具体内容。

• 调用。两个模块用连接箭头表示调用，箭头总是由调用模块指向被调用模块。多层的模块调用自然形成了多层的模块结构图。模块间的调用关系有三种：直接调用、选择调用和重复调用。

直接调用。这是一种最简单的调用模式，指一个模块无条件地调用另一个模块，如图 5.4 所示。在该图中，模块 A 直接调用模块 B。

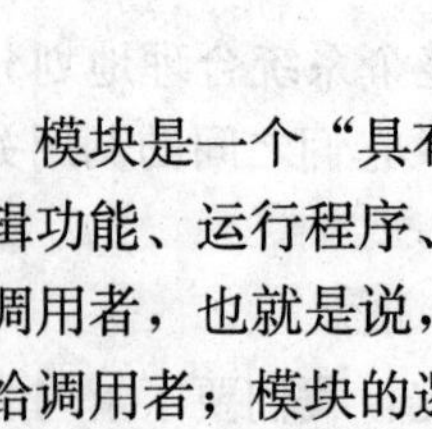

选择调用，也称为条件调用。如果一个模块是否调用另一个模块取决于模块内某个先置条件，那么我们把这种调用称为选择调用。用菱形符号表示根据条件满足情况决定调用哪一个模块，如图 5.5 所示。

图 5.4   模块间直接调用

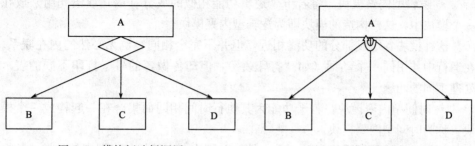

图 5.5　模块间选择调用　　　　　图 5.6　模块间重复调用

重复调用，也称循环调用。如果一个模块内部存在一个循环过程，每次循环过程均需调用一个或几个模块，那么我们称这种调用为重复调用或循环调用，如图 5.6 所示。它表示模块 A 对模块 B、C、D 的多次反复调用，而不是只调用一次。

（2）模块调用说明。MSC 表示模块的组成结构及模块间的调用关系，为了使系统结构设计比较合理，在进行模块分解设计、绘制 MSC 的过程中，应遵循以下几项原则：①模块间的调用关系符合军事调度原则，即每个模块有自己独立的功能，但只有在上级模块的命令下达时才能执行；②模块之间的通信只限于其上、下级之间，任何模块都不能越级或与平级模块直接发生通信关系。模块间的通信主要有两种，一是数据传递，二是控制信息传递。

2）模块的独立性

所谓模块的独立性，是指软件系统中每个模块只涉及软件要求的具体的子功能，而和软件系统中其他模块的接口是独立的。例如，若一个模块只具有单一的功能，且与其他模块没有太多的联系，那么我们称此模块具有模块独立性。

（1）模块内聚。一个内聚程度高的模块应当只完成软件过程中一个单一的任务，而不与程序的其他部分的过程发生联系。也就是说，一个内聚性高的模块（在理想情况下）应当只做一件事。一般来说，模块的内聚性分为七种类型，从低到高依次如下。

• 偶然型内聚模块。如果把若干个毫无联系的成分（语句或语句组）硬性地凑在一起，组成一个模块，那么这种模块就称为偶然型内聚模块。

FoxPro 中的过程文件就是偶然型内聚模块，模块中各子程序间无任何联系，只是为了提高程序运行速度（减少读盘次数）才把它们放在一起。但是，作为一个整体，这种模块的缺点是明显的：①含义不易理解，难以为它进行适当的命名。显然，这种模块难以测试。②调用复杂。在调用它时，必须对其设置专门的"开关"，增加了问题的复杂性。③不易修改。

• 逻辑型内聚模块。将若干个逻辑功能相似的成分（语句或语句组）放在一个模块中，这样构造的模块即为逻辑型内聚模块。

这种模块各组成部分的功能相近，但并不完全相同，也无必然的内在联系。在运行中共用同一个动词（如"打印表"），但却各做各的事（打印不同的表），处理不同的问题。

• 时间型内聚模块。若干功能因其执行时间相同而集合在一起构成一个模块，称为时间型内聚模块。

例如，会计核算系统中的"月末结转"模块，它要做各数据库的结转、数据的备份等工作，这些工作都要在月末一个有限的时间内完成。再如，系统中"初始化"、"结束"等模块也属于这种类型。

上述类型的模块，内聚力都很弱，因为块中的成分没有共用数据。

• 过程型内聚模块。若干项功能因逻辑上需要顺序执行而集合在一起构成的模块，称为过程型内聚模块。

使用流程图作为工具设计程序时，常常通过流程图确定模块划分。把流程图中的某一部分划出组成模块，就得到过程型内聚模块。例如，把流程图中的循环部分、判定部分、计算部分分成三个模块，这三个模块都是过程型内聚模块。这类模块的内聚程度比时间型内聚模块的内聚程度更强一些。另外，因为过程型内聚模块仅包括完整功能的一部分，所以它的内聚程度仍然比较低，模块间的耦合程度也比较高。

• 通信型内聚模块。通信型内聚模块中的所有操作都集中在同一个数据区，但并不规定各处理成分的执行顺序。

• 顺序型内聚模块。是指模块中一个成分的输出是另一个成分的输入。这种模块中加工的执行是有序的，各成分之间的关系也较紧密，它非常接近于问题的结构，其内聚程度较高。

这种模块也有弱点，因为它包含多个功能，这就降低了模块的独立性，也给维护工作带来了困难。改进的办法是分解模块，使一个模块仅具有一种功能。

• 功能型内聚模块。一个模块仅包含一种单一功能，就是说它所包含的所有成分都是为完成某一个具体任务的，这样的模块称为功能型内聚模块。

功能型内聚模块具有定义得很清楚的界面，其内部成分之间联系紧密，但同其他模块之间的联系较弱。一个功能型模块可以单独地被理解或进一步设计和编程，这种模块也易于测试和维护。

SD 方法的目标是构造出功能型模块。

（2）模块耦合。耦合性是程序结构中各个模块之间相互关联的度量。它取决于各个模块之间接口的复杂程度、调用模块的方式以及哪些信息可以通过接口。一般模块之间可能的连接方式有六种，构成耦合性的六种类型，从低到高依次如下。

· 非直接耦合。如果两个模块之间没有直接关系，它们之间的联系完全是通过主模块的控制和调用实现的，那么这就是非直接耦合。这种耦合的模块独立性最强。我们的目标是使模块间耦合降低到最低程度。

· 数据型耦合。在两个模块间往返传递的只有数据（或变量或记录或文件），这种耦合称数据型耦合。

数据型耦合在模块间只有数据传输，模块接口简单。在不可避免的耦合中，其耦合力是最低的，因此也是较理想的耦合。

· 控制型耦合。调用模块把控制信息传递给被调用模块，被调用模块的工作情况与该控制信息有关。

· 外部型耦合。当模块受外部环境的约束时就会发生外部型耦合。

· 公共型耦合。当两个以上模块引用同一个全程数据时，就会发生公共型耦合。

公共型耦合是一种不理想的耦合，它主要存在以下问题：①公用数据无保护，随时可能受到破坏，导致所有有关模块出错；②容易滥用公共数据域，因为不同的模块各自要求不同类型的数据，这给维护工作带来了很大困难；③要修改一个模块，很难确定哪些数据必须予以修改；同样，要修改一项数据，也难以确定哪些模块必须修改。

例如，要将公共数据域中的一条记录由 20 个字节改为 30 个字节，但不确定这将涉及哪些模块，这时，可能要把有关的，甚至所有的模块都测试一遍后才能确定。因此，最好不要设计公共型耦合的模块结构。

· 内容型耦合。当一个模块使用另一个模块内部的数据或信息时，或者转移进入另一个模块中时，就会产生模块间的内容型耦合。这是耦合力最大的块间耦合，应当避免使用。

3. 模块结构设计的主要原则和辅助设计的原则

模块结构设计是管理信息系统总体设计的重要内容，为了使所设计的系统有合理的结构和良好的维护性，模块结构设计除了应遵循"高内聚，低耦合"的主要原则外，还要遵循如下一些辅助设计原则。

（1）扇入扇出要适当。扇入越大，则共享该模块的上级模块数目越多，这是有好处的；扇出大意味着模块过分复杂，需控制和协调过多的下级模块，这时应适当增加中间层次的控制模块；设计得好的系统结构应是：顶层扇出较高，中层扇出较小，底层扇入较大。

（2）模块的作用域应在控制域之内。

作用域：是指受这个模块的判定所影响的模块集合。

控制域：是指模块本身加上其下级模块的集合。

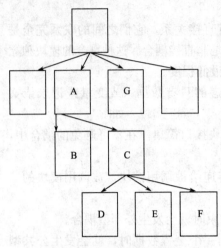

图 5.7 模块结构图

例如，图 5.7 所示的模块结构图。

a. 若 A 的判定只影响 B，则 A 的作用域为 B。

若 A 的控制域为 B、C、D、E、F，则 A 作用域在控制域之内。

b. 若 A 的判定在影响 B 的同时还影响 G，则 A 的作用域为 B、G。

若 A 的控制域为 B、C、D、E、F，则 A 的作用域不在控制域之内。

（3）保证接口简单和一致性。

（4）消除重复性功能。

（5）设计单入口、单出口模块。

（6）模块大小控制在 100 个语句左右，亦即一页纸可打得下的范围内，以便于将来调试。

4. 模块结构图设计方法

SD 设计方法以 DFD、DD 为基础，从 DFD 以及 DD 中给出的加工逻辑描述导出初始模块结构图，然后根据模块设计原则，对初始模块结构图进行优化，得到最后的模块结构图（MSC）。

1）DFD 与 MSC 间的关系分析

DFD 与 MSC 都是对系统的功能描述，前者作逻辑描述，后者作物理描述，但它们都描述了系统把输入数据转换为输出数据的转换功能。这是它们的共同点，也说明两者间有必然的联系。

DFD 与 MSC 所用基本模型相同。DFD 是从系统的高度抽象模型出发，经对加工（即对数据的处理功能）的层层分解而得到一个多层次的立体构造。它的每一个完整层都是对系统全部数据处理功能的描述，每一个加工都描述一个数据变换过程。

MSC 也是以系统的高度抽象模型（黑箱）为出发点，经对黑箱（系统或子系统）的层层分解而形成的一个平面树。MSC 是系统全部功能的描述，其中的每一个模块都是一个数据处理过程。

DFD 的主体是加工，每个加工完成各自的由输入数据流到输出数据流的转换，全部加工的功能集合就是系统的数据处理功能。MSC 的主体是模块，每个模块都完成各自的对输入数据的处理，并输出处理结果（注意：模块间的控制信息只是为了协调模块间的关系）。全部模块的数据处理功能的集合就是系统的功能。可见，DFD 与 MSC、加工和模块都是执行对输入数据的转换，得到输出数据功能的。两者有必然的内在联系，加工与模块间也有对应关系。

2）DFD 的类型分析

要把 DFD 转换为 MSC，首先要确认 DFD 的类型，因为不同类型的 DFD 的转换方法有所不同。DFD 形态各异，变化多端。但经仔细分析可以发现，DFD 实际上只有两种基本类型，而大多数 DFD 是由这两种基本的 DFD 复合而成的。

（1）变换型 DFD。变换型（transform）DFD 的特点是：DFD 有明显的输入、变换中心和输出三大部分，每部分都由一个或若干加工组成，如图 5.8 所示。

图 5.8　变换型 DFD

把变换型 DFD 转换成 MSC 的关键是找出变换中心，或者说是划定输入、变换中心、输出间的界线。变换中心与输入部分间的数据流称为逻辑输入，变换中心与输出部分间的数据流称为逻辑输出。确认逻辑输入的做法是：从系统的物理输入端（最前输入端）开始，沿着数据流的方向逐步向系统内寻找，判断每一个数据流的性质，最后一个还具有输入性质的数据流便是逻辑输入。换言之，逻辑输入是离物理输入端最远的输入数据流。

在一些 DFD 中，若有多股数据流汇合为一个加工，则该加工一定是变换中心。

（2）事务型 DFD。事务型（transaction）DFD 的特征是：若某一个加工有发散数据流的作用，则该加工称为前事务中心；若某加工具有汇合多股数据流的作用，则该加工称为后事务中心，如图 5.9 所示。

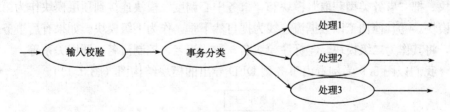

图 5.9　事务型 DFD

（3）复合型 DFD。复合型 DFD 是由变换型 DFD 和事务型 DFD 多次嵌套、复合而成的。对于一个复合型 DFD，从总体上是可以确认其类型的（或变换型或事务型），但其局部完全可能是另外一种类型。一般来说，一个实际系统的 DFD 大多是复合型的，人们通常利用以变换分析为主、事务分析为辅的方式进行模块结构设计。

3）从变换型 DFD 导出 MSC

把变换型 DFD 转换为 MSC 的关键是确定变换中心。具体转换步骤是：①找出逻辑输入、逻辑输出，确定输入、变换中心和输出三大部分；②设计顶层模块，把输入、变换中心和输出连接到顶层模块下作为第二级模块；③其他加工以数据流连线为据自然下垂，作为下级模块；④标注模块名、数据流名、控制流名、调用关系等。

我们以图 5.8 为例看由 DFD 导出的模块结构图（图 5.10）。

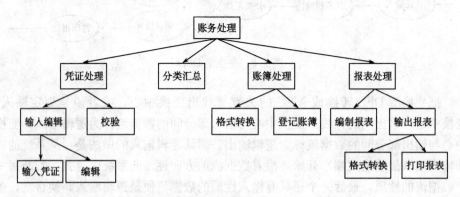

图 5.10　由变换型 DFD 导出的 MSC

4）从事务型 DFD 导出 MSC

事务型 DFD 的前事务中心一般起判断作用，然后选择某一支路进行数据处理，这种作用正是 MSC 中管理模块的作用。具体转换步骤为：①找出前事务中心，如果有后事务中心，也一并将其找出。②设计顶层模块，建立一个"事务类型获取"模块。把"事务类型获取"模块和"事务中心调度"模块连接到顶层模块作为第二级模块。③其他加工以数据流连线为据自然下垂，作为下级模块。如果有后事务中心，将其作为二级模块。④标注模块名、数据流名、控制流名、调用关系等。

我们以图 5.9 为例看由事务型 DFD 导出的模块结构图（图 5.11）。

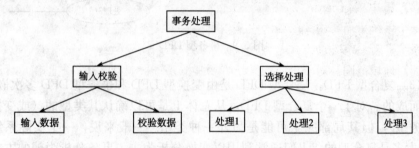

图 5.11　由事务型 DFD 导出的 MSC

5) 从复合型 DFD 导出 MSC

一般地，一个大型的软件系统是变换型结构和事务型结构的混合结构。人们通常利用以变换分析为主、事务分析为辅的方式进行软件结构设计。

在系统结构设计时，首先利用变换分析方法把软件系统分为输入、中心变换和输出三个部分，设计上层模块，即主模块和第一层模块。然后根据数据流图各部分的结构特点，适当地利用变换分析或事务分析，可以得到初始模块结构图。

（二）系统物理配置方案设计

管理信息系统是一个人机系统。从系统的物理构成来看，它是由计算机的硬件设备、软件、数据、规程和人员组成的，如图 5.12 所示。系统物理配置方案设计，具体包括计算机处理方式、软硬件设备选择、通信网络的选择和设计以及数据库管理系统的选择等。

图 5.12　管理信息系统物理构成

随着信息技术的发展，多种多样的计算机技术产品为信息系统的建设提供了极大的便利，可以根据应用的需要选择性能各异的软、硬件产品。

1. 设计依据

（1）系统吞吐量，即每秒钟执行的作业数。系统吞吐量越大，则系统的处理能力就越强。系统吞吐量与系统硬、软件的选择有着直接的关系，如果要求系统具有较大的吞吐量，就应当选择具有较高性能的计算机和网络系统。

（2）系统响应时间，是指从用户向系统发出一个作业请求开始，经系统处理后给出应答结果的时间。如果要求系统具有较短的响应时间，就应当选择运算速度较快的 CPU 及具有较高传递速率的通信线路，如实时应用系统。

（3）系统可靠性是系统可以连续工作的时间。例如，对于每天需要 24 小时连续工作的系统，可以采用双机双工结构方式。

（4）集中式（centralized processing）或分布式（distributed processing）。如果一个系统采用集中式的处理方式，则信息系统既可以是主机系统，也可以是网络系统；若系统处理方式是分布式的，则应采用微机网络。

（5）地域范围。对于分布式系统，要根据系统覆盖的范围决定采用广域网还是局域网。

2. 系统物理配置

1) 处理方式选择

计算机处理方式可以根据系统功能、业务处理的特点、性能价格比等因素，选择批处理、联机实时处理、联机成批处理、分布式处理等方式，也可以混合使用各种方式。

从信息资源管理的集中程度来看，主要有以下两种系统：

（1）集中式系统（centralized systems）。这是一种集设备、软件资源、数据于一体的集中管理系统，主要有单机批处理系统、单机多终端分时系统（终端无处理功能）、主机-智能终端系统（终端有辅助处理功能）几种类型。

集中式系统具有如下特点。

优点：①管理与维护控制方便；②安全保密性能好；③人员集中使用，资源利用率高。

缺点：①应用范围与功能受限制；②可变性、灵活性、扩展性差；③对于终端用户来说，由于集中式系统对用户需求的响应并不很及时，因此不利于调动用户的积极性。

（2）分布式系统（distributed systems）。整个系统被分成若干个在地理上分散设置、在逻辑上具有独立处理能力，但在统一的工作规范、技术要求和协议指导下进行工作、通信和控制的一些相互联系且资源共享的子系统。目前，分布式系统都是以网络方式进行相互通信的，根据网络组成的规模和方式，又可将其分为局域网（LAN）、广域网（WAN）、局域网＋广域网（混合形式）。

分布式系统具有如下特点。

优点：①资源的分散管理与共享使用，可减轻主机的压力，与应用环境匹配较好；②各节点机具有一定的独立性和自治性，利于调动各节点机所在部门的积极性；③并行工作的特性使负荷分散，因而对主机要求降低；④可行性高，某个节点机的故障不会导致整个系统的瘫痪；⑤可变性、灵活性高，易于调整。

缺点：①由于资源的分散管理，其安全性降低，并给数据的一致性维护带来一定困难；②地理上的分散设置，使系统的维护工作难以进行；③管理分散，使管理工作负担加重。

对于系统总体布局来说，一般应考虑以下几个问题：①系统类型是采用集中式还是分布式；②处理方式既可采用一种，也可混合使用；③数据存储是分布存储还是集中存储，数据量有多少，要求何种存储方式；④硬件配置的机器类型、性能价格指标、工作方式；⑤软件配置购买或自行开发。

根据以上要考虑的问题，可以给出系统布局方案的选择原则：①处理功能和存储功能应满足系统要求；②使用方便；③可维护性、可扩展性、可变更性好；④安全性、可靠性高；⑤经济实用。

2）计算机硬件选择

计算机硬件的选择主要取决于数据处理方式和运行的软件系统。管理对计算机的基本要求是速度快、容量大、通道能力强、操作灵活方便，但计算机的性能越高，价格就越昂贵。硬件的选择原则是：技术上成熟可靠的系列机型；处理速度快；数据存储容量大；具有良好的兼容性与可扩充性、可维护性；有良好的性能/价格比；售后服务与技术服务好；操作方便；在一定时间内可保持一定的先进性。

3）计算机网络的选择

如上所述，在信息系统开发中，应根据应用需要选择主机-终端方式或微机网络方式。对微机网络而言，由于存在着多个商家的多种产品，因此也面临着网络的选型问题。

（1）网络拓扑结构。网络拓扑结构一般有总线型、星型、环型、混合型等。在网络选择上，应根据应用系统的地域分布、信息流量进行综合考虑。一般来说，应尽量使信息流量最大的应用放在同一网段上。

（2）网络的逻辑设计。通常，首先按软件将系统从逻辑上分为各个分系统或子系统，然后按需要配备设备，如主服务器、主交换机、分系统交换机、子系统集线器（HUB）、通信服务器、路由器和调制解调器等，并考虑各设备之间的连接结构。

（3）网络操作系统。目前，流行的网络操作系统有 UNIX、Netware、Windows NT 等。UNIX 的历史最早，是唯一能够适用于所有应用平台的网络操作系统；Netware 网络操作系统适用于文件服务器/工作站模式，具有较高的市场占有率；Windows NT 由于其 Windows 软件平台的集成能力，随着 Windows 操作系统的发展和客户机-服务器模式向浏览器-服务器模式延伸，无疑是有前途的网络操作系统。

4）数据库管理系统的选择

管理信息系统都是以数据库系统为基础的，一个好的数据库管理系统对管理信息系统的应用有着举足轻重的影响。在数据库管理系统的选择上，主要考虑：①数据库的性能；②数据库管理系统的系统平台；③数据库管理系统的安全保密性能；④数据的类型。

目前，市场上的数据库管理系统较多，流行的有 Orarele Sybase、SQL Server、Informix、Visual FoxPro 等，Oracle Sybase 内置大型数据库管理系统，运行于客户-服务器等模式，是开发大型 MIS 的首选，而 Visual FoxPro 在小型 MIS 中最为流行。Microsoft 推出的 Visual FoxPro 在大型管理信息系统开发中也获得了大量应用，而 Informix 则适用于中型 MIS 的开发。

5）应用软件的选择

根据应用需求开发管理信息系统是系统开发的一般情况，这样开发的系统最容易满足用户的特殊管理要求，软件设计符合用户习惯，可操作性强。但随着软件产业的发展，商品化应用软件模式在信息系统开发中的应用逐步增加，成为主流模式。商品化应用软件技术成熟，设计规范，管理思想先进，直接应用这些商品化软件既可以节省投资，又能够规范管理过程，加快系统应用的进度。因此，对应用软件的选择就不一定非要重新开发，而可以选用这些成熟的商品化软件。

选择应用软件应考虑以下几个方面：

（1）软件是否能够满足用户的需求。根据系统分析的结果，在软件功能上应注意以下问题：①系统需要处理哪些事件和数据？软件能否满足数据表示的需要？如记录长度、文件最大长度等。②系统需要产生哪些报告、报表、文档或其他输出？③系统要储存的数据量及事件数为多少？④系统需要满足哪些查询要求？⑤系统有哪些不足之处？如何解决？

（2）软件是否具有足够的灵活性。由于管理需求的不确定性，系统应用环境不可避免地经常发生变化，因此，应用软件要有足够的灵活性，以适应对应用软件的输入、输出要求。

（3）软件是否能够获得长期、稳定的技术支持。对于商品化软件，稳定的技术支持是必需的。这一方面是为了保证软件能够满足需求的变化，另一方面是便于今后随着系统平台的升级而不断升级。

6）系统环境的配置说明书

（1）确定系统的网络结构体系（网络设计）。网络设计包括对网络拓扑结构、传输介质、组网方式、网络设备、网络协议、网络操作系统等的选择。

（2）硬件的配置。硬件配置包括对 C/S 或 B/S 服务器、工作站、机型、性能指标、数量、涉及的机构（或部门）、外围设备等的选择。

（3）软件的选择（系统软件和工具软件）。软件的选择包括对 C/S 或 B/S 分服务器和工作站上的软件、操作系统、网络管理软件、数据库系统、开发平台与工具、中间介质等的选择。

最后提交如下材料：①硬件网络结构图；②服务器硬件、软件选型；③工作站硬件、软件选型；④硬件配置清单等表格。

第三节　系统详细设计

系统详细设计包含如下内容的设计：

（1）代码设计。为了便于计算机数据处理，要对处理对象进行编码，如物资资料、产品、部门、职工等编码。用数码或外文字母等字符代替汉字拼音或其他形式表示的名称，可以缩短数据项目的长度，并可使之标准化、系列化，从而减少存储空间的占用，便于对数据进行识别和处理。

（2）输入设计。输入数据的正确性决定了整个系统工作的质量。计算机极高的运算速度和准确性，使得系统的效率在某种程度上取决于输入。我们作输入设计时要遵循"使用方便，操作简单，便于录入，数据准确"的原则。

（3）输出设计。设计的出发点是保证输出达到用户的要求，正确及时地将有用的信息提供给需要它的用户。同时，有效地利用已有的各种输出设备，选择合适的输出方式。

（4）人机界面设计。

（5）数据库设计。数据库设计是在选定数据库管理系统的基础上建立数据库的过程，主要包括概念结构设计、逻辑结构设计和物理结构设计三个部分。

（6）系统可靠性设计。可靠性有两层含义：一是采用正确的算法、程序，从而在正常的情况下提供正确的信息；二是要有防错、查错、纠错的措施以及时发现和纠正发生的差错。

系统可靠性设计主要包括如下内容：①系统连续正常运行的能力；②系统防震、防火、防雷击等防护措施；③输入、输出和处理阶段的可靠性保证；④数据备份设计；⑤备用设备设计。

（7）系统安全性和保密性设计。管理信息的安全保密是管理信息系统开发和运行中的一个重要环节。安全保密设计一是力求信息不被泄露，二是防止信息不被破坏。所谓信息泄露是指故意或偶然地获得单位的各种保密信息；信息破坏则是指偶然事故和人为故意破坏信息的正确性、完整性和可用性。因此，安全性设计是指采取一系列保护措施，以防止已生成的企业经营信息被泄露和破坏。

我们将在本章第四至第九节分别详细介绍这些方面的内容。

■ 第四节 代码设计

代码是代表事物名称、属性、状态等的符号，为了便于计算机处理，一般用数字、字母或其组合来表示。

一、代码设计的作用

代码设计为事物提供一个概要而不含糊的认定，便于数据的存储和检索。代码缩短了事物的名称，无论是记录、记忆还是存储，都可以节省时间和空间。

使用代码可以提高处理的效率和精度。按代码对事物进行排序、累计或按某种规定算法进行统计分析，处理十分迅速。

代码提高了数据的全局一致性。这样，对同一事物，即使其在不同场合有不同的名称，我们也可以通过编码系统将其统一起来，这就提高了系统的整体性，减少了因数据不一致而造成的错误。

代码是人和计算机的共同语言,是两者交换信息的工具。

代码设计在系统分析阶段就应当开始。由于代码的编制需要仔细调查和多方协调,所以是一项很费事的工作,需要经过一段时间,在系统设计阶段才能最后确定。

在手工处理系统中,许多数据如零件号、设备号、图号等早已使用代码。为了给尚无代码的数据项编码,统一和改进原有代码,使之适应计算机处理的要求,在建立新系统时,必须对整个系统进行代码设计。

现代化企业的编码系统已由简单的结构发展成为十分复杂的系统。为了有效推动计算机应用和防止标准化工作走弯路,我国十分重视制定统一编码标准的问题,并已公布了 GB2260—80 中华人民共和国行政区划代码、GB1988—80 信息处理交换的七位编码字符集等一系列国家标准编码,在系统设计时要认真查阅国家和有关部门已经颁布的各类标准。

二、代码设计原则

合理的编码结构是信息处理系统是否具有生命力的一个重要因素,在代码设计时,应注意遵循以下一些原则:

(1) 适用性原则。设计的代码在逻辑上必须能满足用户的功能需要,在结构上应当与系统的处理方法相一致。例如,在设计用于统计的代码时,为了提高处理速度,往往使之能够在不需调出有关数据文件的情况下,直接根据代码的结构进行统计。

(2) 单义性原则。每个代码必须具有单义性,或称唯一性。即:每个代码应唯一标志它所代表的某一种事物或属性;每一种材料、物资、设备等只能有一个代码,不能重复,必须保持代码的单义性。

(3) 可扩充性原则。在进行代码设计时,要预留足够的位置,以适应不断变化的需要;否则,在短时间内,随便改变编码结构对设计工作来说也是一种严重浪费。一般来说,代码愈短,分类、准备、存储和传送的开销愈低;代码愈长,对数据检索、统计分析和满足多样化的处理要求就愈好。但编码太长,留空太多,多年用不上,也是一种浪费。

(4) 规范性原则。代码要系统化,代码的编制应尽量标准化,尽量使代码结构对事物的表示具有实际意义,以便于理解及交流。

(5) 明义性原则。要注意避免引起误解,不要使用易于混淆的字符,如 O、Z、I、S、V 与 0、2、1、5、U 易混;不要把空格做代码;要使用 24 小时制表示时间等。

(6) 合理性原则。要注意尽量采用不易出错的代码结构,例如,字母-字母-

数字的结构（W-W-2）比字母-数字-字母的结构（如 W-2-W）发生错误的概率要少一些；当代码长于 4 个字母或 5 个数字字符时，应分成小段，这样人们读写时才不易发生错误，如 726-499-6135 比 7264996135 易于记忆，并能被更精确地记录下来。

三、代码的总数

若已知码的位数为 P，每一位上可用字符数为 S_i，则可以组成码的总数为

$$C = \prod_{i=1}^{P} S_i$$

例如，对每位字符为 0～9 的三位码，共可组成 $C=10 \times 10 \times 10 = 1000$ 种码。

四、代码的种类

1. 顺序码

顺序码又称系列码，它是一种用连续数字代表编码对象的码。例如，用 1001 代表张三，1002 代表李四，等等。

顺序码的优点是其短而简单，记录的定位方法简单，易于管理，处理容易，设计也容易。但这种码没有逻辑基础，不适宜分类，本身也不能说明任何信息的特征，在项目比较多时，编码的组织性和体系性较差。此外，追加编码只能在连续号的最后添加一个号，删除则造成空码。所以，顺序码通常只起序列作用，作为其他码分类中细分类的一种补充手段。

2. 区间码

区间码把数据项分成若干组，每一区间代表一个组，码中数字的值和位置都代表一定意义，典型的例子是我国公民身份证号码和邮政编码。

区间码的优点是：信息处理比较可靠，排序、分类、检索等操作易于进行。但这种码的长度与它分类属性的数量有关，有时可能造成很长的码。在许多情况下，码有多余的数，同时这种码的修改也比较困难。

3. 表意码（助记码）

表意码是把直接或间接表示编码化对象属性的文字、数字、记号原封不动地作为编码。例如，TV——电视，B（black）——黑色，C（colour）——彩色，cm——厘米，mm——毫米，kg——千克。表意码的特点是，可以通过联想帮助记忆，容易理解。但随着编码数量的增加，其位数也要增加，这样就给处理带来了不便。因此，助记码适用于数据项数目较少的情况（一般少于 50 个），否则可能引起联想出错。

表意码适用于物资的性能、尺码、重量、容积、面积和距离等。例如，

TV-B-12代表12英寸黑白电视机，TV-C-20代表20英寸彩色电视机。

4. 合成码

合成码是把编码对象用两种以上的编码进行组合，可以从两个以上的角度来识别、处理的一种编码。合成码的特点是：容易进行大分类，增加编码层次，作各种分类统计也很容易；缺点是位数和数据项目个数比较多。

五、代码设计的校验位

代码输入的正确性将直接影响整个系统处理工作的正确性。当人们重复抄写代码或将代码通过人工输入计算机时，发生错误的可能性更大。为了保证正确输入，人们有意识地在编码设计结构中原有代码的基础上，另外增加一个校验位，使其事实上变成代码的一个组成部分。校验位通过事先规定的算法计算出来。代码一旦输入，计算机会用同样的数学运算方法按输入的代码数字计算出校验位，并将其与输入的校验位进行比较，以证实输入是否有错。

校验位可以发现以下各种错误：

抄写错误，例如，将7写成1；

易位错误，例如，将1324写成1234；

双易错误，例如，将26919写成29679；

随机错误，包括以上两种或三种综合性错误或其他错误。

校验位的生成过程如下：

(1) 对代码的每一位数加权求和。

例如，原代码　1 2 3 4 5

各乘以权数　0 1 0 1 0

乘积之和 $S=1\times0+2\times1+3\times0+4\times1+5\times0=6$。

(2) 用加权和除以模数 M 求余数。

设：模数 $M=10$

$S \bmod M=6 \bmod 10=6$

(3) 将模数减去余数的差数，即为校验位。

$10-6=4$，即校验码为4，所以带校验码的代码为123454。

从校验位的生成过程可以看出，校验码的产生取决于模数和权数的取法。其中，权重因子可以采用自然数1，2，3，4，…；几何级数2，4，8，16，…；质数3，5，7，9，…；摆动数0，1，0，1…模数通常可以选用10，11，13。

六、代码设计步骤

(1) 确定代码对象。从整体出发，在充分调查分析的基础上，确定对象所属的子系统、需要编码的项目，确定编码的名称。

（2）考查是否已有标准代码。如果已有国家标准、部门标准代码，就必须遵循该标准；如果没有标准代码，也应该参照国际标准化组织、其他国家、其他部门或其他单位的编码标准，以便满足将来标准化的需要。

（3）确定代码的使用范围。代码的设计不应该局限于某一企业或某一部门，它应该具有广泛的适用性。应使所设计的代码不仅能在本单位使用，还能在外单位使用。

（4）确定代码的使用时间。无特殊情况，代码应可永久使用。

（5）决定编码方法。根据编码的对象、目的、使用范围、使用期限等特性，选定合适的代码种类及校验方式。

（6）编写代码表。对代码作详细的说明并通知有关部门，以便正确使用代码。

（7）编写相应的代码使用管理制度，保证代码的正确使用。代码使用时应尽量减少传抄，以避免人为造成的错误。在输入代码时，建议用缩写形式输入，然后由系统自动生成相应正确的代码。

■ 第五节　输出设计

管理信息系统的目的是提供用户工作所需的信息。多数用户并不关心系统设计的细节，他们判断整个系统的好坏就是看系统输出结果在多大程度上能帮助他们完成自己的工作。尽管有些用户可能直接使用系统或从系统输入数据，但我们都要应用系统输出所需要的信息。输出设计的目的正是为了正确、及时地反映和组成用于生产和服务部门的有用信息。系统设计过程与实施过程正好相反，即先确定要得到哪些信息，再考虑为了得到这些信息，需要准备哪些原始资料作为输入，它是从输出设计到输入设计的过程。

一、输出设计的内容

输出设计的内容如下：

（1）输出信息使用方面的内容，包括信息的使用者、使用目的、报告量、使用周期、有效期、保管方法和复写份数等。

（2）输出信息的内容，包括输出项目、位数、数据形式（文字、数字）。

（3）输出格式，如表格、图形或文件。

（4）输出设备，如打印机、显示器、卡片输出机等。

二、输出的设备和方式

在系统设计阶段，设计人员应给出系统输出的说明，这个说明既是将来编程人员在软件开发中进行实际输出设计的依据，也是用户评价系统实用性的依据。因此，设计人员要能选择合适的输出设备和方式，并可以清楚地将其表达出来。

(一) 输出设备

如表 5.1 所示，常用的输出设备有屏幕、打印机、绘图仪、网络、自动传真机、计算机输出缩微胶片以及其他专用设备。这些设备各有特点，应根据用户对输出信息的要求，结合企业的具体情况选择使用。

表 5.1　常见的输出设备

输出设备	描述
屏幕	在显示器上产生文字、图形、符号
打印机	在各种型号的纸上产生文字、图形、符号
绘图仪	在专用的纸或图纸上产生文字、图片、符号
网络	使用超文本形式和 ftp 等传输协议，提供到网站的链接以上传或下传多媒体信息
自动传真机	通过传真机索取和接收专门信息的系统
计算机输出缩微胶片	在微型胶片上以图像的形式记录信息
其他专门设备	专用输出设备，包括 ATM、POS 等

(二) 输出方式

为了提高系统的规范化程度和编程效率，在输出设计上应尽量保持输出流内容和格式的统一性，也就是说，同一内容的输出，对于显示器、打印机、文本文件和数据库文件应具有一致的形式。显示器输出用于查询或预览，打印机输出提供报表服务，文本文件格式用于为办公自动化系统提供剪辑素材，而数据库文件可满足数据交换的需要。

1. 显示输出方式

显示输出方式是指将计算机产生的数据和结果，按用户的要求，通过一定的输出设备显示出来，以供用户查看，这是一种既快速又直观的信息输出方式。屏幕、监视器、液晶显示器或视频输出终端是最普通的计算机输出设备，因为用户经常在显示器前工作，无论它们是多用户的终端还是 PC 机。屏幕输出的一个重要优势是直观和及时，因为显示器能够实时地反映信息的状态。因此，在输出设计时，应设计这种输出方式的功能模块或程序。

2. 磁盘文件输出方式

磁盘文件输出方式是指将产生的有关结果信息输出到软磁盘介质中的一种方式。如果信息交换的双方都有计算机，但还没有建立网络联系，那么磁盘文件输出方式是一种很好的选择，它减少了键盘输入可能导致的差错。如果使用磁盘文件传送数据，信息交换双方必须事先规定好文件格式，数据发出方按规定格式写入数据，数据接收方按规定格式读取数据。

磁盘文件输出方式是下级部门向上级部门报送资料的一种主要方式，同时也是数据备份保存的一种主要方式。

3. 网络传输和卫星通信

在计算机网络和通信技术高度发达的今天，采用网络通信技术可以有效提高信息的传送效率，降低信息的传输成本，进而提高信息的利用率。网络传送可以使发送方所发出的信息直接转换为接收方的输入数据，减少了不必要的重复输入。网络输出同时支持多种媒体（文本、图形、声音、视频等）的传输。由于网络传输的一系列优越性，这种输出方式将逐步成为今后管理信息系统的一种主要输出形式。网络输出要求信息的发送方和接收方都要在统一的网络协议和数据标准规范下完成相应的输入和输出。

4. 打印输出方式

打印输出方式是指计算机自动地将用户所需的管理信息从打印机上输出。技术的进步使打印机的打印速度比以前更快、性能更好、价格更便宜、对纸张的要求更低。虽然从社会可持续发展的要求来看，将来的趋势是企业采用显示输出或网络输出方式以达到无纸化办公，但目前大部分企业在日常工作中仍然主要依靠打印输出方式。因为大多数人在处理信息时还是习惯于看纸上的内容，而不愿去读屏幕上的文档。而且有些场合必须要使用打印输出，如交回式文档。

打印输出也有不足之处：一是购买、打印、储存和处理纸张的成本很高；二是打印的信息生命期较短，可能会很快过期。

5. 其他信息传递方式

（1）音频输出。许多企业使用自动电话系统来处理电话业务并为客户提供信息。例如，通过使用声讯电话，可以核实考试成绩、检查电话卡账户余额或查询股票价格。

（2）自动传真和回传系统。一些企业使用自动传真和回传系统，通过该系统，传真会在几秒钟内传到用户的传真机上，用户能够以传真的方式将其打印输出。例如，计算机企业允许用户通过传真索取产品数据、关于新驱动设备的信息或技术支持。

（3）专门输出形式。今天的零售终端（POS）就是能够处理信用卡交易、打印详细收据、改变存货记录的一种计算机终端。自动柜员机（ATM）能够处理银行转账、打印存款单据和提现收据。在企业内部或外部，一个系统的输出经常成为另一个系统的输入。例如，在企业里，应收账款系统的支付数据为总账系统的输入。

（三）输出形式

数据的输出形式有三种：报表输出形式、图形输出形式和文字输出形式。常用的是报表输出形式和图形输出形式。究竟采用哪种输出形式，应根据系统分析和管理业务的要求而定。一般来说，对于基层或职能部门的管理者，应采用报表输出形式给出详细的记录数据；而对于高层领导或宏观、综合管理部门，则应该采用图形输出形式给出数据统计分析结果或综合发展趋势的直观信息。

（1）报表输出形式。这是输出形式中最常见的一种方法。报表输出的关键在于如何根据信息使用者的具体要求和使用习惯来编排报表内容，常见的有两种编排形式，一种是二维报表形式，另一种是自由编排格式。好的输出设计应给予信息使用者一定的选择权，使其能在权限范围内自由选择、组织、编排，显示自己所需要的信息。

（2）图形输出形式。管理信息系统用到的图形信息主要有直方图、圆饼图、曲线图、地图等。图形信息在表示事物的趋势、多方面的比较等方面有较大的优势，可以充分利用大量历史数据的综合信息，表达方式直观，常为决策用户所喜爱。

三、输出报告

输出报告定义了系统的输出。输出报告中既标出了各常量、变量的详细信息，也给出了各种统计量及其计算公式、控制方法。

设计输出报告时要注意以下几点：①方便使用者；②考虑系统的硬件性能；③尽量符合原系统的输出格式，如确需修改，应与有关部门协商，征得用户同意；④输出表格要考虑系统发展的需要；⑤输出的格式和大小要根据硬件能力，认真设计，并试制输出样品，经用户同意后才能正式使用。

设计输出报告之前应收集好各项相关内容，将其填写到输出设计书上，参见表 5.2，这是设计的准备工作。

表 5.2 输出设计书

输出设计书				
资料代码		输出名称	工资主文件一览表	
处理周期	形式		种类	
份数	报送			
项目号	项目名称	位数及编辑	备注	
1	部门代码			
2	工号			
3	姓名			
4	级别			
5	基本工资			
6	奖金			

第六节 输入设计

输入设计对系统的质量有着决定性的影响。输出数据的正确性直接决定处理结果的正确性，如果输入数据有误，即使计算和处理都十分正确，也无法获得可靠的输出信息。同时，输入设计是信息系统与用户之间交互的纽带，决定着人机交互的效率。

一、输入设计的原则

输入设计的目标是在保证向信息系统提供正确信息和满足需要的前提下，尽可能做到输入方法简单、迅速、经济和方便使用者。输入设计必须根据输出设计的要求来确定，并遵循如下原则：

（1）控制输入量。输入量应保持在能满足处理要求的最低限度，避免不必要的重复与冗余。输入量越少，则错误率越小，数据准备时间也就越少。

（2）减少输入延迟。输入数据的速度往往成为提高信息系统运行效率的瓶颈，为减少延迟，可采用周转文件、批量输入等方式。

（3）减少输入错误。输入的准备及输入过程应尽量简易、方便，并有适当查错、防错、纠错措施，从而减少错误的发生。

（4）避免额外步骤。在输入设计时，应尽量避免不必要的输入步骤，当步骤不能省略时，应仔细验证现有步骤是否完备、高效。

（5）尽早保存。输入数据应尽早地用其处理所需的形式记录下来，以避免数据由一种介质转换到另一种介质时需要转录及可能发生错误。

(6) 及时检查。应尽早对输入数据进行检查，以便使错误得到及时纠正。

二、数据输入设备的选择

输入设计首先要确定输入设备的类型和输入介质，目前常用的输入设备有以下几种。

1. 读卡机

在计算机应用的早期，读卡机是最常用的输入设备。这种设备把源文件转换成编码形式，由穿孔机在穿孔卡片上打孔，再经验证、纠错，而后进入计算机。这种设备成本较低，但速度慢，且使用不方便，已被键盘-磁盘输入装置取代。

2. 键盘-磁盘输入装置

由数据录入人员通过工作站录入，经拼写检查、可靠性验证后存入磁记录介质（如磁带、磁盘等）。这种设备成本低，速度快，易于携带，适用于大量数据输入。

3. 光电阅读器

采用光笔读入光学标记条形码或用扫描仪录入纸上文字。光符号读器适用于自选商场、借书处等少量数据录入的场合。而纸上文字的扫描录入尚处于试用阶段，读错率和拒读率较高，且价格较贵，速度慢，但无疑具有较好的发展前景。

4. 终端输入

终端一般是一台联网微机，操作人员直接通过键盘键入数据，终端可以在线方式与主机联系，并及时返回处理结果。

三、输入设计与校验

(一) 输入设计

在输入设计中，我们遵循的准则是"使用方便，操作简单，便于录入，数据准确"。具体做法如下：

(1) 采用人机对话、自动引导的方式。为了使用户能清楚完整地输入数据，如输入记账凭证、员工登记、输入期初数据等，一般都采用人机对话方式引导用户进行输入，并给予帮助信息、出错提示信息等。这样会使用户感到使用方便、操作简单。

(2) 减少数据输入量。无论输入部门信息、材料进出还是输入记账凭证，都要涉及汉字的输入问题。由于汉字输入速度较慢，大大降低了输入速度，因此在输入时，允许用户输入编码，由系统自动读取相应的汉字。例如，在录入记账凭证时，"银行存款——工商行"的科目代码为20101，用户只需输入20101，则

"银行存款——工商行"科目名称全由系统自动给出，这就减少了数据的输入量，提高了输入速度。

（3）保证数据的正确性。在管理信息系统中，为了防止随意对生成数据的修改、保证数据的真实性，管理信息系统往往不允许对生成数据进行修改，也就是说数据一经输入，便摆脱了管理者的干预，由信息系统自动进行处理，如有误差、错误，也不容易被发现。因此，对输入的数据进行正确性检查，是一个非常重要的步骤，也是一个十分关键的环节。

（二）校验方式

输入设计的目标是要尽可能减少数据输入中的错误，在输入设计中，要对全部输入数据设想其可能发生的错误，并对其进行校验。

1. 输入错误的种类

（1）数据本身错误。是指由于原始数据填写错误或穿孔出错等原因引起的输入数据错误。

（2）数据多余或不足。这是在数据收集过程中产生的差错，如由数据（单据、卡片等）的散失、遗漏或重复等原因引起的数据错误。

（3）数据的延误。数据延误也是数据收集过程中产生的差错，不过它的内容和数据量都是正确的，只是由于时间上的延误而产生了差错。这种差错多由开票、传送等环节的延误而引起，严重时会导致输出信息无利用价值。因此，数据的收集与运行必须具有一定的时间性，并要事先确定产生数据延迟时的处理对策。

2. 数据出错的校验方法

数据出错的校验方法有由人工直接检查、由计算机用程序校验以及人与计算机两者分别处理后再相互查对校验等多种方法。常用的方法是以下几种，这些方法既可单独使用，也可组合使用。

（1）静态检验。静态检验即人工校验。这种方法一般是在输入之前，由人工对数据进行检查。也可在数据输入之后，由计算机将输入的有关数据重新输出（打印或输出），然后由人工将计算机输出的数据与原始数据逐个核对，检查它们是否一致。例如，用户有若干张原始单据输入计算机，计算机通过输出模块将用户输入的原始数据打成"汇总明细单"输出，输入员将"原始单据"与"汇总明细单"逐笔核对，进行静态检验。

（2）屏幕显示检验。通过 CRT 屏幕将输入数据显示出来，提供人工检验。例如，录入员将凭证输入计算机后，审核员调用"审核模块"将凭证一一显示在屏幕上，进行人工检验。

（3）二次录入检验。二次录入检验也称重复输入校验。对同一张单据，由两个操作员各输入一次,然后计算机程序自动进行两次录入数据的校对,如果不相同,则打印或显示出错误信息。

(4) 逻辑检验。逻辑检验是对输入的数据是否符合逻辑性、有关数据的值是否合理的一种校验方法,将逻辑检验方法设计在输入程序中,由计算机自动检验。例如,在输入日期时,计算机会马上进行逻辑性检查:年月日是否大于 0,月份是否在 1 月至 12 月之间等。

(5) 金额计算检验。金额计算检验是指在凭证输入的过程中,由计算机程序自动根据有关数据进行一次金额计算,再与输入的金额核对的一种检验方法。例如,一张凭证中有数量、单价、金额等数据,当输入数量、单价后,计算机会自动计算出金额。如果输入的金额与计算结果不一致,则金额输入错误。

(6) 平衡检验。采用借贷记账法,其记账规则是"有借必有贷,借贷必相等"。利用这种平衡关系,可在每张凭证数据输入时,由计算机程序自动进行借贷金额平衡检验。若借方金额等于贷方金额,方可进行下一步处理,否则数据不对,输出错误信息。

(7) 校验位校验。根据已编好的数码,通过一定的数学模型,求得一位数字加在代码后面作为校验位,以验证输入代码的正确性。

(8) 控制总数校验。采用控制总数校验时,工作人员先用手工求出数据的总值,然后在数据的输入过程中由计算机程序累计总值,将两者对比校验。

(9) 数据类型校验。即校验是数字型还是字母型。

(10) 格式校验。即校验数据记录中各数据项的位数和位置是否符合预先规定的格式。例如,姓名栏规定为 18 位,而姓名的最大位数是 17 位,则该栏的最后一位一定是空白。该位若不是空白,则认为该数据项错位。

(11) 顺序校验,即检查记录的顺序。例如,当要求输入的数据无缺号时,通过顺序校验,可以发现被遗漏的记录。又如,要求记录的序号不得重复时,即可查出有无重复的记录。

3. 出错的改正方法

出错的改正方法依出错的类型和原因而异。

(1) 原始数据错。当发现原始数据有错时,应将原始单据送交填写单据的原单位修改,不应由键盘输入操作员或原始数据检查员等想当然地予以修改。

(2) 机器自动检错。当由机器自动检错时,出错的恢复方法有以下几种:

• 待输入数据全部校验并改正后,再进行下一步处理。

• 舍弃出错数据,只处理正确的数据。这种方法适用于作动向调查分析的情况,这时不需要太精确的输出数据,如求百分比等。

• 只处理正确的数据,出错数据待修正后再进行同法处理。

• 剔出出错数据,继续进行处理,出错数据留待下一运行周期一并处理。

此种方法适用于运行周期短且剔出错误不致引起输出信息准确性显著下降的情况。

四、原始单据的格式设计

输入设计的重要内容之一是设计好原始单据的格式。在研制新系统时，即使原系统的单据很齐全，一般也要重新设计和审查原始单据。

设计原始单据的原则包括以下几种：

（1）便于填写。原始单据的设计要保证填写的迅速、正确、全面、简易和节约，具体地说应做到填写量小，版面排列简明、易懂。

（2）便于归档。单据大小要标准化，预留装订位置，标明传票的流动路径。

（3）单据的格式应能保证输入精度。

第七节　人机对话设计

人与计算机进行信息交流就是人机对话。从这个意义上讲，输入、输出都是人机对话。这里讲的人机对话是指人通过屏幕、键盘等设备与计算机进行信息交换，控制系统运行。因此，人机对话设计也称屏幕设计。

人机对话设计好比商品的包装设计、商店的橱窗布置，是为了给用户一个直观印象。因此，人机对话设计的好坏，关系到系统的应用和推广。友好的用户界面是信息系统成功的条件之一。

一、人机对话设计的原则

人机对话设计的基本原则是为用户操作着想，而不应从设计人员设计方便的角度来考虑。因此，人机对话设计应注意以下几点：

（1）对话要清楚、简单，用词要符合用户的观点和习惯。

（2）对话要适应不同操作水平的用户，便于维护和修改。这是衡量人机对话设计好坏的重要标准。在用户开始使用时，要让操作人员觉得系统在教他如何使用，以鼓励他使用。随着用户对系统的熟悉，他又会觉得太详细的说明、复杂的屏幕格式太啰嗦。为适应不同水平的用户，操作方式应可以选择。

（3）错误信息设计要有建设性。使用者判断用户界面是否友好，其第一印象往往来自当错误发生时系统有什么样的反应。在一个好的错误信息设计中，用词应当友善、简洁清楚，并要有建设性，即尽可能地告知使用者产生错误的可能原因。

（4）关键操作要有强调和警告。对某些要害操作，无论操作人员是否有误操作,系统都应进一步确认,进行强制发问,甚至警告,而不能一接到命令立即处理,以致造成恶劣的后果。这种警告,由于能预防错误,因此更具有积极意义。

二、人机对话的方法

从屏幕上通过人机对话输入是目前广泛使用的输入方式。因为是人机对话,因此既有用户输入,又有计算机的输出。通常,人机对话采用菜单式、填表法和回答法三种方式。

1. 菜单式

系统在屏幕上显示各种可供选择的内容,用户根据提示用键盘或鼠标作出简单的选择性回答。一般在功能调度模块或程序中作简单的功能项目选择。常用的菜单方式有下拉、弹出式、级联式、平铺式等。

设计菜单时,有两点必须特别注意:菜单的深度和菜单中各选择项的安排。前者指选单的层次。如果选单层次过深,使用者选择一个指令必须通过好几个层次,这显然会影响系统运行效率;如果层次过浅,选单又可能太长。因此,要合理设计选单的深度。一个选单中的选择项,一般可以按字母顺序、习惯顺序、类别、使用频率等进行排列。具体采用哪种排列方法,要从使用者心理、选单的长短、是否有习惯顺序等因素进行考虑。

2. 填表法

将要输入的项目先显示在屏幕上,用户根据项目输入相应的数据,类似填表,屏幕上显示的表格应尽量与操作人员手中原始数据的记录格式对应。表 5.3 即是一个例子。

表 5.3 某公司设备调拨单

调拨单号			调拨日期		发货仓库	
设备系列号			发货地点			
计量单位		编号		设备编号		规格型号
计划数量		实发数量		设备名称		
账面单价		账面总价		发票字号		
结算单价		计算总价		合同编号		
运输费用		包装费用		管理费用		
保险费用		附件费用		其他费用		
开户银行			账号		有无附件	
备注					总金额	

3. 回答法

当程序运行到一定阶段时，屏幕上显示问题，等待用户回答。回答方式也应在屏幕上提示，让用户简单地回答。

三、图形用户界面设计

近年来，随着微机上多视窗、鼠标及光笔的使用，图形用户界面已成为一种流行的界面设计技术，并将成为信息系统用户界面的主流。

1. 图形用户界面设计的优缺点

图形用户界面设计具有以下优点：

（1）容易学习使用，使用菜单不必记忆指令名称，大大减少了键盘输入的数量与错误。

（2）具有高度的图形功能，直观生动，如采用线条图、趋势图、动画等的表达方式。

但是，图形用户界面设计也有缺点，如与文字指令界面相比，图形形式的指令不能表达复杂的复合指令；当指令数目太大时，不容易在屏幕上安排菜单。对于熟练的使用者而言，键盘输入的速度要快于鼠标选项的输入。

2. 图形用户界面设计的原则

（1）用户界面的各个画面设计在整体上应保持相同或相似的外观。例如，按钮和选择项应尽可能安排在同样的地方，以便于用户熟练掌握屏幕上的信息。

（2）对于用户界面使用的词汇、图示、颜色、选取方式、交流顺序，其意义与效果应前后一致。正确使用图形的表达能力，图形适合用来表达整体性、印象感和关联性的信息，而文字适用于表达单一的、精确的、不具关联性的一般资料。滥用图形表示有时会造成画面混乱，反而使用户不易了解。

（3）占用系统资源多，处理速度慢，因此在时间响应要求高、硬件资源档次较低的环境中不易使用。

第八节　数据存储设计

在系统分析阶段进行新系统逻辑模型设计时，已从逻辑角度对数据存储进行了初步设计。到系统设计阶段，就要根据已选用的计算机硬件和软件及使用要求，进一步完成数据存储的详细设计。

管理信息系统总是基于文件系统或数据库系统的，文件是存放在系统中要处理和维护的数据，在数据存储设计中，要确定数据的组织方式。对于整个系统的全局数据管理需采用数据库。无论采用哪种方法，文件都是数据管理的最基本方式。

文件设计就是根据文件的使用要求、处理方式、存储量、数据的活动性以及硬件设备的条件等，合理地确定文件类别，选择文件介质，决定文件的组织方式和存取方法。

一、文件的分类

文件可以按不同特征进行分类。

1. 按文件的存储介质分类

按文件的存储介质不同，可把文件分为卡片文件、纸带文件、磁盘文件、磁带文件和打印文件等。

2. 按文件的信息流向分类

按文件的信息流向不同，可把文件分为输入文件（如卡片文件）、输出文件（如打印文件）和输入输出文件（如磁盘文件）。

3. 按文件的组织方式分类

按文件的组织方式不同，可把文件分为顺序文件、索引文件和直接存取文件。

4. 按文件的用途分类

按文件的用途不同，可把文件分为以下几种：

（1）主文件。主文件是系统中最重要的共享文件，主要存放具有固定值属性的数据。为发挥主文件数据的作用，它必须准确、完整且及时更新。

（2）处理文件。处理文件又称事务文件，是用来存放事务数据的临时文件，包含了对主文件进行更新的全部数据。

（3）工作文件。工作文件是处理过程中暂时存放数据的文件，如排序过程中建立的排序文件，打印时建立的报表文件等。

（4）周转文件。周转文件用来存放具有固定个体变动属性的数据。例如，工资子系统中的住户电费扣款文件，共有人员代码、姓名、用电量和电费扣款四个数据项。对于用电户，除新搬进和新搬走的用户外，前两项内容基本每月不变，需要输入的仅是用电量一项，因此，为了节省总务部门抄写扣款清单的工作量和财务部门输入扣款清单的工作量，可以采用周转文件来解决。

（5）其他文件。在信息系统中，还有一些其他类型的文件及上述文件的其他用法。例如，后备文件是主文件、处理文件、周转文件的副本，用以在事件遭到破坏时进行恢复；档案文件是将长期数据进行离线保存的文件，以作为历史资料，防止非法访问。

二、文件设计

在设计文件之前，首先要确定数据处理的方式、文件的存储介质、计算机操作系统提供的文件组织方式、存取方式和对存取时间、处理时间的要求等。

（一）数据组织的层次

为了使零散的数据变为有意义的信息，需要将数据有序地组织起来，这样才能对数据进行有效的处理。数据的逻辑组织一般由四个基本逻辑元素组成：数据项、记录、文件和数据库，而且它们组成了以数据库为最高层次的层次结构，如图 5.13 所示。

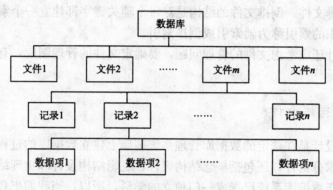

图 5.13 数据的组织层次

（1）数据项。数据项是组成数据系统的有意义的最小基本单位，它的作用是描述一个数据处理对象的某些属性。例如，学生的属性包括姓名、学号、各科学习成绩等，可设置数据项描述这些属性。

（2）记录。与数据处理的某一对象有关的一切数据项构成了该对象的一条记录。

（3）文件。相关（同类）记录的集合称为文件。例如，学生情况文件包含有关学生的记录。

（4）数据库。按一定方式组织起来的逻辑相关的文件集合形成数据库。

（二）文件的组织形式和存取方式

文件组织形式一般可以选用以下几种形式：

（1）顺序文件组织。文件的顺序组织方式是指文件中数据记录的物理顺序和逻辑顺序一致。在顺序文件中，文件的记录按关键字升序（或降序）排列，形成记录的逻辑次序。文件读取时必须按照先后顺序处理，即

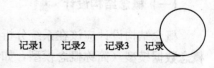

图 5.14 磁带顺序文件

使要使用其中的某一记录，也必须先读完前面的所有记录才能读出该记录。存储

在顺序存取存储器（如磁带）上的文件都是顺序文件，如图 5.14 所示。

（2）索引文件。索引文件由索引与主文件两个部分组成。主文件本身按其建立时的先后顺序排列，索引是关键字与记录地址的对应表。应用索引文件可以使查询速度大大提高，因而在管理信息系统中被广泛应用。

（3）链表文件。在表组织中，要着重考虑用指针建立许多不同的逻辑联系，以适应多变情况下文件记录的检索。实际上，记录指针在文件组织中是用一个数据项来表示的。

（4）倒排文件。倒排文件的结构是对每个辅关键字都建立一个索引。这种按辅关键字组织的索引称为辅索引或倒排索引。

文件设计还应考虑文件的管理问题，要确定文件的管理制度，有效地对其进行管理。

三、数据库设计

数据库设计是在选定的数据库管理系统基础上建立数据库的过程。数据库设计除用户要求分析外，还包括概念结构设计、逻辑结构设计和物理结构设计等三个阶段。由于数据库系统已形成一门独立的学科，所以，当我们把数据库设计原理应用到 MIS 开发中时，数据库设计的几个步骤就与系统开发的各个阶段相对应，且融为一体，它们的对应关系如图 5.15 所示。

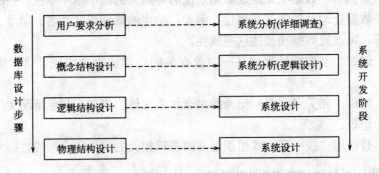

图 5.15　数据库设计步骤与系统开发阶段对照

（一）概念结构设计

概念结构设计应该在系统分析阶段进行。任务是根据用户需求设计数据库的概念数据模型（简称概念模型，如设计关系型数据库的 E-R 图）。概念模型独立于具体的数据库管理系统，它描述的是从用户角度看到的数据库，反映了用户的现实环境，而与数据库将来怎样实现无关。

（二）数据库的逻辑结构设计

逻辑结构设计是将概念数据模型转换成特定的数据库管理系统（DBMS）能支持的数据模型。通常，不同型号计算机系统配备的 DBMS 的性能不尽相同，为此数据库设计者还需深入了解具体数据库管理系统的性能和要求，以便将一般数据模型转换成所选用的 DBMS 能支持的数据模型。对于支持关系模型的 DBMS 来说，可以认为上述转换工作已经在概念结构设计阶段完成了。只有在选用了支持层次、网络模型的 DBMS 时，在这一步才需要完成从关系模型向层次或网络模型转换的工作。到此为止，数据库的逻辑结构设计并未完成。下一步是用 DBMS 提供的数据描述语言 DDL 对数据模型予以精确定义，即所谓模式定义。例如，Visual FoxPro 中的 CREATE 命令，其作用类似于 DDL，用来定义逻辑数据结构。

E-R 模型转换成关系数据库的一般规则如下：

（1）对 E-R 图中的每一个实体，分别用它们建立一个关系，关系所包含的属性要包括 E-R 图中对应实体所具有的全部属性。

（2）对 E-R 图中每一个 $1:N$ 的联系，分别让"1"的一方的关键字进入"N"的一方作为外部关键字。"联系"本身若具有属性，也让它们进入"N"的一方作为外部关键字。

（3）对 E-R 图中每一个 $M:N$ 的二元、三元或更多元的"联系"，为它们分别建立一个"关系"，关系的属性既要包括对应联系自身的全部属性（若有的话），还要包括形成该联系的多方实体的关键字。

（4）对 E-R 图中每一个同种实体（即发生联系的是同一种实体中的两个不同个体）自身 $1:N$ 的联系，分别在对应实体所形成的关系中多设一个属性。由于同种实体自身的 $1:N$ 的联系会在这种实体的不同个体间形成多个级别，所以这个多设的属性就用来存放上级个体的关键字。如果联系本身还具有属性，也应把它们收进为这个实体而形成的关系中。

（5）对 E-R 图中每一个同种实体自身的 $M:N$ 的联系，为它们分别建立一个关系，关系的属性除了包括对应联系的全部属性外（若有的话），还要增加两个属性，用来存放对应"联系"的双方个体的关键字，关系的关键字就是新增的表示双方个体关键字的属性组合。

（6）检查按上述方法所形成的多个关系，如发现有的关系最终只含有一个属性，则把这样的关系取消。

（三）数据库的物理结构设计

物理结构设计是为数据模型在设备上选定适合的存储结构和存取方法，以获得数据库的最佳存取效率。物理结构设计的主要内容如下：

（1）库文件的组织形式。例如，选用顺序文件组织形式、索引文件组织形式等。

（2）存储介质的分配。例如，将易变的、存取频度大的数据存放在高速存储器上，将稳定的、存取频度小的数据存放在低速存储器上。

（3）存取路径的选择。

（4）数据块大小的确定等。

第九节　系统的安全性、保密性设计

一、系统的安全性及其设计

系统的安全性是指系统对自然灾害、人为破坏、操作失误或系统故障的承受能力。常用的安全办法如下：

（1）运用计算机系统技术，如使用双机热备份、双硬盘镜像存储、防病毒设备、防火墙等。

（2）运用软件的方法，如加强软件的容错性、设置操作员权限、数据的公布存储、备份和多版本、防病毒措施、设置监察系统运行情况的"黑盒子"等。

（3）制定运行与维护的管理规范，如制定操作员资格管理、操作规程、机房守则、防火防盗防病毒等管理制度。

二、系统的保密性及其设计

系统的保密性是指系统对信息资源的存取、修改、复制及使用等权限的限制。常用的保密办法如下：

（1）利用系统环境提供的管理软件，如对不同用户分配不同的环境使用权，设置入网口令、目录权限限制等。

（2）有选择地隔离和限制对资源的使用，如数据和模块执行的权限设置、防火墙、代理服务器等。

（3）对一般用户采用伪藏措施，如文件名隐藏、伪数据技术、密钥算法等。

（4）制定系统保密管理的规章制度，如系统管理员与操作员的权限控制管理（查询权限、录入权限、分析权限、管理权限等），系统文档资料与备份数据的保管等。

第十节　系统设计说明书

系统设计阶段的最终结果是系统设计说明书，它是下一步系统实施的基础。经过系统设计，设计人员应能为程序开发人员提供完整、清楚的设计文档，并对设计规范中不清楚的地方作出解释。

系统设计说明书具体有以下内容：

（1）概述，包括系统设计目标和策略。

（2）计算机系统的选择，包括计算机系统的选择原则和方案比较。

（3）计算机系统配置，其中包括：①硬件配置，包括主机、外存储器、终端和外部设备、辅助设备和网络结构等；②软件配置，包括操作系统（OS）、数据库管理系统（DBMS）、服务程序、语言、通信软件、网络软件、软件开发工具和汉字系统等；③计算机系统的地理分布；④网络协议文本。

（4）系统结构，包括总体结构图等。

（5）数据库设计，包括数据库总体结构、逻辑设计、物理设计和数据库的性能等。

（6）代码设计，包括代码设计原则和设计方案。

（7）系统故障对策，包括故障防治措施和系统恢复方法。

（8）信息准备计划及实施方案。

（9）系统投运计划及人员上岗培训计划。

（10）系统测试方法与计划。

> 案例

教学管理信息系统设计（部分）

一、总体设计

（一）教学管理信息系统模块结构图

（1）依据分解-协调原则，按功能分解教学管理信息系统，由五个子系统组成，如图 5.16 所示。

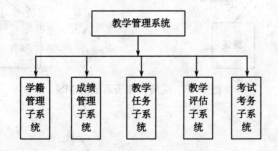

图 5.16　教学管理信息系统子系统划分

（2）使用 SD 方法，依据 DFD 导出各子系统的 MSC。

通过分析得到各子系统 DFD 均是变换型的，它们的 MSC 分别如图 5.17～图 5.21所示。

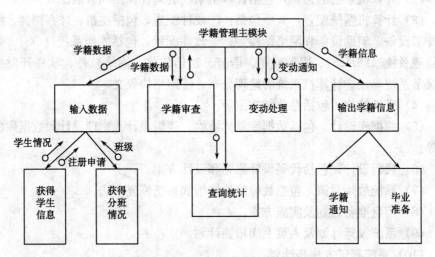

图 5.17　学籍管理子系统的 MSC

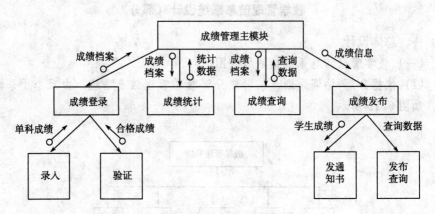

图 5.18　成绩管理子系统的 MSC

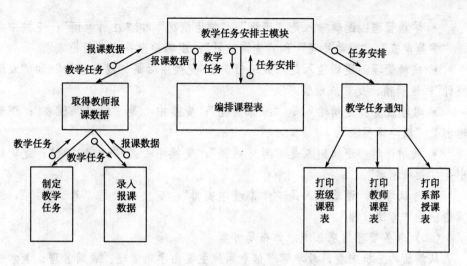

图 5.19 教学任务子系统的 MSC

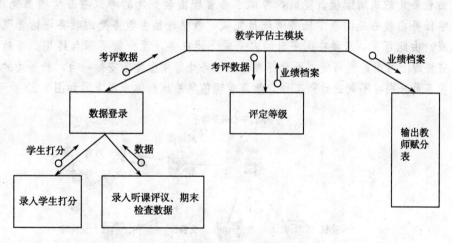

图 5.20 教学评估子系统的 MSC

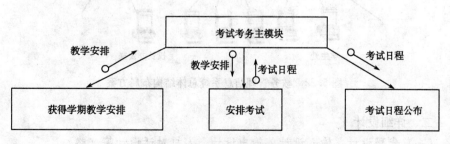

图 5.21 考试考务子系统的 MSC

- 学籍管理：逻辑输入是"班级"、"学生情况"和"注册申请"；变换中心是"学籍审查"、"变动处理"和"查询统计"；逻辑输出是"学籍档案"。
- 成绩管理：逻辑输入是"成绩档案"；变换中心是"成绩查询"和"成绩统计"；逻辑输出是"成绩信息"。
- 教学任务：逻辑输入是"报课情况"；变换中心是"编排课程表"；逻辑输出是"教学课程表"。
- 教学评估：逻辑输入是"考评数据"；变换中心是"评定等级"；逻辑输出是"业绩档案"。
- 考试考务：逻辑输入是"学期教学安排"；变换中心是"考试安排"；逻辑输出是"考试日程"。

（二）教务管理信息系统总体布局方案

从前面的分析来看，教学管理信息系统主要由学籍管理、成绩管理、教学任务、教学评估、考试考务五个子系统组成。学籍管理主要由学生处完成，成绩管理由教务处的成绩管理员完成，考试考务管理由教务处的考试考务管理员完成，教学任务由教务处的教学任务管理员完成，教学评估由教务处的教务评估管理员完成。由此可见，若要在同一时间内完成上述任务，至少需要四台终端。当然从节省资源上考虑，也可使用两台终端，即教务处与学生处各安排一台，教务处的三位教务员分别在不同的时间工作。教务管理信息系统总体布局方案如图5.22所示。

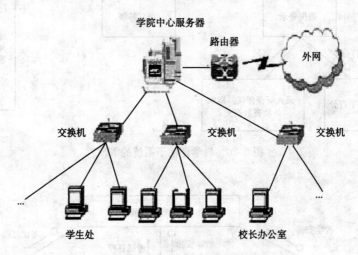

图5.22　教务管理信息系统总体结构布局方案

二、详细设计

（一）代码设计、输入设计、输出设计、人机对话设计等（略）

（二）教学管理信息系统数据库方案设计

根据系统功能分析，教学管理信息系统可分为学籍管理子系统、成绩管理子系统、教学任务子系统、教学评估子系统、考试考务子系统。教学管理信息系统总体 E-R 图如图 5.23 所示。

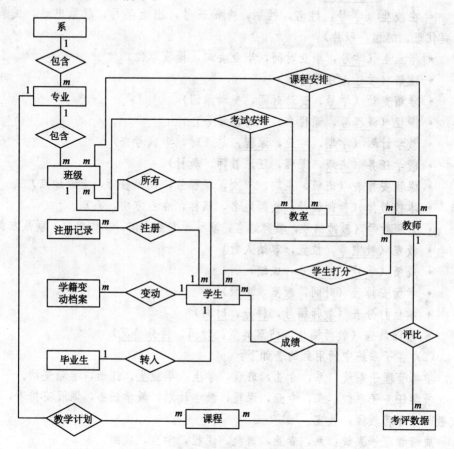

图 5.23　教学管理信息系统总体 E-R 图

教学管理信息系统的五个子系统之间相互紧密联系，很多实体都是共用的，在几个子系统中出现较多的实体有在校生、教师、班级等。为便于阅读，在图 5.23 中有些关系略去未画，如教师与班级之间还存在班主任关系。

由教学计划可以列出每学期的教学任务，即本学期各班的开课情况，但由于在实际中，开课情况是以课程安排表来实现的，故图 5.23 略去了教学任务。

任课教师又分为外请教师与本校教师，二者在考评及一些属性上有所不同，应为两个实体，但为画图方便，图 5.23 中将其合为一个实体。

（1）根据将 E-R 模型转换为关系模型的原则，可将其转换为如下关系数据库（注：有下划线的属性为主键）。

- 系（<u>名称</u>，系主任，教师人数）
- 专业（<u>专业代码</u>，专业名称，系）
- 班级（<u>班级代码</u>，班级名称，班主任，班级人数）
- 在校生（<u>学号</u>，姓名，性别，身份证号，出生年月，联系电话，民族，家庭住址，邮编，照片）
- 毕业生（<u>学号</u>，毕业时间，毕业去向，接收单位）
- 注册（<u>学号</u>，注册时间）
- 学籍变动（<u>学号</u>，<u>变动时间</u>，变动原因）
- 课程（<u>课程号</u>，课程名，学时，学分）
- 教学计划（<u>学期</u>，<u>专业</u>，<u>课程</u>，总课时，考试考查）
- 教学任务（<u>班级</u>，<u>课程</u>，任课教师，教材）
- 课程安排表（<u>班级</u>，<u>星期</u>，<u>节次</u>，课程号，任课教师，上课地点）
- 本校教师（<u>教师编号</u>，教师姓名，职称，专业方向，系）
- 外聘教师（<u>教师编号</u>，教师姓名，职称，专业方向，工作单位，联系方式）
- 教室（<u>教室号</u>，位置，容纳人数）
- 成绩（<u>学号</u>，<u>课程号</u>，成绩）
- 考场安排表（<u>时间</u>，<u>教室</u>，<u>班级</u>）
- 学生打分表（<u>教师编号</u>，<u>得分</u>，时间）
- 考评数据（<u>教师编号</u>，<u>档案类型</u>，时间，<u>得分情况</u>）

（2）各子系统中所用到的表如下：

学籍管理子系统：系，专业，班级，学生，毕业生，注册，学籍变动。

教学任务子系统：系，专业，课程，教学计划，教学任务，课程安排表，本校教师，外聘教师，教室。

成绩管理子系统：系，专业，班级，课程，学生，成绩。

考试考务子系统：学生，本校教师，教室，考场安排表。

教学评估子系统：本校教师，外校教师，学生打分表，考评数据。

在系统的实际开发过程中，为便于查询、统计、打印，有时可能要建立一些过渡表，这要视具体开发情况而定。

➤ 问题与讨论

1. 在系统设计阶段，要做哪些主要的工作？

2. 怎样构建系统的模块结构图？

3. 你认为本案例中所建立的新系统的物理模型合理吗？有哪些需要改进的地方？为什么？

➢本章小结

本章详细阐述了系统设计的概念以及结构化系统设计方法，并以实例形式展示了应用结构化系统设计方法进行系统设计的过程及结果，以帮助读者理解、掌握设计工作中的难点和重点；最后给出系统设计的成果、系统设计说明书的标准书写格式。

➢思考题

1. 系统设计的内容有哪些?
2. 在系统设计中，应遵循哪些原则?
3. 结构化系统设计的基本思想是什么?
4. 模块结构图由哪几部分组成?
5. 模块结构设计应遵循的原则有哪些?
6. 系统物理配置的内容有哪些?
7. 代码有什么作用?
8. 在代码设计时，应遵循哪些原则?
9. 代码的种类有哪些?
10. 输出方式有哪几种?
11. 数据输入出错的校验方法有哪几种?
12. 文件按不同特征怎么分类?

第六章

系统实施与评价

> **本章导读**

开发一个管理信息系统好像建一栋大楼，系统分析、系统设计是根据用户的要求画出各种蓝图，系统实施是调集各类人员、设备、材料，在现场根据图纸按实施方案的要求把"大楼"建起来。在完成了系统分析、系统设计之后，如何将原来纸面上的、类似于设计图的新系统方案转换成可执行的实际系统，是系统实施阶段的主要工作。

系统实施的主要内容包括物理系统的实施、程序设计与调试、人员培训、数据准备与录入、系统转换和评价等。系统实施阶段既是成功地实现新系统，又是取得用户对系统信任的关键阶段。因此，在系统正式实施开始之前，要制定周密具体的实施计划，即确定系统实施的方法、步骤、所需的时间和费用，并且要监督计划的执行，做到既有计划又有检查，以保证系统实施工作的顺利进行。

> **学习目的**

理解系统实施阶段的作用与地位、主要活动内容；

理解主要程序设计语言及工具的特点和结构化程序设计原则；

掌握保持优良程序设计风格的方法；

理解系统测试概念，会使用测试方法对程序进行基本测试；

掌握调试排错的方法；

掌握系统转换的方法；

掌握系统评价的内容和方法。

第一节 物理系统的实施

管理信息系统的物理系统的实施是计算机系统和通信网络系统设备的订购、机房的准备和设备的安装调试等一系列活动的总和。

一、计算机系统的实施

在信息时代，计算机技术的发展日新月异，不同厂家、不同型号的计算机产品为信息系统的应用提供了广阔的舞台，但也给系统的实施带来了一定的复杂性。我们必须从这些计算机产品中选择最适合应用需要的品牌。

购置计算机系统的基本原则是：①能够满足管理信息系统的设计要求；②计算机系统是否具有合理的性能价格比；③系统是不是具有良好的可扩充性；④能否得到来自供应商的售后服务和技术支持等。

计算机对周围环境比较敏感，尤其在安全性要求较高的应用场合，计算机对机房的温度、湿度等都有特殊的要求。通常，机房要安装双层玻璃门窗，并且要求无尘。硬件通过电缆线连接至电源，电缆走线要安放在防止静电的活动地板下面。另外，为了防止由于突然停电造成的事故，应安装备用电源设备，如功率足够的不间断电源（UPS）。

二、网络系统的实施

MIS通常是一个由通信线路把各种设备连接起来组成的网络系统。MIS网络有局域网和广域网两种。局域网（LAN）通常指一定范围内的网络，可以实现楼宇内部和邻近几座大楼之间的内部联系。广域网（WAN）设备之间的通信，通常利用公共电信网络，实现远程设备之间的通信。

网络系统的实施主要是通信设备的安装、电缆线的铺设及网络性能的调试等工作。常用的通信线路有双绞线、同轴电缆、光纤电缆以及微波和卫星通信等。

第二节 程序设计

系统实施阶段最主要的工作是程序设计。程序设计是根据系统设计文档（系统设计说明书）中有关模块的处理过程描述，选择合适的计算机程序语言，编制出正确、清晰、健壮、易维护、易理解、工作效率高的程序的过程。

一、程序设计原则

在管理信息系统的开发过程中，程序设计是实现系统功能的重要手段，因而也是非常重要的一步。

随着计算机应用水平的不断提高，软件越来越复杂，同时硬件价格在不断下降，软件费用在整个应用系统中所占的比重急剧上升，从而使人们对程序设计的要求发生了变化。在过去的小程序设计中，主要强调程序的正确和效率，但对于大型程序，特别是采用了先进的软件开发技术和工具后，人们往往倾向于首先强调程序的可维护性、可靠性和可理解性，而后才是效率。

因此，要设计出性能优良的程序，除了要正确实现程序说明书中所规定的各项功能外，还要求在程序设计时特别遵循以下五项原则。这些原则随着系统技术和计算机技术的发展而不断变化，不是一成不变的。

1. 可靠性原则

系统的可靠性指标在任何时候都是系统质量的首要指标。可靠性指标可分解为两个方面的内容：一方面是程序或系统的安全可靠性，如数据存取的安全可靠性、通信的安全可靠性、操作权限的安全可靠性，这些工作一般都要在系统分析和设计时严格定义；另一方面是程序运行的可靠性，这一点只能在调试时严格把关（特别是委托他人编程时），以保证编程工作的质量。

2. 可维护性原则

系统在运行期间，逐步暴露出的隐含错误需要及时排错；同时，用户新增的要求也需要对程序进行修改或扩充。此外，计算机软、硬件的更新换代也要求对应用程序作相应的调整或移植。所以说，由于排错、改正、改进的需要，系统的可维护性是必要的。考虑到管理信息系统一般要运行 3～10 年的时间，因而系统维护的工作量是相当大的。

3. 可理解性原则

可理解性要求程序清晰，没有太多繁杂的技巧，能够让他人比较容易读懂。可理解性对于大规模、工程化地开发软件非常重要，这是因为程序的维护工作量很大，程序维护人员经常要维护他人编写的程序。如果程序不便于阅读，那么会给程序检查与维护工作带来极大的困难，而无法修改的程序是没有生命力的程序。

4. 效率原则

程序效率是指程序能否有效地利用计算机资源（如时间和空间），也就是指系统运行时应尽量占用较少的空间，却能用较快的速度完成规定的功能。近年来，硬件价格大幅度下降，而其性能却不断地在完善和提高，所以效率已经不像以前那样举足轻重了。相反，程序设计人员的工作效率却显得日益重要。因此，提高程序设计人员的工作效率，不仅能降低软件开发成本，而且可明显降低程序的出错率，进而减轻维护人员的工作量。

5. 健壮性原则

健壮性是指系统对错误操作、错误数据输入能予以识别与禁止的能力，不会因错误操作、错误数据输入及硬件故障而造成系统崩溃。这是系统长期平稳运行的基本前提。

二、程序设计语言的选择

目前市场上能够提供系统实现时选用的编程工具非常多，这些工具不仅在数量和功能上突飞猛进，而且在内涵和拓展上也日新月异。这既给我们开发系统提供了越来越多、越来越方便的手段，同时也要求我们了解和选用恰当的编程工具，以保证实现这一环节的质量和效率。

比较流行的软件工具一般有：一般编程语言、数据库系统、程序生成工具、系统开发工具、客户（Client）/服务器（Server）型工具，以及面向对象的编程工具，等等。目前，这类工具的划分在许多具体软件上又是交叉的。

1. 常用编程语言

常用编程语言包括 C 语言、C++语言、Visual Basic 语言、PL/1 语言、Prolog 语言、OPS 语言等。

2. 数据库系统

目前市场上提供的数据库软件工具产品主要有两类，一类是以微机关系数据库为基础的 XBASE 系统，另一类是大型数据库系统。前者以 dBASE-Ⅱ、dBASE-Ⅲ、dBASE-Ⅳ、dBASE-Ⅴ、FoxBASE2.0、FoxBASE 2.1 以及 FoxPro 的各种版本为典型产品；后者以 ORACLE 系统、SYBASE 系统、INGRES 系统、INFORMAX 系统以及 DB2 系统等为典型产品。

3. 程序生成工具

程序生成工具又称为第四代生成语言（4th generation language），是一种基于常用数据处理功能和程序之间对应关系的自动编程工具。

4. 系统开发工具

系统开发工具是在第四代程序生成工具基础上发展起来的，它不仅具备4GL 的各种功能，而且更加综合化、图形化、可视化。目前系统开发工具主要有两类，即专用开发工具类（常见的如 SQL、SDK 等）和综合开发工具类（常见的如 FoxPro、dBASEⅤ、Visual Basic、Visual C++、CASE、Team Enterprise Developer）。

5. 客户/服务器型工具

客户/服务器型工具是当今软件工具发展过程中出现的一类新的系统开发

工具，常见的如基于 Windows 下的 FoxPro、Visual BASIC、Visual C＋＋、Excel、Powerpoint、Word，Borland International 公司的 Delphi Client/Server，以及 Powersoft 公司的 PowerBuilder Enterprise、Sysmantec 的 Team Enterprise Developer，等等。此类开发工具所开发出来的应用软件系统对硬件的要求较高。

6. 面向对象的编程工具

面向对象的编程工具主要是指与 OOP、OOA、OOD 方法相对应的编程工具，常见的如 C＋＋、Visual C＋＋、Visual FoxPro。这是一类针对性较强，并且很有潜力的系统开发工具。这类工具最显著的特点是：它必须与整个面向对象方法相结合。没有这类面向对象工具，面向对象方法的特点将受到极大的限制；反之，没有面向对象方法，该类工具也将失去其应有的作用。

由于管理信息系统是以数据处理为主，且基于微机和微机局域网络系统的硬件开发环境，因此，在我国的管理信息系统中，目前使用最多的是 FoxPro、Visual FoxPro、Oracle 等关系数据库管理系统，并结合 C 语言进行开发。

不管使用哪种语言，在实际的管理信息系统开发过程中，设计语言的选择都应考虑以下因素：

(1) 管理系统所处理问题的性质。由于管理信息系统是以数据处理为主，故应选择数据处理能力强的语言。

(2) 计算机的软、硬件和所选语言在相应机器上所能实现的功能。有的程序设计语言尽管在文本的规定上具有较强的语言功能，但限于具体的计算机条件（大型机、小型机、微型机、计算机的内存容量等条件），其功能没能全部实现。即使有的语句功能实现了，但其实际处理能力和效率可能有所下降，如最大文件个数、文件的类型、数字的精度等。

(3) 系统的可维护性和可移植性。分析用户对计算机语言的掌握程度，选择用户较为熟悉，或易于学习、易于应用的语言，以便于用户维护。并且还要考虑语言本身的结构化程度好坏，以便于系统的维护和修改。

对于管理类专业的学生，其一般均为非专业程序开发人员，在实际编程工作中对 FoxPro 和 Visual FoxPro 用得较多，特别是具有强大辅助编程功能的 Visual FoxPro 已成为他们当前主要使用的编程语言。

三、结构化程序设计方法

目前程序设计的方法大多是按照结构化系统开发方法、原型法、面向对象的方法进行。而且，我们也推荐这种充分利用现有软件工具的方法，因为这样做不但可以减轻开发的工作量，而且还可以使系统开发过程规范、系统功能更强，更易于维护和修改。

结构化程序设计（structured programming，SP）方法是 E. Djkstra 等在

1972 年提出，用于详细设计和程序设计阶段，指导人们用良好的思想方法开发出易于理解又正确的程序的一种程序设计方法。

（一）结构化程序设计方法

（1）顺序结构。这种结构按语句或命令的自然顺序从上到下一条一条地执行。

（2）选择结构。这种结构如图 6.1 所示。

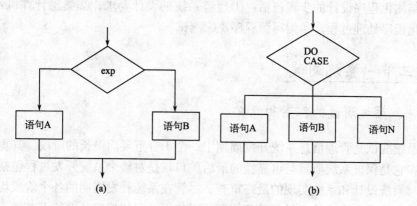

图 6.1　两种选择结构

（3）循环结构。这种结构如图 6.2 所示。

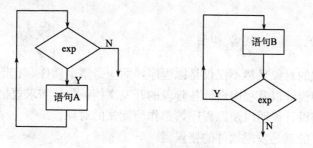

图 6.2　两种循环结构

（二）结构化程序设计的原则

（1）使用语言中的顺序、选择、重复等有限的基本控制结构表示程序逻辑。

（2）选用的控制结构只准许有一个入口和一个出口。

（3）程序语句组成容易识别的块（block），每块只有一个入口和一个出口。

（4）复杂结构应该用基本控制结构进行组合嵌套来实现。

（5）语言中没有的控制结构，可用一段等价的程序段模拟，但要求该程序段在整个系统中前后一致。

（6）严格控制GOTO语句，仅在可以改善而不是损害程序可读性的情况下偶尔使用。例如，在查找结束、文件访问结束、出现错误情况要从循环中转出时，使用条件选择结构实现就不如用GOTO语句简洁易懂。

（三）结构化程序设计的步骤

结构化程序设计的步骤包括：①理解系统的设计要求；②熟悉计算机性能；③细化程序处理过程；④编写源程序；⑤测试。

第三节 系统测试

一、系统测试的作用和意义

系统测试是管理信息系统开发周期中一个十分重要而漫长的阶段。其重要性体现在它是保证系统质量与可靠性的最后关口，是对整个系统开发过程包括系统分析、系统设计和系统实现的最终审查。尽管在系统开发周期的各个阶段均采取了严格的技术审查，希望尽早发现问题予以修正，但依然难免遗留下差错，如果这些差错没有在投入运行前的系统测试阶段被发现并予以纠正，那么问题迟早会在运行中暴露出来，到那时再纠正错误将会付出更大的代价，甚至会造成不堪设想的后果。

二、系统测试的对象和目的

系统测试的对象显然不仅仅是源程序，而应是整个软件，它把需求分析、概要设计、详细设计以及程序设计各阶段的开发文档，包括需求规格说明、概要设计说明、详细设计说明以及源程序，都作为测试的对象。

测试的目的就是发现软件的错误。

在系统测试中发现的错误可能是各式各样的，按其范围和性质可分为以下几类：

（1）功能错误。是指功能规格说明书不够完整或叙述不够确切，致使在编码时对功能有误解而产生的错误。

（2）系统错误。是指与外部接口的错误、参数调用错误、子程序调用错误、输入/输出地址错误，以及资源管理错误等。

（3）过程错误。主要指算术运算错误、初始过程错误、逻辑错误等。

（4）数据错误。主要指数据结构、内容、属性错误，动态数据与静态数据混淆，参数与控制数据混淆等。

（5）编码错误。主要指语法错误、变量名错误、局部变量与全局变量混淆、程序逻辑错误和编码书写错误等。

三、系统测试的基本原则

基于以上系统测试的概念，在进行系统测试中应遵循以下基本原则：

（1）测试工作应避免由原开发软件的个人或小组来承担。

（2）设计测试方案时，不仅要包括确定的输入数据，而且应包括从系统功能出发预期的测试结果。

（3）测试用例不仅要包括合理、有效的输入数据，而且还要包括无效的或不合理的输入数据。

（4）不仅要检验程序是否做了该做的事，还要检查程序是否同时做了不该做的事。

（5）软件中仍存在错误的概率与已经发现错误的个数是成正比的。

（6）保留测试用例，作为软件文档的组成部分。

四、系统测试的方法

对系统进行测试的常用方法有三种，分别为静态测试、动态测试、程序正确性证明。

静态测试是指通过人工方式评审系统文档和程序，目的在于检查程序的静态结构，找出编译不能发现的错误。这种方法手续简单，是一种行之有效的检验手段。经验表明，组织良好的静态测试可以发现程序中 30％～70％的编码和逻辑设计错误，从而减少动态测试的负担，提高整个测试工作的效率。系统开发的每一个阶段都要进行静态测试，这样，可以使错误发现得早、纠正得早，开发成本大为降低。

动态测试是运用事先设计好的测试用例，有控制地运行程序，从多种角度观察程序运行时的行为，对比运行结果与预期结果的差别以发现错误。也就是说，动态测试是为了发现错误而执行程序。因此，动态测试的关键问题是如何设计测试用例，即设计一批测试数据，通过有限的测试用例，在有限的研制时间、研制经费的约束下，尽可能多地发现程序中的错误。

一般源程序通过编译后，要先经过静态测试，然后再进行动态测试。

对某些类型的错误，动态测试比静态测试有效，但对有些类型的错误，人工寻找的效率往往比机器测试更高；动态测试只能发现错误的症状，不能进行问题定位，而静态测试一旦发现了错误，也就确定了错误的位置、类型和性质。因此，静态测试不可忽视，它是动态测试的准备，是测试中必不可少的环节。

程序正确性证明技术目前还处于初始阶段。在使用这种测试方法时，必须提供实现程序功能的严格数学模型，然后根据程序代码来确认能实现它的功能说明。证明程序正确性，对于评价小程序可能有一些价值，但是在证明大型软件系统的正确性时，不仅工作量巨大，而且在证明过程中很容易包含错误，因此是不实用的。

(一) 静态测试的方法

静态测试又称代码复审，主要有下列三种方法：

（1）个人复查。指源程序编完以后，直接由程序员自己进行检查。由于对自己的错误不易发现，如果对功能理解有误，自己也不易纠正，所以这是针对小规模程序常用的方法，效率不是很高。

（2）走查。一般由三至五人组成测试小组，测试小组成员应是从未介入过该软件设计工作的有经验的程序设计人员。

测试在预先阅读过该软件资料和源程序的前提下，由测试人员扮演计算机的角色，用人工方法将测试数据输入被测程序，并在纸上跟踪监视程序的执行情况，让人代替机器沿着程序的逻辑走一遍，发现程序中的错误。由于人工运行很慢，因此走查只能使用少量简单的测试用例。实际上走查只是个手段，是在"走"的过程中不断从程序中发现错误。

（3）会审。测试小组构成与走查相似，要求测试成员在会审前仔细阅读软件有关资料，根据错误类型清单（从以往经验看一般容易发生的错误）填写检测表，列出根据错误类型提出的问题。会审时，由程序作者逐个阅读和讲解程序，测试人员逐个审查、提问，讨论可能产生的错误。会审要对程序的功能、结构及风格等进行全面审定。

(二) 动态测试的方法

动态测试中的测试用例由输入数据和预期的输出结果两部分组成。理论上，只需用各种可能的输入数据运行程序，通过输出的结果来判断程序是否正确即可。但实际上，这是不可能的，即使一个很简单的程序，也无法穷尽所有可能的输入数据。这就要求测试人员从可能的输入数据中找出一组最具代表性、最有可能发现程序中错误的数据进行测试。这就是测试用例设计。

测试用例设计是测试阶段的关键技术，测试用例包括要测试的功能、应该输入的测试数据和预期结果。不同的测试数据发现程序错误的能力差别很大。因此，为了提高测试效率，应该选用高效的测试数据。设计测试用例的方法有两种：白箱法和黑箱法。在不同的测试阶段，可采用不同的方法或交叉使用这两种方法。

（1）白箱法。白箱法是把被测试的程序看成是一个透明的箱子，对系统内部的过程性细节作细致的检查。它是以程序内部的逻辑结构及相关信息来设计或选择测试用例，使测试数据覆盖被测试程序的所有逻辑路径。因此，白箱法又称为结构测试法或逻辑驱动测试法。

（2）黑箱法。黑箱法是将被测试的程序看成是一个黑箱子，完全不考虑程序的内部结构和处理过程，只用测试数据来验证被测程序的功能，看其是否满足需求分析中的功能说明，以及是否会发生异常情况。因此，黑箱法又叫功能测试法或数据驱动测试法。

黑箱法主要是为了发现以下错误而采用的：①功能上，是否有不正确的功能；②接口上，是否能正确接受输入，并输出正确的结果；③性能上，是否能满足要求；④是否有数据结构错误或外部信息访问错误；⑤是否有初始化或终止性错误。

黑箱法常用的测试技术有等价分类法、边缘值分析法和错误推测法等。

五、系统测试过程

管理信息系统软件在分析、设计、编程等每个阶段都有可能产生各种各样的错误，为了发现各阶段产生的错误，调试过程应该同分析、设计、编程的过程具有类似的结构，以便针对每一阶段可能产生的错误，采用某些特殊的测试技术。

系统测试有多种形式，一般分模块测试（单调）、子系统测试（分调）、系统测试（联调），如图 6.3 所示。系统测试成功后，还有用户的验收测试。

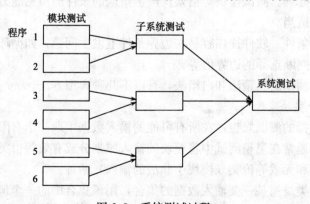

图 6.3　系统测试过程

（一）模块测试（单调）

所谓模块是指一段能够完成一定功能的程序语句，是程序设计的最小单元，是程序设计最小的独立编译单位。

由于每个模块完成一个定义明确而又相对独立的子功能，因此可以把它作为一个单独实体来测试，而且通常比较容易设计测试用例。模块测试的目的是保证每个模块作为一个单元能够独立运行。

模块测试一般是由程序开发人员在模块编写完成且无编译错误后对单个模块进行的测试。它是系统测试的基础，比系统测试更容易发现错误和更有效地进行排错处理。

模块测试可采用人工测试和机器测试两种方法，机器测试一般采用白箱法。在模块进行机器测试前，可以通过阅读程序和人工运行程序的人工测试方法来发现程序中的语法错误和逻辑错误。

在阅读程序时，可由不同程序员交互阅读，以便更有效地发现错误。因为，人们在阅读自己编写的程序时，往往是按自己原有的思路去读程序，较难发现问题。

人工运行程序是在弄清程序结构的情况下，用少量简单的数据将程序"走"一遍，这有助于发现程序中的一些逻辑错误。

模块测试主要从下述五个方面去检验模块：

（1）模块接口。测试信息能否正确无误地流入、流出模块。

（2）模块内部的数据结构。测试内部数据的完整性，包括内容、形式及相互关系。

（3）逻辑路径。测试应覆盖模块中关键的逻辑路径。

（4）出错处理。测试模块对错误及产生错误的条件的预见能力，并且检测其出错处理是否适当。

（5）边界条件。软件往往容易在边界条件上发生问题，如循环的第一次和最后一次执行，判断选择的边界值等。

对于机器测试的黑箱法和白箱法，有以下几种典型方法。

1. 等价分类法

根据所选择的测试思想，在所有可能的输入数据中取一个有限的子集，作为测试用数据。通常在黑箱测试中将模块的输入域划分成有效等价类（模块中符合规范的输入）和无效等价类（模块中非法的输入）两种。

所谓等价类是指某一类输入数据的集合，用该集合中的一个例子作为测试数据对程序进行测试，这与使用该集合中其他例子进行测试发现错误的机会是等效的。

2. 边缘分析法

这也是一种黑箱测试法。在编写程序时，人们往往只注意正常情况，而忽视了边界条件下的程序运行状态。因此，在测试过程中，边缘值常被用来作为测试数据。

3. 逻辑覆盖法

用白箱法测试模块时，要执行程序中的每一条路径，当程序中有循环存在时，要测试程序中的每一条路径是不可能的。而用逻辑覆盖法测试模块，只要将模块中的每一个分支方向都至少测试一次即可。对模块中的循环语句，只需测试其是否被执行，而不必去测试每次的循环情况。

(二) 子系统测试 (分调)

子系统测试是在模块测试的基础上，根据系统模块结构图将各个模块连接起来进行测试，以考查各模块的外部功能、接口以及各模块间相互调用的问题。

对于子系统测试，通常可以用自顶向下测试和自底向上测试两种测试方法。

(1) 自顶向下测试。先用主控模块作为测试驱动模块，然后将其所有下属模块用桩模块代替。桩模块中只保留所代替模块的名字、输入输出参数，而没有具体的处理功能。在子系统测试过程中，再逐步用实际模块替换桩模块。在替换时，按数据流动的方向按输入模块—处理模块—输出模块的顺序逐步替换。在替换桩模块时，通常是在完成一组测试后，用一个实际模块替换一个桩模块，然后再进行下一组测试，这样依次结合构成一个完整的子系统。为保证模块替换后没有引入新的错误，可以在模块替换后先进行回归测试，即重复以前已进行过的部分或全部测试，然后再进行新的测试。

(2) 自底向上测试。即从系统结构的最低一层模块开始进行组装和测试。这种测试方法需要设计一些测试驱动模块而不是桩模块。测试驱动模块主要用来接受不同测试用例的数据，并把这些数据传递给被测试模块，最后打印出测试结果。自底向上测试子系统，先将一些低层模块组合成实现某一特定功能的模块群，然后为这些模块设计一个驱动模块，作为测试的控制模块，以协调测试用例的输入输出。在完成这一模块群的测试后，按照系统的层次结构从底到上用实际模块替换驱动模块，组合成一个新的、规模更大的模块群，然后再进行新的一轮测试。

上述两种子系统测试方法各有优缺点，一种方法的优点正是另一种方法的不足之处。自顶向下测试方法的优点在于和子系统整体有关的接口问题可以在子系统测试的早期得到解决，但设计测试用例比较困难。自底向上测试方法的优点在于设计测试用例比较容易，但它必须在最后一个模块组装出来后，才能使模块群作为一个整体存在。

通常在进行子系统测试时，是将这两种方法结合起来进行，即对子系统的较高层次使用自顶向下测试方法，对子系统的较低层次使用自底向上测试方法。

（三）系统测试（联调）

在所有子系统都测试成功以后，还需进行系统测试。它主要是解决各子系统之间的数据通信和数据共享（公用数据库）的问题以及满足用户要求的测试。

在系统测试完成后，要进行用户的验收测试，它是用户在实际应用环境中所进行的真实数据测试。用户验收测试主要使用原手工系统用过的历史数据，将运行结果和手工所得相核对，以考查系统的可靠性和运行效率。如果测试数据只用一个月，则最好选择 12 月份的数据。因为管理业务数据在年底时较全面，数据量也大，并且有许多报表要处理。

系统测试的依据是系统分析报告，要全面考核系统是否达到了目标。在系统测试中，可以发现系统分析中遗留下来的未解决的问题。

经过以上分析可得出：模块测试可发现程序设计中的错误，子系统测试可以发现系统设计中的错误，而只有系统测试才能发现系统分析中的错误。因此，系统分析与设计人员要非常重视早期的系统分析与设计工作。

六、编制程序运行说明书

系统调试完毕后，系统研制人员要及时整理和编印详细的程序运行说明书，即系统操作使用说明书。程序运行说明书与系统原理说明书在内容和作用上都完全不同。程序运行说明书的内容应包括用户怎样启动并运行系统，怎样调用各种功能，怎样实现数据的输入、修改和输出，并附有必要的图示和实例，它是指导用户正确使用和运行系统的指导文件。而系统原理说明书的内容包括系统目标、功能和原理，并附有全部程序框图与源程序清单；它的作用是为以后的系统维护提供参考资料，也是技术交流的主要素材。

■第四节　人员培训与系统切换

一、人员培训

企业各层次人员都参与管理信息系统的操作、维护、运行，因而，必须对企业各层次人员进行有针对性的培训，以确保管理信息系统正常运行并充分发挥作用。

（一）培训内容

为提高培训效果，通常对各层次人员实施不同内容的培训。具体如下。

（1）操作人员：掌握专门的操作和管理技能。

（2）业务用户：了解系统的基本原理和岗位职责，学会系统的使用方法，正确、熟练地进行业务操作。

（3）知识型用户：掌握信息系统资源的使用方法，能够与桌面系统有效地集成。

（4）管理人员：懂得如何利用系统分析数据来辅助决策和管理工作，了解数据来源和分布情况，掌握必要的数据查询和分析方法。

各层次人员培训内容还应包括系统规则、管理制度、行为规范与防范措施等。

（二）培训方式

人员培训的方式可以根据实际需要灵活设置，通常采用如下四种方式。

（1）集中授课：对用户集中授课是一种快捷、直接的培训方式，但这种方式要求用户有专门的时间。

（2）模拟演练、实习操作：让用户借助原型系统进行模拟演练、实习操作，这样可以取得良好的培训效果，但要求有原型系统。

（3）机上帮助：用户个人利用系统自带的帮助进行培训。此方式虽然方便，但学习速度慢，还会对系统造成直接影响，因而不适用于对时间和损失敏感的操作。

（4）在使用中进行指导：在用户使用系统过程中对其进行指导，这是一种效果很好的培训方式，但需要有较多的 IT 力量的支持。

无论企业采用哪一种方式，一般都要求培训工作有充分的提前量。这不仅是为了在系统完成之后就可以立即将其投入使用，也是为了对硬件、软件进行及时的检验与进一步的修改和完善。

二、系统切换

系统切换是系统调试工作的延续，对于系统最终使用的安全、可靠、准确性来说，它是一项十分重要的工作。这项工作包括既相对独立又彼此联系的两项任务，即首先要完成数据的整理与录入（系统初始化）任务，然后完成系统切换（系统转换）任务，即用新系统代替老系统。

（一）数据的整理与录入

数据整理就是按照新系统对数据要求的格式和内容统一进行收集、分类和编码。录入就是将整理好的数据送入计算机内，并存入相应的文件中，作为新系统的操作文件。另外，还要完成运行环境的初始化工作（如权限设置等）。数据的整理与录入是关系到新系统成功与否的重要工作，绝不能低估它的作用。

基础数据的准备要注意以下几方面的问题：

（1）基础数据统计工作要严格科学化，具体方法要程序化、规范化。

（2）计量工具、计量方法、数据采集渠道和程序都应该固定，以确保新系统运行有稳定、可靠的数据来源。

（3）各类统计和数据采集报表要标准化、规范化。

（4）对于变动数据，在系统切换时一定要使它们保持最新状态，否则将是无意义的。

新系统的数据整理与录入工作量特别庞大，而给定的完成时间又很短，所以要集中一定的人力和设备，争取在尽可能短的时间内完成这项任务。为了保证录入数据的正确，首先数据整理要正确，其次尽量利用各种输入检验措施保证录入数据的质量。

（二）系统切换

系统切换是指系统开发完成后新老系统之间的切换。系统切换的方式有四种，分别是直接切换方式、并行切换方式、阶段切换方式、试点切换方式，如图6.4所示。

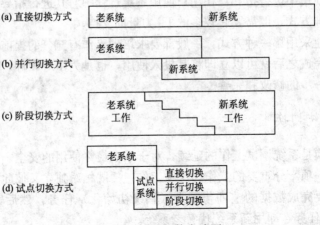

图 6.4　系统切换方式图

1. 直接切换方式

直接切换方式是指在某一时刻，旧系统终止使用，新系统投入运行，新系统一般要经过较详细的测试和模拟运行。考虑到系统测试中试验样本的不彻底性，以及新系统没有真正担负过实际工作，因而这种方式虽然最简单、最省钱，但风险最大，在切换过程中很可能会出现事先预想不到的问题。

一般只有在老系统已完全无法满足需要或新系统不太复杂或数据不很重要的情况下，才采用这种方法。一些比较重要的大型系统则不宜采取这种切换方式。

2. 并行切换方式

针对直接切换方式存在的问题，并行切换方式新投入运行时，老系统并不停止运行，而是与新系统同时运行一段时间，新老系统并存的时间一般为 3~5 个月。在这段时间里，既保持系统工作不间断，又可以对照两个系统的输出，利用老系统对新系统进行检验。经过一段时间的运行，在验证新系统的处理准确、可靠后，原系统才停止工作。

新老系统的并行，保证了安全可靠、无风险的系统运行，消除了尚未认识新系统之前的惊慌与不安。并行切换方式的主要问题是费用太高，这是因为在并存期间，新老系统的工作人员也要并存，这就需要双倍的费用。当系统太大时，费用开销更大。

在银行、财务和一些企业的核心系统中，这是一种经常使用的切换方式。

3. 阶段切换方式

阶段切换方式实际上是以上两种切换方式的结合。对由多个部分构成的系统分多个步骤进行切换，每次用部分新系统代替老系统中的某些部分，平衡后再进行下次切换，直到整个系统切换完成。例如，公司可以先切换旧的订单录入系统，然后再切换库存系统。这种切换方式既避免了直接切换方式的风险性，又避免了并行切换方式发生的双倍费用。

阶段切换方式中的最大问题表现在接口的增加上。系统各部分之间往往是互相联系的，当老系统的某些部分被切换给新系统去执行时，其余部分仍然由老系统去完成，于是在已切换部分和未切换部分之间就出现了如何衔接的问题，这类接口是十分复杂的。

因而，阶段切换方式在较大系统中使用较合适，当系统较小时则不如用并行切换方式方便。

4. 试点切换方式

试点是一个执行了所有操作的试验系统，如一个部门或地区分部。试点切换是指先在一个试点安装运行新系统，如果试点成功，则可以采取上述三种切换方式中的一种继续逐渐推广新系统。这种切换方式时间短、费用低，通过试点的成功切换，可大大增强系统用户或管理者对新系统的信心。

在实际的系统切换工作中，并行切换方式用得较多，因为这种方式既安全，技术上也简单。当然，也有为数不少的系统是将四种切换方式结合起来使用。例如，在阶段方式中的某些部分采用直接切换方式，其他部分采用并行切换方式。

无论一个系统采用何种切换方式，都应该保持系统的完整性，或者说，系统的切换结果应当是可靠的。因此，系统切换也存在着一个控制问题。在新老系统交替前，必须为系统建立验证控制，如用户应掌握新老系统处理的全部控制数字记录，以此来验证系统切换是否破坏了系统的完整性。

根据信息系统实际的开发和应用情况，在确定了系统切换的方式以后，除了做好组织准备、物质准备和人员培训等准备工作之外，最重要且工作量最大的是数据准备和系统初始化工作。

■ 第五节   系统维护

一、系统运行管理及维护的目的和重要意义

在 MIS 正式投入运行后，为了使系统能长期高效地工作，必须加强对系统日常运行的管理。MIS 运行的日常管理绝不仅仅是对机房环境和设施的管理，更主要的是对系统每天的运行状况、数据输入、输出情况及系统的安全性和完备性进行及时、如实的记录与处置，而这些工作主要由系统管理员来完成。

系统刚建成时所编制的程序和数据极少能一字不改地沿用下去，系统人员还要根据 MIS 运行的外部环境的变更和业务量的改变，及时对系统进行维护，因而系统维护工作意义非凡。

二、系统维护的内容和类型

1. 系统维护的内容

系统维护的内容包括：①系统应用程序维护；②数据维护；③代码维护；④硬件设备维护。

2. 系统维护的类型

系统维护的重点是系统应用软件的维护工作，按照软件维护的不同性质，可以将其划分为下面四种类型：纠错性维护、适应性维护、完善性维护、预防性维护。

■ 第六节   系统评价与验收

一、系统评价

管理信息系统投入运行后，要在平时运行管理工作的基础上，定期对其运行

状况进行追踪和监督，并作出评价。进行这项工作的目的是通过对新系统运行过程和绩效的审查，来检查新系统是否达到了预期目的，是否充分地利用了系统内各种资源（包括计算机硬件资源、软件资源和数据资源），系统的管理工作是否完善，以及指出系统改进和扩展的方向是什么等。

系统评价的主要依据是系统日常运行记录和现场实际监测数据。评价的结果可以作为系统维护、更新以及进一步开发的依据。通常，新系统的第一次评价与系统的验收同时进行，以后每隔半年或一年进行一次。首次参加评价工作的人员有系统研制人员、系统管理人员、用户、用户领导和系统外专家，以后各次的评价工作主要是由系统管理人员和用户参加。

（一）系统评价的主要指标

信息系统评价是一项难度较大的工作，它属于多目标评价问题，目前大部分系统评价处于非结构化阶段，只能就部分评价内容列出可度量的指标，不少内容还只能用定性方法作出描述性的评价。其指标体系一般有如下三种：

（1）经济指标。包括系统费用、系统收益、投资回收期和系统运行维护预算等。

（2）性能指标。包括系统的 TMBF（平均无故障时间）、联机作业响应时间、作业处理速度、系统利用率、对输入数据的检查和纠错功能、输出信息的正确性和精确度、操作方便性、安全保密性、可靠性、可扩充性、可移植性等。

（3）应用指标。包括：企业领导、管理人员、业务人员对系统的满意程度；管理业务覆盖面；对生产过程的管理深度；提高企业管理水平；对企业领导的决策参考等。

（二）评价方法

对管理信息系统可以用定性与定量的方法进行评价。

（1）定性方法主要包括结果观察法、模拟法、对比法、专家打分法等。

（2）定量方法主要有德尔菲（Delphi）法、贝德尔（Beded）法、卡尼斯（Chames）法等。这些方法在实际中用得不多。

（三）系统评价报告

完成系统评价后，应根据评价结果写出系统评价报告。评价报告一般包括以下几个方面：

（1）系统运行的一般情况。这是从系统目标及用户接口方面来考查系统，包括：系统功能是否达到设计要求；用户付出的资源（人力、物力、时间）是否被控制在预定界限内；资源的利用率；用户对系统工作情况的满意程度（响应时间、操作方便性、灵活性等）。

（2）系统的使用效果。这是从系统提供的信息服务的有效性方面来考查系统，包括：用户对所提供的信息的满意程度（哪些有用、哪些无用、引用率）；提供信息的及时性；提供信息的准确性、完整性。

（3）系统的技术性能。包括：计算机资源的利用情况（主机运行时间的有效部分的比例、数据传输与处理速度的匹配、外存是否够用、各类外设的利用率）；系统可靠性（平均无故障时间、抵御误操作的能力、故障恢复时间）；系统可扩充性。

（4）系统的经济效益。包括：系统费用，包括系统的开发费用和各种运行维护费用；系统收益，包括有形效益和无形效益，如库存资金的减少、成本下降、生产率的提高、劳动费用的减少、管理费用的减少、对正确决策影响的估计等；投资效益分析。

（5）系统存在的问题及改进意见。

在上述五方面的评价内容中，系统的技术性能评价和经济效益评价是整个系统评价的主要内容。

二、系统验收

对于管理信息系统这样的大项目，在系统完成并试运行了一段时间（一般为半年或一年）之后，要进行必要的验收。系统评价是专业人员分别对各项指标进行技术评定，而系统验收则是投资项目并使用系统的企业，聘请有关专家和主管部门人员共同参与，按照系统总体规划和合同书、计划任务书对系统进行的全面检查和综合评定。其内容不仅包括上述系统评价的各项指标，还包括企业的相应管理措施和应用水平，检查其是否达到了建立管理信息系统的目标。系统通过了验收，则标志着整个开发阶段的结束。

下面的各项要求可供系统验收时参考。

1. 管理机构

（1）企业应有领导分管信息工作。

（2）有信息管理机构负责 MIS 的规划、开发、运行、维护以及数据管理等综合管理工作。

（3）配备必要的专业技术人员。

（4）各业务部门应设有专职或兼职的信息工作人员。

2. 建立信息分类编码体系

（1）建立企业的信息分类编码体系表。

（2）各部门应有相应的编码规划，使用的标准要明确，如使用国家标准、行业标准或企业标准等。

（3）设置各类企业编码的编制、修改、维护和审批的权限。

3. 信息管理的工作规范和制度

（1）制定必备的信息、软件、文档管理制度和各工作岗位规范。

（2）基层数据采集、维护由各部门负责，由信息部门协调各部门对数据的更新、维护等日常工作，并定期作出评价。

（3）对外部信息网络的数据交换由信息部门统一负责并组织实施。

4. 总体规划和系统分析

（1）经过评审的总体规划报告应包括需求调查分析、目标系统规划、开发策略和计划、可行性分析及效益分析。

（2）系统分析报告应包括现行系统的分析、系统目标及总体结构、逻辑模型、子系统划分、数据库模式、基本处理功能、数据库模式、基本处理功能、数据字典等。

（3）物理配置及网络规划应包括规模、配置、选型、通信条件及拓扑结构等。

（4）信息分类编码表应包括部门代码明细表等。

5. 系统功能

（1）建成以企业关键指标体系为对象的共享数据库和部门的专用库。

（2）按规划建成能覆盖企业主要管理职能和生产过程的子系统。

（3）建成能覆盖企业主要管理部门和生产车间的数据传输网络。

（4）随时查询订单执行情况和生产进度，编制生产计划，根据市场或合同变化调整计划。

（5）具有为企业领导决策服务的动态信息查询、综合分析信息预测功能。

（6）具有与企业其他系统资源共享的功能，以统一的接口与多种外部信息网络连接为 MIS 传输数据。

6. 技术指标

（1）系统的平均无故障时间。

（2）联机作业响应时间、作业处理速度等。

➤ 案例

1. 某化工厂开发管理信息系统的经验教训

某化工厂是一个生产硼化物的企业。该厂占地面积为 10 万平方米，在册职工有 500 人。改革开放以来，该厂建立了厂长负责制，改变了经营方式，搞活了企业，经济效益明显增长，并且在 1985 年荣获省部级"六好企业"称号。当时，作为全国知名企业家的该厂厂长，为了进一步提高企业管理水平，决定与某大学合作，以委托开发方式为主研究管理信息系统。接受委托的单位对此进行了可行性分析，认为根据企业当时的条件，还不适宜立即开始管理信息系统的全面开发，最好先研制一些子系统。原因是该厂技术力量薄弱，当时只能从车间中抽调出三名文化程度较低的工人和一名中专程度的技术人员组成计算机室，管理人员对于应用计算机也缺乏认识，思想上的阻力较大。但是，厂长最后还是决定马上开始中等规模的 MIS 开发。他认为，先做个试验，即使失败也没有关系，于是开发工作在1986 年 1 月全面上马，学校也抽调了教师和研究生全力投入该项工作。

　　整个项目的研制工作开展得较有条理。首先是系统调研和人员培训，规划信息系统的总体方案，并购置了以太局域网软件和五台 IBM PC 机。在系统分析和设计阶段中的绘制数据流程图和信息系统流程图过程中，课题组和主要科室人员在厂长的支持下多次进行了关于改革管理制度和方法的讨论。他们重新设计了全厂管理数据采集系统的输入表格，得出了改进的成本核算方法，试图将月盘点改为旬盘点，将月成本核算改为旬成本核算，将产量、质量、中控指标由月末统计核算改为日统计核算。整个系统由生产管理、供销及仓库管理、成本管理、综合统计和网络公用数据库五个子系统组成。各子系统在完成各自业务处理及局部优化任务的基础上，将共享数据和企业高层领导所需数据通过局域网传送到服务器，在系统内形成一个全面的统计数据流，提供有关全厂产量、质量、消耗、成本、利润和效率等的 600 多项技术经济指标，为领导作决策提供可靠的依据。在仓库管理方面，通过计算机掌握库存物资动态，控制最低、最高储备，并采用 ABC 分类法，试图加强库存管理。

　　原计划从 1986 年 1 月份开始用一年时间完成系统开发，但实际上，虽然课题组夜以继日地工作，但软件设计还是一直延续到 1987 年 9 月才开始进入系统转换阶段。可以说，系统转换阶段是系统开发过程最为艰难的阶段，许多问题在这个阶段开始暴露出来。下面列举一些具体的表现：

　　(1) 手工系统和计算机应用系统同时运行，对于管理人员来说，这加重了其负担。在这个阶段，管理人员要参与大量原始数据的输入和计算机结果的校核，特别是仓库管理系统，需要把全厂几千种原材料的月初库存一一输入，工作量极大，而当程序出错、修改时间较长时，往往需要将数据重新输入。这引起了管理人员的极大不满。

　　(2) 仓库保管员不愿意在库存账上为每一材料写上代码，他们认为这太麻烦，而且理解不了为什么非要这样做。

　　(3) 计算机打印出来的材料订购计划比原来由计划员凭想象编写的订购计划能产生明显的经济效益，计划员面子上过不去，到处说计算机系统不好使，而且拒绝使用新系统。

　　(4) 厂长说："我现在要了解本厂欠人家多少钱、人家欠我厂多少钱，系统怎么显示不出来？"

以上这些问题，经过努力，逐一得到解决，系统开始正确运行并获得上级领导和兄弟企业的好评。但同时企业环境发生了很大的变化。一是厂长奉命调离；二是厂外开发人员在移交系统后撤离，技术上的问题时有发生；三是原来由该厂独家经营的硼化物产品，由于原材料产地崛起不少小厂，引起了市场变化，不仅原材料来源发生问题，产品销路也出现了问题，工厂效益急剧下降，人心惶惶，人们无暇顾及信息系统发展中产生的各种问题。与此同时，新上任的厂长认为计算机没有太大用处，不再予以关心。而且，原来支持计算机应用的计划科长也一反常态，甚至在工资调整中不给计算机室人员提工资，结果使已掌握软件开发和技术维护的主要人员调离工厂，整个系统陷入瘫痪状态，管理信息系统开发最后以失败而告终。

➤ 问题与讨论

1. 该厂关于开发项目规模的决策是否符合诺兰模型？为什么？
2. 系统开发比原计划拖延了较长时间，这说明了什么问题？
3. 只开发成本管理系统而不进行整个财务系统的开发，对不对？
4. 企业管理人员的素质对系统开发有什么影响？
5. 通过这个案例，你认为企业"一把手"在开发 MIS 中的作用是什么？
6. 请综合各方面因素客观评价该系统。

2. Oxford 公司的系统切换问题

Oxford Health Plans 公司位于康涅狄格州的 Norwalk，是一家拥有 30 亿美元的公司，管理细致。1996 年，CareData 在纽约对 3000 名保健消费者进行了调查，在所有消费者的满意程度方面，Oxford Health Plans 公司排在第一位。但在 Oxford Health Plans 公司的纽约病人中，对公司系统的处理能力持高度满意态度的仅占 34%。这一数字似乎较低，但仍比 26% 的满意率要高，这是相同市场的消费者给予其他处理者的评定等级。继那次调查之后，Oxford Health Plans 公司将它所需要的处理系统升级了。不幸的是，系统切换项目主管采用了直接方式，新系统的切换方式没有做好，所以在消费者的满意方面并没有得到改善。由于系统切换问题，Oxford Health Plans 公司现在还欠纽约医生和医院几百万美元的债务。

此外，一些技术问题被积压下来。公司只切换了 150 万美元部分的 80%，虽然供应商的账已经结清，但文件中的 20% 较复杂，比系统设计人员预料的更具挑战性。Oxford Health Plans 公司在运行新系统模拟 3000 个并发用户同时访问系统的多个应用时失败了，系统丧失了 60%~70% 的处理能力。结果，从客

户服务响应到处理所需的平均时间从 4 分钟增至 8 分钟。Oxford Health Plans
公司的系统转换宣告失败。

➢ 问题与讨论

1. 在本案例中，如果你是系统切换项目的主管，你将建议 Oxford Health Plans 公司采用哪种切换方式？

2. 为了避免出现 Oxford Health Plans 公司所遇到的问题，你将在系统切换中进行哪些工作？

➢ 本章小结

本章详细介绍了系统实施阶段的作用与地位以及该阶段主要的活动内容；阐述了程序设计语言及工具特点，结构化程序设计原则，优良的程序设计风格，系统测试概念，系统测试方法与步骤和调试排错的方法策略，系统转换的方法，系统维护的内容、步骤以及系统评价的内容与方法等，力图简明扼要地阐明系统实施与维护、评价阶段的工作思路，帮助初学者对该阶段的理解与把握。

➢ 思考题

1. 程序设计要遵循哪些原则？
2. 简述程序调试过程。
3. 常见的系统切换方式有哪几种？它们各有什么优缺点？
4. 系统维护的内容有哪些？
5. 系统评价的内容与方法各是什么？

第七章

网络环境下的信息系统开发

➢ **本章导读**

在 Internet 飞速发展的今天，互联网已经成为人们快速获取、发布和传递信息的重要渠道，它在政治、经济、生活等各个方面发挥着日益重要的作用。网络环境下的信息系统建设与一般的信息系统建设相比，既有开发的共同特点，也有各自的特性。网络环境下信息系统建设应遵循哪些原则？建设过程如何？基于网络环境的信息系统的系统模式及最新发展如何？目前信息系统开发中常用的软件体系结构有哪些？通过本章，读者将会对这些问题有一个了解。

➢ **学习目的**

了解网络环境下信息系统建设的原则和过程；

掌握各种开发模式的优缺点，并能选择合适的系统模式；

了解常见的软件体系结构。

■ 第一节　网络环境下信息系统建设的原则与过程

所谓网络信息系统，是指在网络环境下利用网络操作系统和网络应用软件将各种硬件设备连在一起，具有信息采集、存储、传输、处理、输出等功能的计算机信息系统。网络环境下的信息系统建设就是指实现网络信息系统的过程。网络信息系统在信息管理上具有十分明显的优势。一个完善的网络信息系统，应该是支持多厂商、多协议、具有灵活配置功能并能满足多种要求且易于管理的开放式网络系统。在网络信息系统建设过程中，一定要注重实用，应根据实际应用的需求，充分利用各种先进、成熟的网络技术进行建设。此外，还必须保证网络信息系统具有安全性以及系统的可扩充性和开放性。

一、网络信息系统建设的原则

在设计网络信息系统时，不仅要考虑网络信息系统建设的基本内容，还应在信息系统建设的原则指导下进行。主要的建设原则有以下八个。

1. 实用性原则

由于网络信息系统建设不仅面临诸多目标和要求，而且还面临各种技术和方案的选择，因此首先要考虑的就是实用性原则。所谓实用性，就是通过建立系统与人、与环境之间的协调，使新建立的系统能够最大限度地满足客户的各项需求，也就是以较少的资金、较快的速度建成一个用户界面友好、易于操作的实用系统。为了提高网络信息系统的实用性，必须考虑以下三个因素：

（1）便利性。系统总体设计要充分考虑用户各业务层次、各环节管理中数据处理的便利性。

（2）连贯性。采取"总体设计，分步实施"的技术方案，使系统始终与用户的实际需求紧密结合在一起，使系统建设保持较好的连贯性。

（3）操作方便性。人-机操作设计应充分考虑不同用户的实际需要，用户接口及界面设计则要充分考虑人体的结构特征和视觉特征，进行优化设计；界面应该尽量做到美观大方，操作简便实用。

2. 先进性原则

在网络信息系统建设的过程中，技术上必须具备先进性，先进性服务于实用性。近年来计算机及网络技术发展极快，技术更新的周期也在缩短，而且这种发展速度还将继续下去。因此，新建立的系统必须具备一定的先进性，不至于很快就被淘汰。

3. 可靠性原则

系统可靠性是指由于客观因素而导致系统受到破坏的防护性能。任何系统故障都可能给用户带来不可估量的损失，这就要求系统具有高度的可靠性。

4. 安全性原则

网络信息系统的安全性至关重要。系统安全性是指针对外界向系统进行攻击致使信息丢失、破坏乃至系统瘫痪的防卫。网络信息系统建设必须符合国家安全部门和保密部门的要求，利用网络系统、数据库系统和应用系统的安全机制设置，拒绝非法用户进入系统以及合法用户的越权操作，避免系统遭到破坏，防止系统数据被窃取和篡改，而且还要对计算机病毒采取行之有效的防范措施。

5. 扩展性原则

由于用户的实际工作是可持续发展的，所以新建立的系统应能保证"平滑升级"，即系统在扩大、改变与发展时能使原有的软件、硬件资源得到最有效的保护。根据软件工程理论，系统维护在整个软件的生命周期中所占的比重最大。网络信息系统从最初应用到最终实现目标，往往需要不断完善，其中涉及的改进和维护工作量很大。所以，必须考虑系统的可扩充能力和维护能力，充分考虑网络信息系统在结构、容量、通信能力、产品升级、处理能力、数据库、软件开发等方面具有良好的可扩展性和灵活性。

6. 开放性原则

保证系统可扩充性的关键是一定要使用"开放性"技术。在网络信息系统建设的过程中，一定要充分考虑现有系统将来发展的需要，即要求网络信息系统具有良好的开放性。这样，就能使系统的维护和扩充少受限制，用户现有的应用软件通过移植或者略加修改，就可以在新的网络环境中运行。

7. 标准化原则

网络信息系统建设要尽可能采用统一的信息编码，以实现数据的标准化和工作流程的最优化。

8. 方便性原则

网络管理员通过先进的网络管理软件，进行实时监管和管理。例如，在客户端通过使用 Web 浏览器，也可以实现部分管理功能。

二、网络信息系统的建设过程

与一般信息系统一样，网络信息系统的建设过程大体可分为系统规划、需求分析、系统设计、系统实现等阶段。

（一）系统规划

成功的网络信息系统源于良好的规划。从某种意义上说，网络信息系统规划的好坏直接影响到系统开发的成败。因此，在建立网络信息系统时，必须进行认真的规划。网络信息系统的规划主要包括以下三项内容：

（1）服务对象规划。服务对象信息是系统规划中最重要的信息。服务对象规划主要包括两方面的内容，即服务对象范围的确认和服务对象需求的确认。服务对象是指对网络信息系统感兴趣的人群。服务对象范围规划得越具体，提供的信息就具有越强的针对性。在服务对象确认之后，就需要进一步确认有关服务对象的一些信息，如有关服务对象的各种信息需求。

（2）系统目标规划。系统目标是设计和实现网络信息系统的原动力。如果规划的系统目标不明确，则系统设计人员就会对怎样实现目标不知所措，系统分析人员也会失去判别系统工作效率和工作质量的依据。

（3）应用信息规划。应用信息规划是指向网络信息系统用户提供的信息范围，包括两方面的内容：向用户提供的信息和向系统开发人员提供的信息。

（二）需求分析

在需求分析阶段，应该明确用户对网络信息系统的具体要求，而这些要求又与用户单位的业务性质、规模、地理位置等密切相关，所以必须对上述情况进行详细深入的调查研究。

需求分析阶段的主要任务包括确定对网络信息系统的综合要求、建立网络信息系统的信息处理模型和形成需求分析说明书。

1. 确定对网络信息系统的综合要求

用户对网络信息系统的综合要求可归纳成以下四个方面：

（1）功能要求。详细了解用户对网络信息系统必须完成的所有功能和提供服务的要求。

（2）性能要求。包括用户对网络信息系统的处理能力、存储能力、系统容错能力、网络安全性、联机请求的响应时间等方面的要求。

（3）扩充性能力要求。包括对提高网络的传输速率、增加部门网络的数目、增加主机服务器以及其他网络设备的数目等要求。

（4）运行环境要求。包括完全重建和对现有的网络系统进行扩充。

2. 建立网络信息系统的处理模型

建立网络信息系统的处理模型的基本方法是：分步骤由高层逐步细化到底层，即首先建立总业务工作流程，然后对各个部门的业务流程进一步细化。

3. 形成需求分析说明书

需求分析阶段的成果是需求分析说明书，它可以作为网络信息系统设计阶段的依据。

（三）系统设计

网络信息系统系统设计的任务是确定组成网络信息系统的各个物理元素，即确定网络信息系统的结构、确定网络操作系统及服务软件、数据库服务器等，完成各种软、硬件的选择，结构化综合布线设计和网络管理设计等任务。

1. 确定网络信息系统的结构

从网络带宽来看，目前常用的网络类型有 10Mbps 以太网和高速网，高速网又有 ATM、FDDI、快速以太网、100VG-AnyLAN 等类型。网络信息系统结构应根据用户单位的具体情况确定。为此，只有在充分了解用户单位对网络信息系统结构要求的基础上，了解现有的各种网络结构形式，才能提出符合用户要求的最佳网络结构。

2. 确定网络操作系统及服务软件

网络操作系统是网络信息系统中最重要的软件产品，这是因为网络信息系统的性能及其提供的各种服务，在很大程度上取决于所配置的网络操作系统。因此，在网络总体设计阶段，应该根据网络需求，从多种网络操作系统中选出最合乎用户要求的网络操作系统。

较流行的网络操作系统主要有 Unix、WindowsNT、Linux 等，它们各具特点，可根据应用环境、具体的要求和侧重点来进行选择。

目前较流行的 WWW 服务器软件有 Microsoft 公司的 Internet Information Server (IIS)、Apache 公司的 Apache Server 以及 Sun 公司的 iPlanet 等。

常用的邮件服务器软件有 Microsoft Exchange Server、Lotus Notes、Novell GroupWise。

代理服务器可以为访问 Internet 的用户提供代理请求，常用的代理服务器软件有 Microsoft Proxy Server 1.0、Netscape Proxy Server 2.5、WinGate 2.0 Pro 和 WinProxy 1.1。

3. 确定数据库服务器

大型网络信息系统中通常都配置了数据库服务器，并且安装了主数据库管理系统，如 Oracle、Sybase 和 SQL Server 等，用来存储和管理整个网络信息系统的重要信息，所以应该慎重选择数据库服务器。

4. 确定硬件设备

网络信息系统中较重要的硬件设备包括网络服务器、交换机、路由器、集线器等，它们都是网络信息系统的核心部分，直接影响着网络信息系统的性能，因此，在系统设计阶段一定要认真分析和选择。

5. 结构化综合布线设计

20 世纪 80 年代以来，各种网络信息系统的布线都广泛采用统一结构化综合布线系统。常用的布线方法是由底层向高层，逐层进行布线设计。

6. 管理方式设计

目前，各种网络信息系统都采用集中管理方式，即在路由器或者交换机等设备中配置网络软件，用来管理整个网络中的各种网络设备。国外一些计算机公司也纷纷推出各种网络软件和网络管理平台，应该根据实际情况加以选用。

7. 接入设计

大型网络信息系统通常由本地网络和若干远程网络构成。所以，在网络设计阶段，应该考虑采用哪些互联方式来连接这些远程网络。在详细设计阶段，应该更深入、更细致地设计远程网络的互联，既包括应该采用的互联方式、分组交换网、电话网及 DDN 等，还包括选择传输速率、接口数量和互联设备的类型等。

8. 安全性设计

网络信息系统的安全性设计已经成为备受关注的问题。许多新的网络操作系统都达到了 C2 级的安全性标准，具备一定的访问控制能力。但是，仅依靠操作系统提供的安全措施并不能确保网络信息系统的安全性，所以还必须采取其他安全措施，如防火墙等。

在系统设计完成后，应形成系统设计说明书，说明书中应该详细说明确定采用的网络结构以及选用的关键设备的依据，并组织专家进行审查。

（四）系统实现

系统实现阶段主要完成的任务包括：建立物理网络；安装软件平台，建立各种服务器；实施安全措施；开发网络应用程序。

网络信息系统通常都有较大的伸缩性，网络规模可大可小，各项功能也可分期逐步实现。因此，对于已建立网络信息系统的单位，可在现有网络信息系统的基础上进行扩充，以便充分利用现有的软、硬件资源，保护已有投资。

■第二节　网络环境下信息系统的系统模式

系统模式是随着网络技术和网络应用的发展而发展的，从文件服务器模式、客户机/服务器（C/S）模式、浏览器/服务器（B/S）模式一直到智能客户端模式，其经历了一个较长的发展过程。

一、文件服务器模式

文件服务器模式是一种局域网工作模式。在该模式中，局域网需要有一台计算机提供共享的硬盘和控制一些资源的共享，这样的计算机叫做服务器（server）。在这种模式下，数据的共享大多是以文件的形式，通过文件的加锁、解锁来实施控制的。对于来自工作站的有关存取服务，都是由服务器提供的，因此这种服务器常被称为文件服务器。在文件服务器系统中，网上传递的只是文件，应用程序的所有功能仍在工作站上完成。过去大部分局域网都采用该模式。

二、客户机/服务器模式

在现代的企业应用中，客户机/服务器（C/S）模式已成为普遍流行的一种程序组织方式，也成为胖客户端应用程序。应用系统分成前端（客户机）和后端（服务器）两部分，应用处理由客户端完成，数据访问和事务处理由服务器承担，通过它可以充分利用两端硬件环境的优势，将任务合理分配到 client 端和 server 端来实现，降低了系统的通信开销。目前，大多数应用软件系统都是 C/S 体系的两层结构，其分布结构如图 7.1 所示。

在 C/S 模式中，数据库服务是最主要的服务，客户机将用户的数据处理请

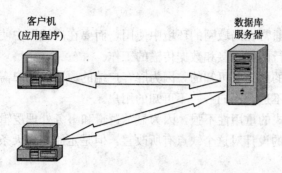

图 7.1　C/S 模式的计算机应用系统基本结构

求通过客户端的应用程序发送到数据库服务器，由数据库服务器分析用户请求，实施对数据库的访问与控制，并将处理结果返回给客户端。在这种模式下，网络上传送的只是数据处理请求和少量的结果数据，网络负担较小。

应当指出的是，在复杂的 C/S 模式的应用系统中，数据库服务器在一般情况下不只有一个，而是按数据的逻辑归属和整个系统的地理安排可能有多个数据库服务器（如各子系统的数据库服务器及整个企业级数据库服务器等），企业的数据分布在不同的数据库服务器上，因此，C/S 模式有时也被称为分布式客户/服务器计算模式。

C/S 模式是一种较为成熟且应用广泛的模式，其客户端应用程序的开发工具也较多。这些开发工具分两类：一类为针对某一种数据库管理系统的开发工具（如针对 Oracle 的 Developer 2000）；另一类为对大部分数据库系统都适用的前端开发工具（如 Power Builder、Visual Basic、Visual C、Delphi、C++ Builder、Java 等）。

C/S 模式的主要优点如下：

（1）可以随着客户的要求制定界面，界面可以制定得非常漂亮，增强用户的体验。由于胖客户端建立在应用的基础上，因此不会由于漂亮的界面而影响实际的操作。

（2）系统的安全性能可以很容易地保证。

（3）由于只有一层交互，因此响应速度非常快。

C/S 模式的主要缺点如下：

（1）C/S 模式最容易被发现的一个缺点在于，难以部署和维护，成本太高。随着应用程序和客户端平台的复杂性不断增加，以可靠且安全的方式将应用程序部署到客户计算机的难度也将不断增加。如果部署了不兼容的共享组件或软件库，则一个应用程序将可以很容易地破坏另一个应用程序。一旦已经上线的系统发生了变化，那么所有胖客户端的应用都需要升级，这对一个企业来说是无法忍受的。

(2) 该模式通常在局域网的环境中使用，而要在广域网中使用，还需要通过专门的服务器进行两端连接和数据传输的工作。

(3) 其面向的用户是可知的，因为胖客户端的原因，用户需要安装才可以使用，所以该模式不适合面向一些不可知的用户。

(4) C/S 模式的重用性不强，因为显示逻辑和事务处理逻辑都包含在胖客户端中，虽然良好的设计对这个缺点有所改善，但是定制的先天条件决定了其重用性的缺陷。

(5) C/S 模式必须和当前计算机的配置相关，多建立在 Windows 平台上，移植性不强。

三、浏览器/服务器模式

浏览器/服务器（B/S）模式，也称为瘦客户端应用程序，是随着 Internet 技术的兴起，对 C/S 模式的一种变化或者改进的结构。该模式将服务器端进一步深化，分解成一个应用服务器（Web 服务器）和一个或多个数据库服务器。在这种模式下，用户界面完全通过 WWW 浏览器实现，一部分事务逻辑在前端实现，而主要事务逻辑在服务器端实现，形成所谓的三层结构。

三层结构是伴随着中间件技术的成熟而兴起的，其核心概念是利用中间件将应用结构分为表示层、业务逻辑层和数据存储层三个不同的处理层次。

B/S 模式就是上述三层结构的一种实现方式，其具体结构为：浏览器/Web 服务器/数据库服务器。采用 B/S 模式的计算机应用系统的基本结构见图 7.2。

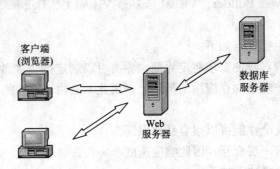

图 7.2　B/S 模式的计算机应用系统的基本结构

在三层结构中，用户界面（客户端）负责处理用户的输入和向客户的输出（出于效率的考虑，它可能在向上传输用户的输入前进行合法性验证）。业务逻辑层负责建立数据库的连接，根据用户的请求生成访问数据库的 SQL 语句，并把结果返回给客户端。数据存储层负责实际的数据库存储和检索，响应中间层的数据处理请求，并将结果返回给中间层。

在 B/S 模式中，除了数据库服务器外，应用程序以网页形式存放于 Web 服务器中，用户在运行某个应用程序时只需在客户端上的浏览器中键入相应的网址（URL），调用 Web 服务器上的应用程序，并对数据库进行操作，完成相应的数据处理工作，就能将结果通过浏览器显示给用户。

由以上介绍可以看出，按 B/S 模式建立的应用系统的特征是客户端只需安装浏览器（如 IE、Firefox、Opera、Safari、Chrome、Netscape 等），而应用程序被相对集中地存放在 Web 服务器上。

以 B/S 模式开发企业管理信息系统，由于在客户端只需一个简单的浏览器，因此减少了客户端的维护工作量，方便了用户使用。同时，也正是这样的"瘦"客户端，使我们能够方便地将任何一台计算机通过计算机网络或互联网连接到企业的计算机系统，成为企业管理信息系统的一台客户机。

以上所述表明，B/S 模式的出现，极大地扩大了管理信息系统的功能覆盖范围，从而革命性地改变了计算机应用系统的面貌。

在 B/S 模式出现之前，管理信息系统的功能覆盖范围主要是企业内部。B/S 模式的"瘦"客户端方式，使企业的供应商和客户（这些供应商和客户有可能是潜在的）的计算机方便地成为企业管理信息系统的客户端，进而在限定的功能范围内查询企业相关信息，完成与企业的各种业务往来的数据交换和处理工作。B/S 模式的计算机应用系统使企业能够把供应商和客户作为企业的资源来进行管理，从技术上保证了企业资源规划系统（enterprise resource planning，ERP）的实现。另外，B/S 模式的企业计算机应用系统与 Internet 的结合也使得电子商务、客户关系管理等的实现成为可能。

虽然 B/S 模式的计算机应用系统有如此多的优越性，但由于 C/S 模式的成熟性及 C/S 模式的计算机应用系统网络负载较小，因此，在未来一段时间内，管理信息系统开发中企业计算模式将是 B/S 模式和 C/S 模式共存的情况。但是，很显然，企业计算机应用系统计算模式的发展趋势是向 B/S 模式转变。

B/S 模式的优点如下：

（1）B/S 模式的系统客户端只需要 Web 浏览器就可以运行，不用安装。

（2）B/S 模式可以直接放在广域网上，通过一定的权限控制实现多客户访问的目的，交互性较强。

（3）B/S 模式在实现时，可以通过设计师的分析和设计将组件设计得相对独立，以此达到重用性的目的。

（4）B/S 模式具有瘦客户端优势，在升级时，仅修改 Web 浏览器，就可以满足所有客户端的访问。

B/S 模式的缺点如下：

（1）Web 浏览器的供应商提供的标准不同，导致有些脚本语言（如 JavaScript）在某些 Web 浏览器上无法正常运行。

（2）客户端仅仅是 Web 浏览器，必须遵守 Web 浏览器的显示样式。虽然可以通过一定的手段来改变 Web 浏览器的显示样式，但是通常需要花费不小的开发成本。

（3）B/S 模式在速度和安全性上需要花费很大的设计成本，这是 B/S 模式最大的问题。

（4）请求-响应模式通常需要刷新页面来更新数据，这并不是用户乐意见到的。

四、B/S 与 C/S 的混合模式

综上所述，可见 B/S 与 C/S 这两种模式是各有利弊的。

C/S 模式主要局限于内部局域网的需要，因而缺乏作为应用平台的一些特性，难以扩展到互联网这样的环境中去，而且要求开发者自己去处理事务管理、消息队列、数据的复制和同步、通信安全等系统级的问题。这对应用开发者提出了较高的要求，而且迫使应用开发者投入很多精力来解决应用程序以外的问题，使得应用程序的维护、移植和操作变得复杂，这成为 C/S 模式的一大缺陷。但是，与 B/S 结构相比，从 C/S 模式的成熟度及软件设计、开发人员的掌握水平来看，C/S 模式更成熟、更可靠。在某些情况下，采用 100％ 的 B/S 模式将造成系统响应速度慢、服务器开销大、通信带宽要求高、安全性差、总投资增加等问题。而且，对于一些复杂的应用来说，B/S 模式目前尚没有合适的方式进行开发。

在实际开发和规划系统时要有的放矢，这样才能够搭建起合适的信息系统。一般在管理信息系统开发中，可以同时采用 C/S 模式和 B/S 模式的体系结构。对于日常管理中的事务处理，采用 C/S 模式实现，如企业内部的业务处理等；而对于临时性的数据传递和信息发布，则采用 B/S 模式实现，如企业的形象宣传、产品信息发布等。

五、智能客户端

人们对智能客户端的关注是从微软开始的。事实上，自微软推出 .NET 战略以来，其最令人关注的技术新动向之一就是对智能客户端技术的深入研究与应用推广。尤其是微软将这种体系结构纳入到 .NET 框架后，它立即引起了业界的广泛关注。

微软对于智能客户端的定义是这样的：智能客户端是易于部署和管理的客户

端应用程序，它通过统筹使用本地资源实现分布式数据资源的智能连接，从而为用户提供适应的、快速响应的和丰富的交互式体验。胖客户端、瘦客户端和智能客户端的关系见图 7.3。

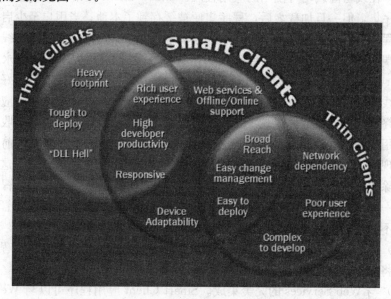

图 7.3 胖客户端、瘦客户端和智能客户端的关系

智能客户端（Smart Clients）的特点如下：

（1）动态加载，即需即装。应用程序各个构件之间的相互调用并不采用直接引用的方式，而是采用动态加载、即需即装的方式，有效降低了对系统资源的消耗。应用软件开发商可根据企业应用系统的公共接口进行开发，然后将应用组件发布到企业的服务器上，客户端应用程序将自动发现并加载该应用组件。

（2）更松散的耦合。由于上面第一点所言构件之间的相互调用并不采用直接引用方式，这样系统就实现了更松散的耦合，为应用程序的升级更新提供了方便。

（3）进一步的模块化。应用程序的松散耦合特性，使得系统的进一步模块化成为可能，对于新功能、新特性的加入，只需要开发出符合接口定义的新模块并添加连接即可，无须修改或重新编译现有的程序。

（4）零接触部署。安装时只要将一个主程序文件下载到本地，直接运行即可，无须改变注册表或共享的系统组件，其他应用组件将在第一次运行时自动下载。

（5）网络加载应用程序组件。Smart Client 的应用程序可以很方便地从网络服务器加载应用程序，而且因为程序及加载是从 80 端口实现的，故无须考虑防火墙问题，这样为企业系统的集中管理提供了方便。

（6）自动更新。只需将新版本的程序发布到服务器上，由客户端自动发现最新版本的程序和应用组件，就可自动下载和更新。

（7）在线与离线均可使用的应用程序。Smart Client 应用程序尽管使用网络加载程序集，但一旦加载之后，程序集便被缓存到了本地。当用户至少启动了一次应用程序后，其装配就被下载和缓存到本地内存中，所以用户可以离线运行智能客户端（通过将浏览器转换到离线工作状态），假设应用程序不需要永久访问 Web Services 或一个共享的数据库就可以运行。构建智能客户端的最大好处就是可以离线使用。尽管业务之间的联系越来越紧密，但我们仍不能给企业应用程序提供始终连续的连接。离线式工作方式可以在用户重新在线时，自动接收数据和更新应用程序，这种特征是人们很容易想得到的，但在 .NET 推出之前，这是很难实现的。同胖客户端一样，智能客户端给客户端分布大量的处理，这就为服务器免除了它在一个基于 Web 的应用程序中需要承担的负荷。最后，智能客户端采取一种用户希望应用程序采取的工作方式——允许快速数据存取和管理，而不需要不必要的屏幕更新。

（8）个性化用户界面。用户可根据自己的喜好自行设置客户端应用程序，配置信息将被保存到服务器上。

（9）与 Web Services 的完美集成。Smart Client 应用程序可以与 Web Services 方便地集成应用，这样便可以轻松享受 C/S 应用程序的完美用户体验，而不需担心防火墙等一系列的问题。

六、C/S、B/S 和 Smart Client 的优缺点比较

从对上网条件的要求、客户端程序的响应速度、客户端是否需要安装等七个功能点对三种模式进行比较，见表 7.1。

表 7.1　C/S、B/S 和 Smart Client（智能客户端）的优缺点比较

功能点	C/S 模式	B/S 模式	智能客户端
（1）对上网条件的要求	极高（专线）	一般	低
（2）客户端程序的响应速度	一般	慢	非常快
（3）客户端是否需要安装	是	否	是
（4）打印功能是否灵活方便，格式控制等是否强大	是	否	是
（5）客户端是否缓存数据，网络传输量小	否	否	是
（6）数据是否加密压缩传送	否	否	是
（7）数据实时性	否	是	是

各功能点解释如下：

（1）C/S 模式软件仅适用于局域网内部用户或专线用户（10 兆以上）；B/S 模式软件可以用于任何网络结构，包括宽带上网方式，但是 B/S 毕竟需要在网页上刷新界面等内容的信息，网速过慢也会使操作受到限制；而 Smart Client 模式软件则因为安装了客户端，对网络的要求降到最低，因此连 CDMA 等手机上网方式都可以。

（2）Smart Client 的软件，因为安装了客户端，所以程序的响应相对于 B/S 模式要快很多，几乎感觉不到等待；而 B/S 模式软件在运行每一步时都需要在服务器上下载系统的界面等多项信息，导致界面刷新缓慢，甚至出现打不开的现象。

（3）Smart Client 的软件，需要安装客户端，不过安装在优盘上也能照样使用，可以避免在别的计算机上仍需要安装的麻烦，直接插入优盘就可以使用，从而大大提高了使用安全性。

（4）C/S 模式软件与 Smart Client 模式的软件在打印功能上控制更加灵活精确，需要怎样调整都可以，非常精确；而 B/S 网页的打印格式定位不容易控制，打印出来的单据格式不好看。

（5）C/S 模式软件需时时刻刻与服务器保持数据的传输，数据传输量巨大；而 B/S 网页方式除了数据的传输外，还要额外传输软件界面结构等数据，加大了数据传输量；而 Smart Client 模式软件可以将数据缓存到客户端，减少了数据传输量，大大提高了运行速度。

（6）B/S 网页数据明文传输，传输数据很容易被截取，导致企业信息泄漏（网上银行都采用数字证书的方式，就是为了避免这个问题，但是这种技术一般的网页进销存软件是没有能力实现的，因为其成本非常之高）；Smart Client 模式软件数据经过加密压缩处理，不容易在传输中被截，即使截取到数据，也是加密过的乱码，因此数据不会泄露，而且经过压缩处理，大大加快了传输速度。

（7）C/S 模式软件需要各客户端将数据手工同步到服务器，才能得出最终数据；B/S 模式和 Smart Client 模式的软件都是实时与服务器保持同步。

第三节　网络环境下的软件体系结构

一、什么是软件体系结构

软件体系结构通常称为架构，指可以预制和可重构的软件框架结构。架构尚处在发展期，对于其定义，学术界尚未形成一个统一的意见，而不同角度的视点也会造成对软件体系结构的不同理解，以下是一些主流的标准观点。

ANSI/IEEE 610. 12—1990 软件工程标准词汇对软件体系结构的定义是："体系架构是以构件、构件之间的关系，构件与环境之间的关系为内容的某一系统的基本组织结构以及知道上述内容设计与演化的原理（principle）。"

Mary Shaw 和 David Garlan 认为，软件体系结构是在软件设计过程中，超越计算中的算法设计和数据结构设计的一个层次。体系结构问题包括各个方面的组织和全局控制结构，通信协议、同步，数据存储，给设计元素分配特定功能，设计元素的组织、规模和性能，在各设计方案之间进行选择。Garlan & Shaw 模型的基本思想是：软件体系结构＝〈构件（component），连接件（connector），约束（constrain）〉。其中，构件可以是一组代码，如程序的模块；也可以是一个独立的程序，如数据库服务器。连接件可以是过程调用、管道、远程过程调用（RPC）等，用于表示构件之间的相互作用。约束一般为对象连接时的规则，或指明构件连接的形式和条件，例如，上层构件可要求下层构件的服务，反之，则不行；两对象不得递归地发送消息；代码复制迁移的一致性约束；什么条件下此种连接无效等。

关于架构的定义还有很多其他观点，比如，Bass 定义、Booch & Rumbaugh & Jacobson 定义、Perry & Wolf 模型、Boehm 模型，等等。虽然各种定义观察架构的角度不同，研究对象也略有侧重，但其核心内容都是软件系统的结构，其中以 Garlan & Shaw 模型最为代表性，该模型强调了软件体系结构的基本要素是构件、连接件及约束（或者连接语义）。这些定义大部分是从构造的角度来定义软件体系结构，而 IEEE 的定义不仅强调了软件系统的基本组成，同时还强调了软件体系结构的环境，即与外界的交互。

目前，主流的软件体系结构有 Sun 公司的 J2EE 、Microsoft 公司的 . NET 和面向服务的体系架构（SOA）。

二、J2EE

（一）J2EE 框架

J2EE 是一种利用 Java 2 平台来简化诸多与多级企业解决方案的开发、部署和管理相关的复杂问题的体系结构。J2EE 技术的基础就是核心 Java 平台或 Java 2 平台的标准版，J2EE 不仅继承了标准版中的许多优点，如"编写一次，到处运行"的特性、方便存取数据库的 JDBC API、CORBA 技术以及能够在 Internet 应用中保护数据的安全模式等，同时还提供了对 EJB（enterprise Java Beans）、Java Servlets API、JSP（Java Server Pages）以及 XML 技术的全面支持。

（二）J2EE 的优势

J2EE 提供了一个企业级的计算模型和运行环境，用于开发和部署多层体系结构的应用。它通过提供企业计算环境所必需的各种服务，使部署在 J2EE 平台上的多层应用可以实现高可用性、安全性、可扩展性和可靠性。其优越性在于：计算平台支持 Java 语言，使得基于 J2EE 标准开发的应用可以跨平台移植；Java 语言非常安全、严格，这使开发者可以编写出非常可靠的代码；J2EE 提供了企业计算中需要的所有服务，且更加易用；J2EE 中多数标准定义了接口，如 JNDI（Java naming and directory interface）、JDBC、Java Mail 等，因此可以和许多厂商的产品配合，容易得到广泛的支持；J2EE 树立了一个广泛而通用的标准，大大简化了应用开发和移植的过程。J2EE 为搭建具有可伸缩性、灵活性、易维护性的商务系统提供了良好的机制。

（三）J2EE 体系结构

J2EE 将组成一个完整企业级应用的不同部分纳入不同的容器（container），每个容器中都包含若干组件（这些组件是需要部署在相应容器中的），同时各种组件都能使用各种 J2EE Service/API。J2EE 容器包括以下几种：

Web 容器：服务器端容器，包括 JSP 和 Servlet 两种组件，JSP 和 Servlet 都是 Web 服务器的功能扩展，接受 Web 请求，返回动态的 Web 页面。Web 容器中的组件可使用 EJB 容器中的组件完成复杂的商务逻辑。

EJB 容器：服务器端容器，包含的组件为 EJB，它是 J2EE 的核心之一，主要用于服务器端商业逻辑的实现。EJB 规范定义了一个开发和部署分布式商业逻辑的框架，以简化企业级应用的开发，使其较容易地具备可伸缩性、可移植性、分布式事务处理、多用户和安全性等。

Applet 容器：客户端容器，包含的组件为 Applet。Applet 是嵌在浏览器中的一种轻量级客户端，一般而言，仅当使用 Web 页面无法充分地表现数据或应用界面时，才使用它。Applet 是一种替代 Web 页面的手段，我们仅能够使用 J2SE 开发 Applet，Applet 无法使用 J2EE 的各种 Service 和 API，这是出于安全性的考虑。

Application Client 容器：客户端容器，包含的组件为 Application Client。Application Client 相对于 Applet 而言是一种较具有重量级的客户端，它能够使用 J2EE 的大多数 Service 和 API。

通过这四种容器，J2EE 能够灵活地实现前面描述的企业级应用的架构。J2EE 体系结构见图 7.4。

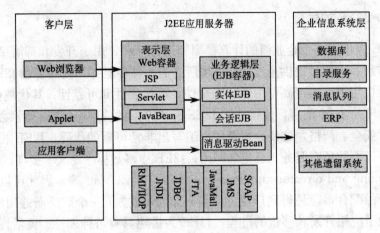

图 7.4   J2EE 体系结构

（四）企业级应用示例

下面我们通过假设一个企业应用的 J2EE 实现，来了解各种组件和服务的应用。假设应用对象是计算机产品的生产商/零售商的销售系统，这个销售系统能够通过自己的网站发布产品信息，同时也能将产品目录传送给计算机产品交易市场。销售系统能够在线接受订单（来自自己的 Web 网站或者来自计算机产品交易市场），并随后转入内部企业管理系统进行相关的后续处理。

参见图 7.5，该企业应用可以这种方式架构。该企业应用的核心是产品目录管理和产品订购管理这两个业务逻辑，使用 EJB 加以实现，并部署在 EJB 容器中。由于产品目录和订购信息都需要持久化，因此使用 JDBC 连接数据库，并使用 JTA 来完成数据库存取事务。

然后，使用 JSP/Servlet 来实现应用的 Web 表现：在线产品目录浏览和在线订购。为了将产品目录发送给特定的交易市场，使用 JMS 实现异步的基于消息的产品目录传输。为了使更多的其他外部交易市场能够集成产品目录和订购业务，需要使用 Web Services 技术包装商业逻辑的实现。由于产品订购管理需要由公司内部雇员进行处理，因此需要集成公司内部的用户系统和访问控制服务以方便雇员的使用，使用 JACC 集成内部的访问控制服务，使用 JNDI 集成内部的用户目录，并使用 JAAS 进行访问控制。由于产品订购事务会触发后续的企业 ERP 系统的相关操作（包括仓储、财务、生产等），所以需要使用 JCA 连接企业 ERP。

最后，为了将这个应用纳入到企业整体的系统管理体系中去，使用 Application Client 架构一个管理客户端（与其他企业管理应用部署在一台机器上），并通过 JMX 管理这个企业应用。

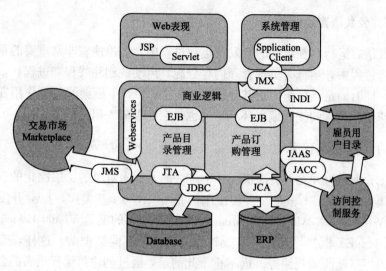

图 7.5 J2EE 应用示例

三、.NET

.NET 框架是一个多语言组件开发和执行环境，它由以下三个主要部分组成，如图 7.6 所示。

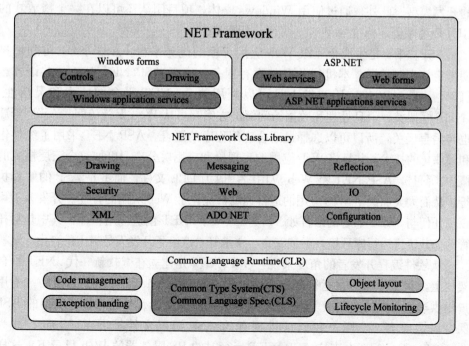

图 7.6 .NET 体系结构

（一）公共语言运行时

公共语言运行时在组件的开发及运行过程中，都扮演着非常重要的角色。在组件运行过程中，运行时负责管理内存分配、启动或删除线程和进程、实施安全性策略，同时满足当前组件对其他组件的需求。.NET框架的关键作用在于，它提供了跨编程语言的统一编程环境，这也是它能独树一帜的根本原因。

（二）统一的编程类

.NET框架为开发人员提供了一个统一的、面向对象的、层次化的、可扩展的类库集。现今，C++开发人员使用的是Microsoft基类库，Java开发人员使用的是Windows基类库，而Visual Basic用户使用的又是Visual Basic API集。只要使用.NET框架，就统一了微软当前的各种不同类框架。这样，开发人员无须学习框架就能顺利编程。远不止于此的是，通过创建跨编程语言的公共API集，.NET还可实现跨语言继承性、错误处理功能和调试功能。

（三）用户和程序界面技术

这是最高的一层，其中含有程序和用户界面，包括ASP.NET和Windows窗体。ASP.NET这一部分为建构Web服务或Web应用软件提供了一个低级别的开发模型。此外，通过使用Windows窗体，项目团队还可以在一个拖放式的GUI环境中创建标准的Win32桌面应用软件。

ASP.NET是生成企业级Web应用程序的优秀平台，ASP.NET可利用早期绑定、实时编译、本机优化和外缓存服务；由于ASP.NET基于公共语言运行库，因此，Web应用开发人员可以利用整个.NET平台的威力和灵活性。.NET框架类、消息处理和数据访问解决方案都可从Web无缝访问。ASP.NET也与语言无关，所以可以选择最适合应用程序的语言。ASP.NET采用了组件化和模块化的技术，并且将Web应用的表现层和应用层分离，更加符合三层模式的概念。而且，ASP.NET将Web应用编译成为DLL文件，而不是ASP的解释执行，从而大大加快了Web应用的运行速度，优化了Web应用的性能。开发人员可以用任何与.NET兼容的语言如VB.NET、C#.NET创造应用程序，其中包括托管的公共语言运行库环境、类型安全、继承等，这给了开发人员极大的自由。

从软件编程开发者的角度来说，ASP.NET是建立在微软新一代.NET平台架构上，利用普通语言运行时（common language runtime）在服务器后端为用户提供建立强大的企业级Web应用服务的编程框架。ASP.NET与现存的ASP保持语法兼容，实际上我们可将现有的ASP源码文件扩展名".asp"改为".aspx"，然后配置在支持ASP.NET运行时的IIS服务器的Web目录下，这样即可获得 ASP. NET 运行时的全部优越性能。ASP. NET 与 ASP 的主要区别在于：前者是编译（compile）执行，后者是解释（interpret）执行，前者比后者有更高的效率。实际上，我们可以把 ASP. NET 的执行过程看做是编译后的普通语言运行时代码充当一个与前端浏览器和中间件用户交互的应用程序，它接受用户的请求，输出 HTML 流到客户端显示。除此之外，ASP. NET 还可以利用.NET 平台架构的诸多优越性能，如类型安全，对 XML、SOAP、WSDL 等 Internet 标准的支持。

　　ASP. NET 主要包括 Web Form 和 Web Service 两种编程模型。前者为用户提供建立功能强大、外观丰富的基于表单（form）的可编程 Web 页面；后者通过对 HTTP、XML、SOAP、WSDL 等 Internet 标准的支持，提供在异构网络环境下获取远程服务、连接远程设备、交互远程应用的编程界面。

　　四、SOA

　　随着计算机网络技术和大型分布式系统的应用，以及公司业务的不断发展，越来越急迫地需要将现有的多个应用系统进行集成或整合；而对资源、数据的集中，决策支持统一的要求，以及企业应对竞争的压力和业务的快速变化，需要不断更新业务流程和应用模式，建设新的应用系统，并要求能快速搭建且实施，由此面向服务的架构（SOA）便应运而生了。

　　（一）什么是服务

　　一般来说，服务包含四个主要方面：提供、使用、说明、中介。我们先从一个例子来讨论什么是服务。如银行出纳员要为银行客户提供服务，不同的出纳员可能会提供不同的服务，典型的银行服务包括：① 账户管理（开户与销户）；② 贷款（处理申请、查询条款与细则、同意放款）；③ 提款、存款与转账；④ 外汇兑换。

　　尽管存在多个提供一组相同服务的出纳员，不过对于客户而言，他们只关心其能否完成服务，至于银行怎么安排则与他们无关；如果是一个复杂的交易，客户可能需要与多个出纳员接触才能完成处理，这就是一个业务流程。

　　实现银行业务自动化的 IT 系统存在于银行内部，但服务是通过出纳员最终提供给客户的，因此，IT 系统所实现的服务，必须与出纳员向客户提供的服务一致，并且必须对出纳员提供支持。如果"IT 系统提供服务的定义"与"业务功能与业务流程"一致，那么 IT 系统就更容易支持业务目标。

　　例如，ATM 机、办公网络上的出纳员以及 Web 用户，需要使用相同的服务。图 7-7 中的虚线以下是基础结构，虚线以上是三种业务对象，其中，ATM 机业务包括转账和余额检查，出纳员业务包括转账、余额检查、贷款放款、利率计算，Web 包括转账、余额检查、利率计算。

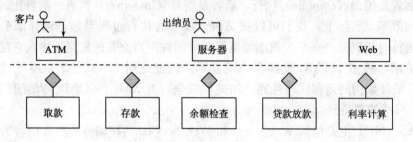

图 7.7 银行服务

这些业务单元实际上是不变的，但业务流程在不同的应用中可能发生变化，而且我们需要达成的软件系统服务的实现环境并不重要，重要的是服务本身。

首先我们需要定义原子服务，图中每一个基本的业务单元都可以看成一个原子服务。然后定义合成服务（如把存款与取款服务组合成一个转账服务）。接下来定义各自的业务流程，这就是实现业务流程的重新编排。最后构建服务消费者访问和使用服务的方法。

这样一来，就搭建了一个典型的面向服务的架构（图 7.8），这样的服务部署满足了不同客户的需要。

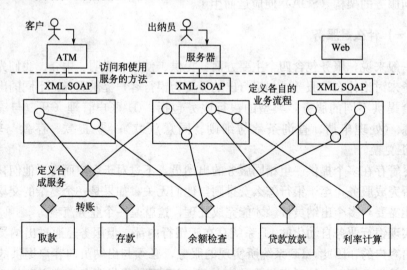

图 7.8 面向服务的架构

软件服务的定义与银行提供的业务服务相一致，目的是确保业务运营的流畅，并有助于实现战略目标（比如，除了柜台方式以外，还允许通过 ATM 机和 Web 方式使用银行服务）。复杂的服务可以由多个服务组合而成。在 SOA 环境中部署服务,可以使服务的合成更加容易,而这种合成的应用,也可以发布为服务,供人或者 IT 系统使用。

从 IT 的角度来看,服务就是机器可读的消息(接收和返回)描述的网络位置,即服务是由它所支持的消息交换模式定义的,消息中包含着数据具有的相应模式(schema),模式用于在服务请求者和服务提供者之间建立契约(contract)。其他的一些原数据项则分别描述了服务的网络地址、所支持的操作,以及对可靠性、安全性和事务性方面的要求。

(二) SOA 的定义

在构建 IT 架构(特别是企业级架构)时,我们的目标始终是:支持业务流程,并对业务变化作出响应。最近几年,出现了一些构建系统架构的新方法,这些方法主要围绕功能单元(称为服务)来构建复杂的系统。

Web 服务也给以上这几个方面提供基于系统和标准的支持。因此,Web 服务具有无与伦比的敏捷性。例如,使用 Web 服务基础设施,可以在运行时更改服务提供者,而不影响使用者。某个系统本身要被称为基于 SOA 的系统,应具备以下特性:

(1) 业务流程会映射到软件服务中,因此,业务可通过软件进行跟踪。

(2) 存在一种基础结构,支持上述服务的四个不同方面,这样服务级别就具有高度的敏捷性。

(3) 服务是监视和管理单元,因此,一个人可以跟踪业务流程的操作属性和问题。

SOA 并不是一个新概念,有人就将 CORBA 和 DCOM 等组件模型看成 SOA 架构的前身。早在 1996 年,Gartner Group 就已经提出了 SOA 的预言。不过那时候仅仅是一个"预言",当时的软件发展水平和信息化程度还不足以支撑这样的概念走进实质性应用阶段。到了近一两年,SOA 的技术实现手段渐渐成熟。在 IBM、BEA、HP 等软件巨头的极力推动下,SOA 才得以慢慢风行起来。Gartner 为 SOA 描述的愿景目标是实现实时企业(real-time enterprise)。

关于 SOA,目前尚没有一个统一的、被业界广泛接受的定义。一般认为:面向服务的架构是一个组件模型(SOA),它将应用程序的不同功能单元——服务(service),通过服务间定义良好的接口和契约(contract)联系起来。接口采用中立的方式定义,独立于具体实现服务的硬件平台、操作系统和编程语言,使得构建在这样系统中的服务可以使用统一和标准的方式进行通信。这种具有中立接口的定义(没有强制绑定到特定的实现上)的特征被称为服务之间的松耦合。

从这个定义中,我们看到下面两点:

(1) 它是一种软件系统架构。SOA 不是一种语言,也不是一种具体的技术,更不是一种产品，而是一种软件系统架构。它尝试给出在特定环境下推荐采用的一种架构，从这个角度上来说，它其实更像一种架构模式（pattern），是一种理念架构，是人们面向应用服务的解决方案框架。

（2）服务是整个 SOA 实现的核心。SOA 架构的基本元素是服务，SOA 指定一组实体（服务提供者、服务消费者、服务注册表、服务条款、服务代理和服务契约），这些实体详细说明了如何提供和消费服务。遵循 SOA 观点的系统必须要有服务，这些服务是可互操作的、独立的、模块化的、位置明确的、松耦合的，并且可以通过网络查找其地址。

正是从这个观点出发，SOA 设计主要从方法论层面考虑问题，重点是考虑如何把业务流程映射到软件服务中，以及业务如何规划，以达到足够而且恰当的业务敏捷性。当然，这种映射也需要通过一定的技术手段来完成，而且技术手段是多种多样的。

（三）SOA 模型

SOA 模型如图 7.9 所示。

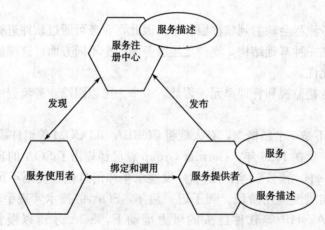

图 7.9　SOA 模型

面向服务的体系结构中有三个角色：

（1）服务使用者。服务使用者是一个应用程序、一个软件模块或 SOA 系统中的一个服务。它发起对注册中心中服务的查询，通过传输绑定服务，并且执行服务功能。服务使用者根据接口契约来执行服务。

（2）服务提供者。服务提供者是实现服务接口的一个可通过网络寻址来查找的软件实体，它接受和执行来自使用者的请求，并将自己的服务和接口契约发布到服务注册中心，以便服务使用者可以发现和访问该服务。

（3）服务注册中心。服务注册中心是服务发现的支持者。它包含一个可用服务的存储库，并允许感兴趣的服务使用者查找服务提供者接口。

面向服务的体系结构中的每个实体都扮演着服务提供者、使用者和注册中心中的某一个或多个角色，它们之间的操作包括：

（1）发布。为了使服务可访问，需要发布服务描述，以使服务使用者可以发现和调用它。

（2）发现。服务请求者定位服务，方法是通过查询服务注册中心找到满足其标准的服务。

（3）绑定和调用。在检索完服务描述之后，服务使用者继续根据服务描述中的信息来调用服务。

■ 第四节　浏览器/服务器模式的技术实现

本节仅以 ASP 为例，简单介绍 B/S 模式的实现技术。

一、ASP 的工作原理

（一）ASP 的含义

从字面上说，ASP 包含三方面含义：

（1）Active。ASP 使用了 Microsoft 的 ActiveX 控件技术。ActiveX 控件技术是现在 Microsoft 软件的重要基础，它采用封装对象、程序调用对象的方式，简化编程，加强程序间的合作。ASP 本身封装了一些基本组件和常用组件，有许多公司也开发了很多实用的第三方组件，只要在服务器上安装这些组件，就可以方便快速地建立 B/S 应用。

（2）Server。ASP 可以运行在服务器端，这样就不必担心浏览器是否支持 ASP 所使用的编程语言了。ASP 的编程语言可以是 VB Script 和 Java Script，其中 VB Script 是 VB 的一个简集，会使用 VB 的人可以很容易地快速上手。

（3）Pages。ASP 返回标准的 HTML 页面，可以正常地在常用的浏览器中显示。浏览者查看页面源文件时，看到的是 ASP 生成的 HTML 代码，而不是 ASP 程序代码。

（二）ASP 的工作方式

B/S 模式的技术实现包含两个方面：客户端浏览器与 Web Server 的交互、Web Server 对数据库的访问。

1. 客户端浏览器与 Web Server 的交互

用 HTML 编制的 Web 应用，其交互性较差，ASP 弥补了标准 HTML 的这一不足。图 7.10 是 ASP 响应客户端（浏览器）的工作示意图。

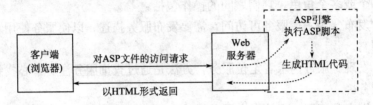

图 7.10　ASP 响应客户端（浏览器）的工作示意图

当浏览器向 Web 服务器提出对 ASP 文件（扩展名为 .asp）的访问请求时（在浏览器的地址栏内键入该 ASP 文件的 URL 或通过 HTML 文件中的某个超级链接指定），一个 ASP 脚本就开始执行，这时 Web 服务器调用 ASP，把该文件全部读入并执行每一条命令，然后将结果以 HTML 的页面形式送回浏览器。

2. Web Server 对数据库的访问

在 ASP 中，用来存取数据库的对象统称为 ADO 对象（active data objects），主要有三种：Connection、Recordset 和 Command，其中，Connection 负责打开或连接数据库，Recordset 负责存取数据表，Command 负责对数据库执行动态查询（action query）命令和执行数据库的存储过程（stored procedure）。

只依靠上述三种对象是无法存取数据库的，还必须具有数据库存取的驱动程序：OLE DB（对象链接嵌入数据库）驱动程序和 ODBC 驱动程序。

应用程序通过 ADO 对象及数据库存取的驱动对数据库进行存取，见图 7.11。

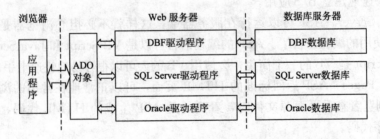

图 7.11　ASP 访问数据库示意图

二、用 ASP 实现 B/S 模式的应用实例

用 ASP 访问 Web 数据库时，可以使用 ADO 组件，ADO 是 ASP 内置的 ActiveX 服务器组件（ActiveX server component），通过在 Web 服务器上建立并

设置 ODBC 和 OLE DB，可连接多种数据库（如 SyBase、Oracle、Informix、SQL Server、Access、VFP 等）。

假设服务器使用 IIS，数据库使用 Access 2003，所有文件保存在 d：\ asp 目录下，数据库名称为 employee，数据表的名称是 employee，表结构和示例数据如表 7.2 和表 7.3 所示。查询条件页面文件是 demo. html，查询结果文件是 demo. asp。

表 7.2　employee 表的结构

列名	含义	数据类型	数据宽度	说明
employeeno	员工编号	字符型	6	数字编码
empname	姓名	字符型	8	4 个汉字宽度
birthdate	生日	日期型	8	
sex	性别	字符型	1	M：男；F：女
salary	薪水	数字型	6.2	单位：元（人民币）

表 7.3　employee 表的内容

empno	empname	birthdate	sex	salary
110001	张三峰	1956-01-01	M	3 000.89
110002	李美丽	1965-02-02	F	2 100.00
120012	王义	1977-01-02	M	1 900.23
120013	王丽	1978-03-03	F	1 950.34

查询条件页面文件 demo. html 的内容如下：

```
<! DOCTYPE html PUBLIC " -//W3C//DTD XHTML 1. 0 Transitional//EN"
" http：//www. w3. org/TR/xhtml1/DTD/xhtml1-transitional. dtd" >
<html xmlns = " http：//www. w3. org/1999/xhtml" >
<head>
< meta http-equiv = " Content-Type" content = " text/html; charset =
gb2312" />
<title> B/S 模式应用实例-查询条件页面 </title>
</head>
<body >
<form action = " demo. asp" method = " POST" >
<table border = " 0" width = " 274" >
```

```
<tr height = " 90" >
  <td colspan = " 2" >
```

这是一个 B/S 模式下的应用实例，用户可以指定查询条件，系统将返回符合条件的查询结果：　　`</td>`

```
</tr>
<tr  height = " 18" >
  <td width = " 120" >员工姓名：</td>
  <td width = " 180" >
    <input type = " text" name = " name" size = " 15" >
  </td>
</tr>
<tr height = " 18" >
  <td width = " 120" >性　别：</td>
  <td width = " 180" >
    <input type = " radio" name = " sex" value = 1> 男
    <input type = " radio" name = " sex" value = 0> 女
    <input type = " radio" name = " sex" value = - 1> 不限
  </td>
</tr>
<tr height = " 18" >
  <td width = " 120" >月薪范围：</td>
  <td width = " 180" >
    从 < input type = " text" name = " minsalary" size = " 7" value = " 0" >
    到 < input type = " text" name = " maxsalary" size = " 7" value = " 0" >
  </td>
</tr>
<tr align = " center" height = " 20" >
  <td colspan = " 3" >
    <input type = " reset" name = " reset" value = " 清　　空" >
    <input type = " .submit" name = " Submit" value = " 开始查询" >
  </td>
</tr>
</table>
```

```
</form>
</body>
</html>
```

服务器负责处理查询请求的文件为 demo.asp，文件内容如下：

```
<%@LANGUAGE = " VBSCRIPT" CODEPAGE = " 936"%>
<! DOCTYPE html PUBLIC " -//W3C//DTD XHTML 1.0 Transitional//EN" " ht-
tp：//www.w3.org/TR/xhtml1/DTD/xhtml1-transitional.dtd" >
<html xmlns = " http：//www.w3.org/1999/xhtml" >
<head>
< meta http-equiv = " Content-Type" content = " text/html; charset =
gb2312" />
<title> B/S模式应用实例-查询结果页面</title>
</head>
<body>
<%
  dim nErrFlag, sErrMsg, sName, nSex, MinSalary, MaxSalary
  dim conn, sql, cond , r, f
  sql = " select * from employee "
  cond = " where 1 = 1 and "
  NErrFlag = 0
  nSex = 1
  If Request. form (" name"). Count > 0 Then
    sName = Request. form (" name")
    If len (trim (sName)) >0   then
     cond = cond & " empname like -" &sName&" %' and "
    end if
  end if
  If Request. form (" sex"). Count > 0 Then
    nSex = Request. form (" sex")
    if nSex = 1 then
        cond = cond & " sex = - M - and "
    elseif nSex = 0 then
        cond = cond & " sex = - F - and "
    end if
  end if
```

```
If Request. form (" minsalary"). Count > 0 Then
    MinSalary = Request. form (" MinSalary")
    If  MinSalary  > 0 then
        cond = cond & " salary > = " & MinSalary & " and "
    End if
end if
If Request. form (" maxsalary"). Count > 0 Then
    MaxSalary = Request. form (" MaxSalary")
    if MaxSalary > 0 then
        cond = cond & " salary < = " & MaxSalary & " and "
    End if
end if
cond = cond & " 1 = 1"
set conn = Server. CreateObject (" ADODB. Connection")
conn. ConnectionString = " Provider = Microsoft. Jet. OLEDB. 4. 0; Data Source = d: \ asp \ employee. mdb"
conn. open
set r = Server. CreateObject (" ADODB. Recordset")
r. open sql & cond , conn
Response. write " <table align =' left' border =' 1' >"
Response. write " <tr>"
    For each f in r. fields
        response. write " <td>" + f. name + " </td>"
    Next
    Response. write " </tr>"
    While not r. eof
        response. write " <tr>"
        for each f in r. fields
            response. write " <td>" & f. value & " </td>"
        next
        response. write " </tr>"
        r. movenext
    Wend
    Response. write " </table></body>"
    r. close
```

```
   set r = nothing
   Conn. close
   set conn = nothing
%>
</body>
</html>
```

程序运行情况见图 7.12。

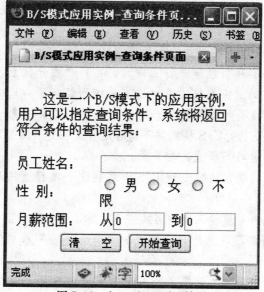

图 7.12　demo. htm 页面效果

当用户在图 7.12 所示的窗口中指定了查询条件并点击"开始查询"按钮后，系统将运行文件 demo. asp，如查询女职工的结果如图 7.13 所示。

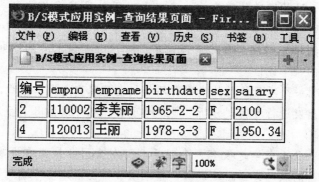

图 7.13　demo. asp 运行结果

以上的程序比实际的简化了很多,其目的在于让读者更清晰地理解、利用 ASP 和 ADO 访问 Web 数据库的精髓。

➤案例　B/S 模式和 C/S 模式孰优孰劣

需求分析师 N 遇到一个项目,该项目的基本情况如下。

A 钢铁公司是一家发展中的企业,它在本地设有一个工厂,而且在全国各地都有不断扩展的办事处。A 钢铁公司设在各地的办事处需要及时向总部汇报一些资料,如销售数量、要货数量等,而总部则需要根据这些数量及时安排生产进度、出仓进度及运输方式等。A 钢铁公司希望有一个系统,能够帮助办事处及时将数据信息采集起来,并通过网络传输到总部,而总部也能通过这个系统进行生产调度的分析,并安排相关方面的事宜。

需求分析师 N 和项目经理进行了商讨,在可行性分析上,N 认为办事处本来有一套 C/S 模式的财务系统,且对这套系统已经有了一定的概念和习惯。因此,N 觉得这个项目不如也按照那套财务系统的样式来搭建,即利用 C/S 的模式。而项目经理则认为,C/S 模式并不适合这种正在发展的公司,而且从开发成本上来看,还是使用 B/S 模式比较合适。

通过一段时间的观察,N 发现 B/S 模式在这个项目上并没有优势。他有以下两点理由:

(1) 办事处人员习惯输入钢铁名或拼音简称,直接得到钢铁品名的全名,这在 C/S 模式上很好实现,但是 B/S 模式的"请求-响应"模式实现起来有一定的困难。

(2) 办事处人员对于页面要不断刷新有很大的意见,而在 C/S 模式中,这种刷新只有在页面跳转时才会发生,在平时操作中几乎不会存在。

所以,N 认为 B/S 模式对整个系统的搭建没有优势。那么 N 的这种顾虑是否确实如此呢?

不可否认,N 的顾虑的确存在,尤其是对于熟悉 C/S 模式的人来说,而且对于客户而言,熟悉操作系统是非常重要的。对于一套系统、一个项目的好坏,客户最浅显的判断方式就是看其是否满足了自己的要求。N 的这种顾虑恰好是对于操作方式的一个评估。

但是,探讨一个项目的总体模式并不仅仅在于客户的操作方式,而应该从一个项目的全局出发进行考虑。分析一下这个项目,就可以得出下面几个很重要的特性:

(1) A 钢铁公司在本地设有一个工厂,而在全国各地都有办事处与钢铁公司本部需要信息的及时交互。这说明,整个项目需要搭建在广域网中。

(2) 各地都有办事处,并且办事处还在不断扩展中。这说明,整个项目所面对的客户是不可确知的。

（3）A 钢铁公司是一个还在发展中的企业，而且存在多个区域的办事处。这说明，由于区域的不同，整个项目在各地对于环境的要求也各不相同。

（4）A 钢铁公司是一个发展中的企业，这还说明了一点，那就是整个项目的维护和支持是必须重点考虑的。

基于以上几点可以看出，N 的顾虑并不全面，并且对于整个项目来说也只是需要重点考虑的一点而已。那么，C/S 模式和 B/S 模式究竟哪个才更合适这个项目呢？

➤【问题与讨论】

1. C/S 和 B/S 两种模式的优缺点是什么？说说为什么银行的操作系统总是 C/S 模式的？
2. 关于 A 钢铁公司的项目使用，B/S 模式和 C/S 模式哪种更好些？为什么？

➤ 本章小结

本章详细介绍了网络环境下信息系统建设应遵循的原则和建设过程，对各种开发模式的由来和原理也进行了介绍，并对各种模式的优缺点进行了比较分析；对网络信息系统的体系结构：.Net、J2EE 和 SOA 进行了介绍，并通过 asp 开发实例和本章的案例加深读者的理解。

➤ 思考题

1. 什么是 C/S 模式和 B/S 模式？分别简述它们的优缺点和适用情况。
2. 简述智能客户端的特征，并上网查阅相关资料。
3. 什么是软件体系结构？

第八章

管理信息系统的管理

➤**本章导读**

　　20 世纪 60 年代初，开发和应用管理信息系统在美国是非常受重视的。到 70 年代初，美国的管理信息系统应用出现了很多问题，90％的信息主管被撤换，管理信息系统远没有达到人们所期望的那样为企业带来成功。所以，学者在研究管理信息系统应用失败的原因后，提出了管理信息系统开发和管理的许多理论与实践，管理信息系统课程体系也逐步建立起来。管理信息系统的开发和应用作为一项复杂而艰巨的系统工程，除了依靠先进的科学技术，更要依靠强有力的组织管理措施。人们常说："管理信息系统是三分技术，七分管理"，这在一定程度上说明了，在管理信息系统的开发和应用过程中，企业采取措施进行系统管理的重要性。

　　管理信息系统的系统管理是长期的、不断的，从管理信息系统的发展过程来看，许多问题都出现在系统管理上，因此，对于系统管理的各个环节，必须予以进一步的研究与分析。如果缺乏科学的组织与管理，那么管理信息系统将不能为管理工作提供高质量的信息服务，而且还会影响系统的使用效果和使用寿命，管理信息系统的混乱会给组织带来麻烦，甚至是致命的损失。

➤**学习目的**

　　了解管理信息系统管理的相关内容；

　　了解影响管理信息系统建设成败的因素；

　　掌握项目管理的定义、内容；

　　了解管理信息系统的安全与防护知识。

第一节　管理信息系统的系统管理

一、管理信息系统的组织

（一）管理信息系统组织工作的必要性

管理信息系统是一个人机系统，首先，它应该满足企业内部管理和社会有关管理部门对经营管理信息的需要。因此，系统应用首先要考虑企业外部有关因素的制约，同时还要考虑企业内部不同管理层次的信息需要。其次，对企业来说，管理信息系统应用要从管理信息系统的整体目标和要求出发，充分考虑企业不同管理部门及信息系统的联系和要求。再次，合理地配置一个管理信息系统的资源，是一个管理信息系统高效运转并满足管理需要的前提和保证。最后，从管理信息系统的职能构成来看，它是由若干子系统组成的，子系统的进度安排和协调、不同开发人员的管理，需要在统一的目标下进行。因此，企业在开展管理信息系统工作时加强组织管理工作是十分必要的。

（二）管理信息系统组织管理机构

目前，我国各企业中负责信息系统运行的大多数是信息中心、计算中心、信息处等信息职能管理部门。从信息系统在企业中的地位来看，系统管理的组织有以下三种形式。

部门分散式：管理信息系统应用早期和一些小企业采用的形式。各部门拥有自己独立的信息系统，有些企业虽然将某个业务信息系统交由某部门托管，但部门管理的局限性制约了系统整体资源的调配与利用，使系统的效率大受影响。

集中式：将信息系统的管理机构独立出来，与企业内部的其他部门平行看待，享有同等的权力。这种方式有利于资源的集中管理和共享，能够有效地集成企业信息资源，但信息系统部门的决策能力较弱。

集中与分散结合式：由于目前计算机、网络、通信等各项技术的发展，客户机/服务器体系结构的运用，一方面企业信息系统管理部门以信息中心的名义独立存在于各业务部门之外，另一方面各业务部门也设立了自己的信息处理室，使业务部门的处理流程计算机化。各业务部门配有专人负责该业务部门的信息系统处理，这个信息处理室在业务上同时又归信息中心领导。这样就形成了一个矩阵结构，信息中心既能站在企业的高度研究信息系统的发展，又能深入了解并满足各业务部门的需要，从而有利于加强企业的信息资源综合管理。

设置信息管理机构是一个总的发展趋势。各个企业的实际情况不同、机构设置不同，机构的整体目标也不同，因此不能套用一种模式，要根据企业管理信息系统的应用情况作出选择。

(三) 人员配置与管理

1. 人员管理是管理信息系统运行成败的关键

管理信息系统是一个人机系统,由于管理信息系统本身所体现的运用先进信息技术为管理工作服务的特点,工作中必然要涉及多方面的、具有不同知识水平及技术背景的人员。这些人员在系统中各负其责、互相配合,共同实现系统的功能。这些人员能否发挥各自的作用,他们之间能否互相配合、协调一致,是系统成败的关键之一。系统主管人员的责任就在于对他们进行科学的组织与管理。如果系统主管人员不善于进行这样的组织及管理工作,那么就谈不上实现信息管理的现代化和科学化。在这种情况下,整个系统的运行就会出现混乱。而人员管理的好坏是系统发挥作用的关键,没有好的人员管理和分工协作,就不会有充分的信息系统合理利用,人机系统的整体优化将是一句空话。

2. 人员管理的内容

(1) 明确地规定各类人员的任务及职权范围,尽可能确切地规定各类人员在各项业务活动中应负的责任、应做的事情及工作的次序。简单地说,就是要有明确的授权。

(2) 对于每个岗位的工作要有定期的检查及评价,为此,对每种工作都要有一定的评价指标。这些指标应该尽可能地有定量的尺度,以便检查与比较。同时,这些指标还应该有一定的客观的衡量办法,并且要真正按这些标准去衡量各类工作人员的工作业绩。

(3) 要对工作人员进行培训,以便使他们的工作能力不断提高,工作质量不断改善,从而提高整个系统的效率。

3. 系统人员的责任及其绩效评价原则

如今,几乎每个稍具规模的企业都设置了信息管理部门或机构,信息主管(又称首席信息官,即 CIO)也为大家所认识和接受。CIO 承担信息化建设的管理工作,引入和配置信息技术,开发和组织信息资源,提供信息服务,支持组织战略目标的实现。

CIO 一般由副总裁兼任,这样更有利于加强信息资源管理,他向组织最高领导负责,地位也高于其他部门主管。CIO 参与组织高层决策,因此对其有很高的素质要求,他应该具备较高水平的组织能力和领导能力,具有商业头脑,以及谈判、沟通与解决冲突的技能。

(1) 信息主管人员的责任是:在企业整体战略框架下负责企业信息管理战略规划的制定,积极参与企业的预测、决策、控制等管理活动,领导指挥信息管理部门处理多种形式的企业运行信息和外部行业信息,协助 CEO 有效利用信息确定企业战略目标和实施策略，并且在实施当中及时获得反馈，迅速调整战略规划。

（2）数据收集人员的责任是：及时、准确、完整地收集各类数据，并通过所要求的途径把各类数据送到专职工作人员手中。数据收集人员的技术水平和工作责任感，对提高所收集数据的质量至关重要。数据是否准确、完整、及时，则是评价数据收集人员工作的主要指标。

（3）数据校验人员（或称数据控制人员）的责任是：保证送到录入人员手中的数据从逻辑上讲是正确的，即保证进入信息系统的数据能正确地反映客观事实。在数据录入前发现不正确数据的数量及比例，是衡量校验人员业务水平的主要指标。

（4）数据录入人员的任务是：把经过校验的数据送入计算机，应严格地把收到的数据及时、准确地录入计算机系统。录入人员并不对数据在逻辑上、具体业务中的含义进行考虑与承担责任，这一责任是由校验人员承担的，他们只需要保证录入计算机的数据与纸面上的数据严格一致，绝不能由录入人员代替校验人员。录入的速度及差错率是对数据录入人员工作的主要衡量标准。

（5）硬件和软件操作人员的任务是：按照系统规定的工作规程进行日常的运行管理。系统是否安全正常地运行，是对硬件和软件操作人员工作的最主要的衡量指标。

（6）程序员的任务是：在系统主管人员的组织之下，完成系统的修改和扩充，为满足使用者的临时要求编写所需要的程序。编写程序的速度和质量是对程序员工作情况的衡量标准。

4. 信息系统管理人员的培训

管理信息系统是随着信息技术的进步而发展的，因此，在系统管理中，对人员的培训工作不可缺少。无论对管理人员还是对计算机技术人员来说，都必须把学习、培训和提高专业素质及业务能力作为工作的不可缺少的部分。

信息系统的主管人员应该鼓励并组织信息系统的工作人员进行知识更新和技术学习，使他们能够在完成日常工作的同时，在业务知识和工作能力上不断有所进步。信息系统工作人员的知识更新或业务学习，应该围绕工作的需要来进行，了解系统的总目标、特点、业务处理方式、业务处理需要等情况；掌握信息技术的发展，能有效利用信息技术工具是学习的主要内容。

管理人员的培训内容如下。

（1）信息系统的基本概念：信息与信息系统的概念、作用与价值，信息系统的开发方法与开发过程等。

（2）计算机基本知识：计算机硬件与软件、通信网络的基本概念，管理软件的特点与使用方法等。

（3）管理方法：现代管理方法的基本思想、数据分析与管理决策的基本概念与常用方法。

（4）本企业信息系统介绍：信息系统的目标、功能及总体描述，开发计划、主要事项与配合要求等。

（5）本企业信息系统的操作方法。

5. 信息人员的职业道德

信息人员的任务具有较大的不确定性和自主寻求解决方案的特点，还涉及较多的商业机密，当受利益等因素驱动时，信息人员可能做出损害企业的行为。例如，选用计算机系统时不将性能价格比放在首位；将所知的商业机密出卖给其他企业或个人；为图省事而不考虑系统的可维护性与可扩展性等。

虽然信息系统存在很强的技术性职业道德问题，而且还无行之有效的防范控制机制，但可以间接地采取一些防范措施。例如，对信息系统开发人员进行职业道德教育；对于重要决策，要听取多方面专家意见；尽可能地增加信息化建设工作的透明度；知识产权应受到越来越多的重视；信息人员应遵纪守法。

（四）信息技术的管理

这里讨论的信息技术管理不是指计算机系统日常运行的管理，而是从 MIS 的全局来看信息技术的管理。

在管理信息系统中，管理和决策的主体是人，管理信息系统的任务是为管理工作服务，它的管理工作是以向企业或其他组织提供必要的信息为目标、以能够满足管理工作人员的信息需求为标准的，而机器本身的管理与维护工作只是提供了硬件方面的保证，真正要做到向管理人员提供信息，还需要做许多软件操作、数据收集、成果提供等方面的工作。

要强调信息技术为人服务、为企业服务，要把信息技术整合到企业中。设备的布局要符合人机工程学，这样才有利于员工的身体和精神健康。要坚持设备的兼容性、开放性、标准化与个性化。同时，还需强调人要充分发挥信息技术的优势与作用，用信息技术再造业务流程，学会在现代信息技术的环境下，高效率地做好工作，从而创造经济效益与社会效益。

要以发生不可预期的灾难也不致中断为客户的服务和尽快从灾难的破坏中恢复为目标，从人员、信息、技术、设备、通信设施等多方面，制定出切实可行的防灾恢复计划，并认真执行。

（五）信息的管理

科学的决策需要及时、准确的信息，简单定义管理信息系统就是把组织生产经营活动中所产生的管理数据经过处理后产生管理信息供决策者决策的人机系统。而要使管理信息系统产生及时、准确的信息需要两个条件：一是信息系统处理过程要及时、准确，不能有错误；二是提供的数据要及时、准确。

信息既是资源，又是资本。信息可以提高产品与服务的价值，为企业创造商机。在管理信息系统的系统管理中，必须加强信息质量与信息安全的管理。

（1）信息存取的管理：信息的质量表现在用合适的表达形式及时地提供给用户所需要的信息。为保证信息质量，对信息存取的管理要考虑：① 把好输入关，确保输入的信息是必要的、正确的和及时的；②搞好信息的维护，确保修改不会破坏信息的完整性，并能及时清除垃圾信息；③人机界面友好，易理解，提供信息的格式符合用户要求。

（2）信息的安全管理：备份必要的信息并将其置于安全之处；加密信息，并使用控制访问的安全机制；采用防杀病毒软件并及时更新；采用防火墙技术以实现进出系统的安全检查；采取各种有效措施保护企业机密和员工个人隐私等。

二、信息系统的运行管理

随着信息技术的迅猛发展和普及，企业战略的实现已经离不开信息技术和信息系统。企业验收启用信息系统以后，对信息系统进行管理和维护就成为企业信息化工作的主要内容。对企业来说，信息资源是企业的战略资源。以前，人们比较看重有形的资源，进入信息社会和知识经济时代以后，信息资源就显得日益重要。因为信息资源决定了如何更有效地利用物资资源，掌握了信息资源，就可以更好地利用有形资源，使其发挥更好的效益。

信息系统运行管理的目标就是对信息系统的运行进行实时控制，记录其运行状态，对其进行必要的修改与扩充，以便使信息系统真正符合管理决策的需要，为管理决策者服务。

影响管理信息系统性能的因素有两个，一是技术，二是组织管理。从技术上看，任何新建立的系统都不可能是尽善尽美的，都可能存在着只有在实际运行中才能发现的缺陷。另外，随着企业内部与外部环境的变化，系统也会暴露出不足之处或不相适应之处，这是在系统运行过程中始终存在的必须要予以解决的问题。从管理上看，以计算机为工具的信息系统与传统的信息系统相比，二者在数据流程、处理方法、操作规程及表现形式等方面都存在很大的差别，新老系统转换的同时也要求管理人员从传统管理系统进入新系统，而人对任何新事物都有一个学习适应的过程。如何使不同层次的使用人员尽快地融入新系统，充分发挥新系统提供的各项功能，是运行管理要解决的问题。

所谓运行管理就是对管理信息系统的运行进行控制，以便使信息系统真正符合管理决策的需要，为管理决策服务。即在一套完整的操作规范与管理规范的约束下，使信息系统能正常地发挥应有的作用，产生应有的效益。企业管理信息系统的运行管理工作是系统研制工作的继续，是系统能否达到预期目标的根本，主要包括日常运行的管理、运行情况的记录以及对系统的运行情况进行检查与评价。

（一）信息系统的制度建设

企业在实现管理信息化后，其业务流程、工作方法，各职能部门之间以及企业与外部环境之间的相互关系都发生了一定的变化，因此需要制定一系列新的管理制度。

企业在启用新管理信息系统后，便进入长期的使用、运行和维护期。为保证系统正常工作，就必须明确规定各类人员的职权范围和责任，建立和健全信息系统管理体制，保证系统的工作环境和安全，这也是系统正常运行的重要保证。信息管理部门的负责人除了要负责监督系统运行外，还要对本部门各类人员的工作进行检查和监督，积极做好各类人员的管理工作，只有这样才能保证信息系统为各层管理服务，充分发挥信息资源的作用。

1. 各类机房安全运行管理制度

设立机房主要有两个目的：一是为计算机设备创造一个良好的运行环境，保护计算机设备；二是防止各种非法人员进入机房，保护机房内的设备、机内的程序和数据的安全。机房要有一套严格的管理制度，系统安全运行就是通过制定与贯彻执行机房管理制度来实施的。机房管理的主要内容包括：

（1）出入机房人员的规定，如有权进入机房人员的资格审查。

（2）机房内的各种环境要求，如机房的温度、湿度、清洁度。

（3）机房内各种设备的管理要求，如定期检修、备品配件的准备及使用，各种消耗性材料的使用及管理等。

（4）操作人员的操作行为，如机房中禁止的活动或行为。

（5）设备和材料进出机房的管理要求。

2. 信息系统的其他管理制度

信息系统的运行管理制度，还表现为软件、数据、信息等其他要素必须处于监控之中。这些管理制度包括以下几个方面：

（1）重要的系统软件、应用软件管理制度，应有相应的备份功能，以便保证系统软件的绝对安全。

（2）数据管理制度，如重要输入数据的审核、输出数据备份保管等制度。系统中的数据是企业极其宝贵的资源，禁止以非正常方式修改系统中的任何数据。数据备份是保证系统安全的一个重要措施，它能够保证在系统发生故障后能恢复到最近的时间界面上。

（3）权限管理制度，做到密码专管专用，定期更改并在失控后立即报告。

（4）网络通信安全管理制度。

（5）病毒的防治管理制度，及时检查、清除计算机病毒。

（6）人员调离的安全管理制度。在人员调离的同时马上收回钥匙，移交工作，更换口令，取消账号，并向被调离的工作人员申明保密义务，人员的录用调入必须经过人事组织技术部门的考核和接受相应的安全教育。

（二）系统的日常管理

1. 信息系统日常管理的重要性

信息系统的日常管理工作是十分繁重的，不能掉以轻心。特别要注意的是，信息系统的管理绝不只是对机器的管理，更重要的是对人员的管理。组织有关人员按规定的程序实施，并进行严格要求、严格管理，否则，信息系统是很难发挥其应有的实际效益的。

信息系统的日常运行管理是为了保证系统能长期有效地正常运转而进行的活动，具体有系统运行情况的记录、系统运行的日常维护及系统的适应性维护等工作。

系统的运行是长期的，而不是突击性的，要使每一个操作计算机的人养成遵守管理制度的习惯。对运行中的异常情况要做好记录、及时报告，以便使之得到及时处理，否则可能酿成大问题，甚至出现灾难性故障。

信息系统在运行过程中除了要长期不断地进行大量运行的管理和维护工作外，系统的运行情况记录对系统的管理和评价也是十分重要的，而且还是十分宝贵的资料。但不少单位缺乏系统运行情况的基本数据，因此无法对系统运行情况进行科学的分析和合理的判断，也难以进一步提高信息系统的工作水平。信息系统的主管人员应该从系统运行的一开始就注意记录和积累系统运行情况的详细材料。

2. 系统运行情况的记录

运行日记的内容应当包括：①时间；②操作人；③运行情况；④异常情况，主要有发生时间、现象、处理人、处理过程、处理记录文件名、在场人员等；⑤值班人签字；⑥负责人签字。

从每天工作站点计算机的打开、应用系统的进入、功能项的选择与执行，到下班前的数据备份、存档、关机等，按严格要求都要就系统软、硬件及数据等的运作情况作记录。运行情况有正常、不正常与无法运行等，对于后两种情况，应将所见的现象、发生的时间及可能的原因作尽量详细的记录。为了避免记录工作流于形式，通常的做法是在系统中设置自动记录功能。另外，作为一种责任与制度，对于一些重要的运行情况及所遇到的问题，如多人共用或涉及敏感信息的计算机及功能项的使用等，仍应作书面记录。

　　无论故障大小，都应该及时地记录以下这些情况：故障的发生时间、故障的现象、故障发生时的工作环境、处理的方法、处理的结果、处理人员、善后措施、原因分析。这里要注意的是，故障不只是指计算机本身的故障，而是就整个信息系统而言的。例如，数据收集不及时，使年度报表的生成未能按期完成，这是整个信息系统的故障，但并不是计算机的故障。同样，收集来的原始数据有错，这也不是计算机的故障，然而这些统计数据是非常有用的资料，其中包含了许多有益的信息，这对于整个系统的扩充与发展具有重要意义。

　　正常情况下的运行数据是比较容易被忽视的。因为在发生故障时，人们往往比较重视对有关的情况加以及时的记载，而在系统正常运行时，人们则不那么注意。事实上，要全面地掌握系统的情况，还必须十分重视正常运行时的情况记录。如果缺乏平时的工作记录，就无从了解瞬时情况。

　　系统运行情况无论是自动记录还是人工记录，都应作为基本的系统文档长期保管，以备系统维护时参考。系统运行日记主要为系统的运行情况提供历史资料，也可为查找系统故障提供线索。因此，运行日记应当认真填写、妥善保存。要通过严格的制度及经常的教育，使所有工作人员都把记录运行情况作为自己的重要任务。

（三）系统运行的日常维护

　　系统维护的目的是要保证管理信息系统能够适应信息系统的环境和其他因素的各种变化，保证系统正常而可靠地运行，并能使系统不断得到改善和提高，以充分发挥作用而采取的一切活动。据统计，世界上90％的软件人员的工作是维护现存的系统。

　　系统维护的任务就是要有计划、有组织地对系统进行必要的改动，以保证系统中的各个要素随着环境的变化始终处于最新的、正确的工作状态。

　　系统维护工作的内容主要有以下几点。

1. 应用程序的维护

　　在系统维护的全部工作中，应用程序的维护工作量最大，也最常发生。应用程序的维护工作包括正确性维护、适应性维护、完善性维护和预防性维护四种。

　　(1) 正确性维护：是指诊断和修正错误的过程。

　　(2) 适应性维护：是指当企业的外部环境、业务流程发生变化时，为了与之适应而进行的系统修改活动。MIS 是人机系统，为了使信息系统的流程更加合理，有时会涉及机构和人员的变动，这种变动往往也会影响对设备和程序的维护工作。

　　(3) 完善性维护：是指为了满足用户在功能扩充或改进已有功能方面的需求而进行的系统修改活动。

（4）预防性维护：是指防止系统故障、保证系统正常运行的维护活动。

2. 数据的维护

系统的业务处理对数据的需求是不断变化的，要经常对数据文件或数据库进行修改，增加数据库的新内容和建立新的文件等。

为安全考虑，每天操作完毕后，都要对改动过或新增加的数据作备份。一般来说，工作站点上的或独享的数据由使用人员备份，服务器上的或多项功能共享的数据由专业人员备份。除正本数据外，至少要求有两个以上的备份。

数据存档或归档是指当工作数据积累到一定数量或经过一定时间间隔后转入档案数据库的处理，作为档案存储的数据将成为历史数据。为以防万一，档案数据也应有两份以上。

数据的整理是关于数据文件或数据表的索引、记录顺序的调整。由于系统反复不断地对数据库进行各种操作，数据库的存储效率和存取效率会不断下降。当数据库的效率低到不能满足系统处理要求时，就必须对数据库实施重新组织。

数据整理可使数据的查询与引用更为快捷与方便，对保证数据的完整性与正确性也有很大好处。

3. 代码的维护

随着系统的变化，旧的代码不能适应新的要求，必须对其进行变更。代码的变更包括制定新的或修改旧的代码系统。

4. 机器、设备的维护

机器、设备的维护包括机器设备硬件与系统软件的日常管理和维护工作。主要工作内容包括定期对硬件系统进行全面测试，对打印机、键盘等机械设备进行常规保养等。一旦机器发生硬件和系统软件方面的故障，要有专门人员进行修理。随着业务的发展，有时需要增加、调整或更换原有的硬件配置。

在现实应用中，企业往往热衷于系统开发，却忽视了贯穿在整个系统生命周期中的系统维护工作。在开发工作完成后，开发队伍解散或撤走，系统开始运行后却没有配置适当的系统维护人员，当系统发生问题或环境发生变化时，系统运行效率降低甚至被迫放弃所建立的管理信息系统。因此，企业在信息系统维护方面应注意系统维护人员的稳定性。

一般来说，系统维护的费用占整个系统生命周期总费用的60％以上，系统维护工作是乏味的重复性工作，很多技术人员觉得其缺乏挑战和创新，因此更重视开发而轻视维护。但系统维护是信息系统可靠运行的重要技术保障，必须予以重视。

软件维护是系统整个生命周期中最重要、最费时的工作。现有统计资料表明：在整个维护工作量中，软件维护的工作量一般占70％以上，因此，企业应加强软件维护工作的管理，以保证软件的故障得到及时排除，满足企业管理工作的需要。

　　在硬件维护工作中，较大的维护工作一般是由销售厂家进行的，使用单位一般只进行一些小的维护工作。使用单位一般可不配备专职的硬件维护员，硬件维护员可由软件维护员担任，即通常所说的系统维护员。

　　对于使用商品化软件的单位，程序维护工作是由销售厂家负责，由单位负责操作维护。单位可不配备专职维护员，而由指定的系统操作员兼任。

　　自行开发软件的单位一般应配备专职的系统维护员，由系统维护员负责系统的硬件设备和软件的维护工作，及时排除故障，确保系统正常运行，并且负责日常的各类代码、标准摘要、数据及源程序的维护。

（四）信息系统维护的特点

　　实践证明，系统维护与系统运行始终并存，系统维护所付出的代价往往要超过系统开发的代价，系统维护的好坏将显著地影响系统的运行质量、系统的适应性及系统的生命期。我国许多企业的信息系统在开发后，不能很好地投入运行或难以维持运行，这在很大程度上就是由重开发轻维护所造成的。

　　信息系统的维护不仅为系统的正常运行所必需，而且企业为适应环境、为求生存与发展，也必然要作相应的变革。作为支持企业实现战略目标的管理信息系统，自然地也要作不断的改进与提高。从技术角度看，一个信息系统不可避免地会存在一些缺陷与错误，这些缺陷与错误会在运行过程中逐渐暴露出来，为使系统能始终正常运行，对于所暴露出的问题必须及时地予以解决。为适应环境的变化及克服本身存在的不足，对系统作调整、修改与扩充是必要的。

　　1. 信息系统的可维护性

　　根据对各种维护工作分布情况的统计结果，一般正确性维护占 21%，适应性维护占 25%，完善性维护达到 50%，而预防性维护及其他类型的维护仅占 4%。可见在系统维护工作中，半数以上的工作是完善性维护。

　　可维护性是对系统进行维护的难易程度的度量。提高系统的可维护性应当从系统分析与设计开始，直至系统实施的系统开发的全过程，在系统维护阶段再来评价和注意可维护性为时已晚。企业应特别强调提高系统可维护性的工作必须贯穿系统开发过程的始终。

　　2. 系统维护的特点

　　（1）采用结构化开发方法是做好系统维护工作的关键。如果系统开发没有采用结构化分析与设计方法，则只能相应地进行非结构化维护。因为这时系统软件配置的唯一成分是程序源代码，一旦有系统维护的需求时，维护工作只能从艰苦的评价程序代码开始。由于没有完整规范的设计开发文档，无程序内部文档，对于软件结构、数据结构、系统接口以及设计中的各种技巧很难弄清，如果编码风格再差一些，则系统维护工作将变得更加艰难。同时，由于无测试文档，所以不能进行回归测试，对于维护后的结果难以评价。若采用了结构化方法，则能够很好地克服非结构化开发方法所产生的难题。

（2）系统维护具有很高的代价。维护工作可分为非生产性活动和生产性活动两部分。前者主要是理解源程序代码的功能，解释数据结构、接口特点和性能限度等，这部分工作量和费用与系统的复杂程度（非结构化设计和缺少文档都会增加系统的复杂程度）、维护人员的经验水平以及其对系统的熟悉程度密切相关。后者主要是分析评价、修改设计和编写程序代码等。系统维护的工作量与系统开发的方式、方法、采用的开发环境有直接关系。因此，如果系统开发途径不好，且原来的开发人员不能参加维护工作，则维护工作量和费用将呈指数上升。

由于越来越多的系统维护工作束缚了系统开发人员和其他开发资源，开发的系统越多，维护的负担便越重，这就导致系统开发人员完全没有时间和精力从事新系统的开发，从而耽误甚至丧失了开发良机。此外，如果合理的维护要求不能及时得到满足，将引起用户的不满；维护过程中引入新的错误，将使系统可靠性下降，从而带来很高的维护代价。

（3）系统维护工作对维护人员的要求较高。因为系统维护所要解决的问题可能来自系统整个开发周期的各个阶段，因此承担维护工作的人员应对开发阶段的整个过程、每个层次的工作都有所了解，从需求、分析、设计一直到编码、测试等，且应具有较强的程序调试和排错能力。这些对维护人员的知识结构、素质和专业水平有较高的要求。

（4）系统维护工作的对象是整个系统的配置。由于问题可能来源于系统的各个组成部分，产生于系统开发的各个阶段，因此系统维护工作并不仅仅是针对源程序代码，而且包括系统开发过程中的全部开发文档。

系统维护中编码本身造成的错误比例并不高，仅占 4%左右，而绝大部分问题源于系统分析和设计阶段。通常，理解别人编写的程序很难，且难度会随着软件配置文档的减少而增加；绝大多数系统在设计和开发时并没有很好地考虑将来可能出现的修改，如有些模块不够独立。

（五）系统维护的组织与管理

维护的管理工作主要是通过制定维护管理制度和组织实施来实现的。维护管理制度主要包括以下内容：系统维护的任务、维护工作的承担人员、软件维护的内容、硬件维护的内容、系统维护的操作权限、软件修改的手续。由于信息系统维护直接关系到系统的性能和寿命，而且系统维护工作又是技术性很强的工作，因此不能有一点马虎或随意性。

在系统投入运行后，企业必须确定进行维护工作所应遵循的原则和规范化的过程，并建立一套适用于具体系统维护过程的文档及管理措施，以及进行复审的标准。系统维护应由企业信息管理机构领导负责，并指定专人落实。为强调该项工作的重要性，在工作条件的配备及工作业绩的评定上，应将其与系统的开发同等看待。

在信息系统投入运行后，企业应设系统维护管理员，专门负责整个系统维护的管理工作。其任务是熟悉并仔细研究所负责部分系统的功能实现过程，甚至对程序细节都要有清楚的了解，以便于完成具体的维护工作。

系统变更与维护的要求常常来自于系统的一个局部，而这种维护要求对整个系统来说是否合理，应该满足到何种程度，还应从全局的观点进行权衡。因此，为了从全局上协调和审定维护工作的内容，每个维护要求都必须通过一个维护控制部门的审查批准后，才能予以实施。这个维护控制部门，应该由业务管理部门和系统管理部门共同组成，以便于从业务功能和技术实现两个角度控制维护内容的合理性和可行性。

1. 系统维护步骤

用户的维护申请都以书面形式的"维护申请报告"向维护管理员提出。

维护管理员根据用户提交的申请，召集相关的系统管理员对维护申请报告的内容进行核评。依维护的性质、内容、预计工作量、缓急程度或优先级以及修改所产生的变化结果等，编制维护报告，提交维护管理部门审批。

维护管理部门从整个系统出发，从合理性和技术可行性两个方面对维护要求进行分析和审查，并对修改所产生的影响作充分的估计。

通过审批的维护报告，由维护管理员根据具体情况制定维护计划。维护计划的内容应包括工作的范围、所需资源、确认的需求、维护费用、维修进度安排以及验收标准等。

维护管理员将维护计划下达给系统管理员，由系统管理员按计划进行具体的修改工作。修改后应经过严格的测试，以验证维护工作的质量。测试通过后，再由用户和管理部门对其进行审核确认，只有经确认的维护成果才能对系统的相应文档进行更新，最后交付用户使用。

为了评价维护的有效性，确定系统的质量，记载系统所经历过的维护内容，应将维护工作的全部内容以规范化文档的形式记录下来，形成历史资料备查。

2. 维护产生的修改对于系统有三方面的负作用

(1) 对源代码的修改可能会引入新的错误。

(2) 对数据结构进行修改，可能会带来数据的不匹配等错误，在修改时必须参照系统文件中关于数据结构的详细描述和模块间的数据交叉引用表，以防止局部的修改影响全局的整体作用。

(3) 任何对源程序的修改，如不能对相应的文档进行更新，造成源程序与文档的不一致，必将给今后的应用和维护工作带来混乱。

另外，系统维护人员应明确职责，保持人员的稳定性，对每个子系统或模块至少应安排两个人共同维护，避免对个人的过分依赖。在系统未暴露出问题时，应着重于熟悉掌握系统的有关文档，了解功能的程序实现过程，一旦提出维护要求，应立即高效、优质地实施维护。

三、信息系统文档管理

管理信息系统的文档是系统开发过程的记录，是系统维护人员的指南，是开发人员与用户交流的工具。规范的文档意味着系统是工程化、规范化开发的，意味着信息系统的质量有了程序上的保障。文档的欠缺、文档的随意性和文档的不规范，极有可能导致在原来的系统开发人员流动后，系统难以维护和难以升级。因此，为建立一个良好的管理信息系统，不仅要充分利用各种现代化的信息技术和正确的系统开发方法，同时还要做好文档的管理工作。

系统文档的管理工作主要有：①文档标准与规范的制定；②文档编写的指导与督促；③文档的收存、保管与借用手续的办理等。

系统文档不是一次性形成的，它是在系统开发、设计、实施、维护过程中不断地按阶段依次推进编写、修改、完善与积累而形成的。信息系统开发过程中的主要文档有系统开发阶段的可行性分析报告、系统说明书、系统设计说明书、程序清单、测试报告、用户手册、操作说明、评价报告、运行日记、维护日志等。

上述文档是系统的重要组成部分，要做好分类、归档工作，进行妥善、长期保存。对于档案的借阅，也必须建立严格的管理制度和必要的控制手段。文档的重要性决定了文档管理的重要性，文档管理是有序、规范地开发与运行信息系统所必须要做好的重要工作。

■第二节　影响管理信息系统建设的因素分析

影响管理信息系统成败的因素有很多，诸如管理因素、技术因素和组织因素等。此外，管理信息系统的实施过程以及实施过程中的正确管理也关系到管理信息系统的成败。

一、管理信息系统的成功要素

管理信息系统是利用信息进行管理的系统，是由人和计算机组成的人机系统。它不仅要考虑技术问题，而且还要考虑组织问题和人的行为问题。管理信息系统的建设，必然要引起企业组织的变化和企业中各层人员工作方式的改变，是效率的提高和人员的减少，是组织结构和控制结构的改变，是管理范围的扩大和决策方式的改变。

对管理信息系统实施成功的企业进行总结，主要的成功要素有以下几方面。

1. 正确认识企业组织环境

确定管理信息系统的目标要从企业的实际出发，而不是脱离实际去追求某种理想的境界。对企业环境的分析包括：管理人员的改革意识和管理水平；员工的文化素质和企业的科学管理基础；企业的信息技术力量情况；对管理信息系统的资金投入力度等。

一个组织开发管理信息系统的动力主要来自两方面，即内部驱动和外部驱动。内部驱动是指来自企业组织内部的提高效率或进行技术改造的需要；外部驱动则是指市场驱动或竞争对手的驱动。

2. 选择合适的开发方式

针对组织的具体情况，选择合适的开发方式是成功的关键。标准化和规范化也是成功的重要保证。

3. 加强组织管理

在我国实施管理信息系统的过程中，人的行为和管理问题更为重要，只有领导的决心大，真正从思想上重视，管理信息系统才能健康而顺利地推进。

二、管理信息系统失败的原因

(一) 管理信息系统开发面临的问题

管理信息系统失败的原因主要可以归结为系统的开发、数据、维护和经费等四个问题。这些原因的产生不仅有技术上的因素，也有许多非技术因素，尤其是组织方面的因素。

1. 开发问题

在管理信息系统的开发过程中存在两类问题：一类是技术问题；另一类是非技术问题。在技术问题中最为突出的是功能问题，由于在系统开发过程中的需求分析不够，系统功能设置不能满足用户的基本需求，有些用户界面设计得过于复杂，操作顺序烦琐，导致用户不方便使用，以至于不愿意使用。而数据库的设计不好是更为严重的技术问题，存在有害的数据冗余、缺少数据完整性控制、代码设计不周全等都会成为系统潜在的威胁。

非技术性的设计问题与管理和企业问题有关，一个管理信息系统的建设过程就是一个企业流程再造的过程。管理信息系统是企业密不可分的一个组成部分，它与企业中其他要素有内在的紧密联系，应该和它们融合在一起。当企业中的管理信息系统发生变化时，企业的结构、人员、文化等必然也会受其影响而发生相应的变化。如果新开发的管理信息系统不能与企业中的其他要素相容，那么这个系统就是不成功的，这种系统不仅不能给企业带来协调和高效，相反会与企业产生抵触和冲突。

2. 数据问题

在管理信息系统的开发过程中，数据方面的问题容易被忽视，但应该注意的是，系统中数据的不准确、数据输入不完整、不一致等都会导致系统不能正常工作，以至于最后导致系统的瘫痪。

3. 维护问题

在管理信息系统的开发过程中，系统的维护占据了大部分的时间，但开发者和用户往往不重视系统的维护。尽管系统功能的设计是正确的，但是系统在运行过程中仍然会出现问题，而信息系统又不允许系统存在问题。因此，如果系统不能及时得到维护，那么最终可能因这些运行过程中出现的问题而导致系统不能满足用户的需求，甚至被迫退出运行。

4. 经费问题

有时在系统开发过程中，会出现开发费用超过预算的情况，终因经费不足而下马。还有些系统开发得好，运行得也正常，但因运行、维护成本过高，超过了原先的预算，或是在系统规划之初，在作系统开发费用预算时，没有考虑到系统的维护和运行所需的费用，乃至导致系统运行不成功。

（二）管理信息系统失败原因的分析

管理信息系统的开发与应用主要是因为组织内部的需求和外部环境的压力。同样，管理信息系统失败的原因也存在于组织内部与外部环境中。

1. 业务流程再造的挑战

业务流程再造是管理信息系统建设的第一步，如果我们在进行组织需求分析时，组织的高层管理人员未能提出需要通过业务流程再造来解决的关键问题，在管理信息系统实施的过程中，只是对原有的业务流程作一些改良和改进，并没有从根本上进行再设计，那么最后在管理信息系统的应用过程中就收不到应有的效果。

管理信息系统的开发初期，在要求对组织中的业务流程进行比较彻底的再设计时，组织本身也将发生深刻的变化。

2. 开发过程中的失败原因

如果在管理信息系统的开发过程中管理不善，那么系统开发的各个阶段就可能出现以下问题：

（1）用户参与程度。用户参与管理信息系统的开发，会对整个系统的实施成功起到至关重要的作用。但用户对系统开发活动的参与，存在两个方面的障碍：其一，用户受自己过去传统工作经验的束缚或者由于管理信息系统方面知识的不足，可能会难以提出如何利用管理信息系统对原有的工作流程、组织结构等的重大改进方案。其二，用户与设计人员的交流障碍问题。用户与系统开发的专业人员有不同的背景、不同的兴趣，当他们共同开发一个管理信息系统时，难免会有不同的考虑问题、讨论问题和解决问题的方式。

（2）管理层的支持。如果一个管理信息系统的开发项目在各个层次上都能得到管理人员的支持，那么该系统就很可能被用户和专业开发人员从正面给予理解。当管理信息系统需要改变原有的工作习惯和流程时，尤其是要重新改组原有的组织结构时，领导层的支持就显得尤为重要，如果缺少这种支持或支持的力度不够，就会导致系统的失败。如果决策层领导难以及时地了解问题，在系统实施的各阶段所发生的问题就往往不能及时反映到管理和决策层中去，这样会使出现的一些错误得不到及时纠正，甚至会继续发展直至积累到难以得到纠正。

（3）分析阶段。在制定管理信息系统的总体规划时过于草率，项目实施的目标含混不清，对项目所需的时间与经费的估计缺乏标准；系统开发所需的工作量难以准确估算，估算的计划往往与实际相差很大，不准确的计划会直接影响实施过程的控制，导致时间的拖延、预算的突破，甚至系统的失败；向用户承诺一些不可能完成的任务；系统开发人员缺乏与他人交流的能力与技巧，不能与用户恰当地交流，不会对用户提出适当的问题，不能与用户进行深入的交流。

（4）设计阶段。在进行系统设计时，只考虑当前的需要而没有能够顾及组织未来的需要，系统分析说明书不完善，以至于系统设计师对系统的理解不够，系统设计方法和设计方案缺乏可操作性，功能设置和子系统划分不合理。

（5）编程阶段。首先是在系统分析与设计时，为程序员提供的说明书不完善，以至于程序员对系统理解得不深、不透，导致编写出来的程序难以适应用户需求或难以维护。

（6）测试阶段。在管理信息系统的开发初期就没有制定有组织的测试计划；用户没有充分地参与测试，不愿意检验测试的结果，不愿意为测试耗费时间。

（7）转换阶段。在进行系统开发的规划时，对于系统的转换所需要的时间与经费估计不足，尤其是数据的转换，缺少基础数据的整理和准备；没有建立系统评价的标准，也没有把系统运行的结果同早期的目标相比较；对系统维护工作的预见性不足。

（8）系统运行和维护阶段。对日常管理缺少工作标准和检查，没有全面的维护控制手段，没有严格的规章制度，维护费用投入不足和维护人员的技术水平不够。

■ 第三节　管理信息系统开发中的项目管理

一、项目管理概述

为了开发好信息系统，要将信息系统的开发工作作为一个工程项目来管理。

信息系统开发项目管理的主要内容是运用系统工程的方法为系统开发制定一份工作计划，并对计划的落实进行组织、监督与控制。

（1）项目的定义。项目就是以一套独特而相互联系的任务为前提，有效、合理地利用资源，为实现一个特定目标所付出的努力。每个项目只进行一次，它有具体的开始和结束的时间以及最后交付的结果。

（2）一个项目应具备的特征。每个项目都有一个明确界定的目标；项目的执行要通过完成一系列相互关联的任务、运用各种资源来才能达到项目的目标；项目的执行要有具体的时间计划期；项目本身包含一定的不确定性和高风险；项目是由特别组织管理的一系列临时性活动。

（3）项目管理的目的。项目管理是对项目的任务、资源和成本进行计划、控制以及管理的过程，项目管理的目的在于能在一定预算内达到既定的最终目标。项目管理的实行能够从根本上提高管理人员的工作效率。

（4）项目管理的内容。项目管理的内容主要包括项目的确定、项目的计划、项目的组织、项目的控制等四个方面。

项目实施的最终目的是为了满足某种需求或解决某种问题。项目的最终目标和阶段目标要有明确性、可度量性、可完成性、相关性和可跟踪性。

制定项目计划的主要工作是确定项目各阶段的工作及工作周期和所需要的人员、设备、设施、材料和资金等资源。信息系统开发项目的工作计划一般应分两个层次：第一层次按开发阶段安排，用作总体进度的控制；第二层次按各开发阶段或子项目的工作步骤安排，以便能在细节上安排人力，对项目进度进行控制。

由于信息系统开发项目带有不确定性与不稳定性因素，所以工作计划不宜也不可能制定得过于具体，一般可在计划中预留一定的机动时间，随着计划的进行，情况会逐步明朗，因此可在计划落实过程中再作修订与充实。另外，在制定项目计划的时候，一定要有应急计划，即在遇有紧急情况时启用的计划，以保证项目的完成。

项目组织的主要工作是根据项目的初步计划再制定详细的行动计划，明确地制定准备要做的工作、人员分工、负责人、所需资源、项目的开始和结束时间。在制定项目的详细计划时，可用有关项目管理软件来进行项目计划的管理，可以用网络图、关键线路图、甘特图等图表来表示项目实施计划，并且让项目组的每一个人对实施计划都有清楚的了解。项目实施计划的改变及实施计划中的执行情况都要及时地在图表上反映出来，项目有关人员应及时查看和交流有关信息。

项目控制的主要工作就是在项目计划的执行中及时了解计划的执行情况、工作质量、成本、时间进度等，及时检查项目进程、检测项目实施过程与计划的偏差，并及时采取措施予以纠正。执行项目控制的主要手段有定期汇报、召集会议、现场观察、编写报告等，要及时让大家了解项目计划的执行情况，项目经理要对项目的实施情况及时作出反馈。

　　在实际中，几乎没有一个管理信息系统开发项目能按计划进度完成，由此造成的损失也是很大的，因此信息系统开发项目的进度控制显得尤为重要。

　　一般来说，信息系统开发进度延误，除了有与其他工程项目同样存在的环境变化、资金不到位、人员变动等原因外，还有一些特殊的原因，主要是：①各项开发活动的工作量是凭经验估计的，实际工作量与预计数发生较大的差别；②开发过程中产生不少事先未估计到的活动，使工作量增加；③由于需求或其他情况发生变化，已完成的成果要作局部修改，导致返工。

　　上述导致计划不能如期完成的原因往往是不可避免的，但对于哪些活动延误、什么原因导致延误，必须分析清楚。只有在明确问题的前提下，才能选取对策，或解决问题，或修改计划，在总体上把握开发进度，以使延误造成的损失减至最小。

　　针对不同的原因，可能采取的解决措施如下：

　　（1）对开发中的不确定性问题，可事先在工作计划中留有一定的宽裕度，如对工作步骤的工作量取上限、预设机动时间等。

　　（2）在开发过程中经常性地与用户交换意见，随时掌握企业的发展动向，及时明确遗留的不确定问题，以减少返工现象。

　　（3）当关键路线上的活动延误时，要调配现有开发人员，或增加开发人员，或加班加点，或集中人力予以重点解决。

　　（4）在上述措施难以有效解决延误问题时，要对原定计划作调整。例如，子项目先后次序的调整，部分工作步骤的提前或推后。必要时也可在不影响总体目标的前提下，删减个别子项目，或减低局部的功能指标。

　　信息系统是一个复杂的人机系统，开发项目工作计划进度的控制也必然是一项难度极大的工作。从根本上说，信息系统开发进度问题的解决还有赖于企业管理模式的规范化、系统开发的标准化等。信息系统开发项目工作计划要控制的除了进度外，还有质量问题。时间上的延误有时是可以承受的，但质量的欠缺是不能允许的，因此质量的控制往往显得更为重要。

二、现代项目管理的特点

（一）传统项目管理的缺陷

　　由于项目管理环境的快速变化和高度复杂性使项目决策者的决策只能建立在很少的确定性和大量推测的基础上，因而项目管理面临着前所未有的高风险环境。传统的项目管理已表现出以下几方面的缺陷：

　　（1）过分关注项目的时间、预算和性能指标，忽视了客户的重要性。虽然注重项目的时间、预算和性能与满足客户需要从理论上讲是一致的，因为性能指标包含了客户的需要和要求，但项目经理往往容易忽视客户的心理，凭个人兴趣制造一些令同行专家羡慕的项目成果。

（2）过分关注项目的方法和工具的应用，无暇顾及其他重要事情。项目管理方法和工具的应用使项目管理人受益匪浅，但项目管理的"二八现象"以不争的事实说明：项目管理仅有 20％失败于项目管理技术方法，80％失败于员工不负责任、政治风波以及不能有效地沟通等一些非技术性原因。

（3）项目范围的定义太狭窄。由于传统的项目管理将项目经理的管理领域定义为项目的执行，即在限定的范围内完成工作，所以项目经理缺乏足够的预算资源以对项目的投资方负起完全责任，很难有效地为客户服务。

因此，传统项目管理的变革势在必行，必须以满足客户需求为核心，重新定义项目经理的责任与作用，创造更加科学、更加适应新的商业环境的项目管理理论和技术，以更好地发挥项目管理的作用。

（二）现代项目管理变革

1. 以客户为中心是项目管理变革的核心

传统的项目管理以项目时间、成本及性能三大约束指标衡量项目成功与否的观念正在发生飞速的变化，越来越多的项目专业管理人员意识到：最惨重的项目失败莫过于所完成的项目不能让客户满意。以客户为中心，让客户满意，增加了客户与项目组再次合作的可能，增强了项目的市场竞争能力，缩短了项目结束时间，从而避免了项目延期和额外开支的增加。

2. 项目团队精神和有意识的努力

首先要重组项目组织的经营方式，建立一种全新的以客户为中心的项目组织文化，强调提供给客户的项目价值最大化，容忍和鼓励逆向思维，以冲破习惯的束缚，激励、挑战和超越自我；在组织内分享权力，适当授权；关注项目预算、汇率、人员的变动，妥善处理好这些不稳定因素，以保证项目的稳定性和连续性；树立项目整体生命周期观点，强调项目关键人员在项目全过程对项目负责，注重项目成果交付后的正常运行、维修；制定严格的规章制度和周密的程序、方法，确保项目工作不陷入责任真空。

以客户为中心的观点，使项目人员的角色从他人开发计划的执行者变为能对客户需求作出迅速而有效反应的参与者。

三、管理信息系统的项目管理

管理信息系统的开发是一项系统工程，需要投入大量的人力、物力、财力和时间。为在管理信息系统的开发过程中，对新系统的目标实现有保证和支持的作用，管理信息系统的开发管理可以利用项目管理的思想、方法进行控制和管理，以降低系统开发成本，提高管理信息系统的收益。

在每个管理信息系统的开发项目中，都有许多不确定的因素，因而也就不同程度地存在风险。信息系统要满足的是人的主观需要。人的复杂性，给信息系统带来了许多难以确定的因素。而且，随着项目的进展，开发技术和工具的不断变化，专业和富有经验的人才的缺乏，信息系统研发人员技术能力的差异，不同人员的不同态度，大量同类项目的经验的缺乏，都会造成信息系统项目开发的风险加大。我们在系统的开发过程中，必须采取科学规范的项目管理流程对风险进行控制。

（一）项目需求

管理信息系统开发项目中的管理重点就是项目需求，需求包括用户需求、产品需求和软件需求。需求是项目的源头，需求的生命周期包括需求收集、需求挖掘和开发、需求定义和分解、需求实现、需求验证、需求确认等诸多过程。需求不明确和后期的频繁需求变更是管理信息系统项目的风险之一，项目的计划和可预见性完全是建立在需求稳定基础上的，需求一旦变化，整个计划就得不断调整，计划的频繁调整将导致后期的项目执行无任何计划参照，从而使后期项目变得完全不可控制。

用户阻力是项目实施中普遍存在的一种风险。这一方面可能是由于对用户的教育、培训、说明不当，另一方面也可能是由于用户个人的原因。

克服这种阻力的办法是：对用户进行良好的培训，鼓励用户参与设计的改进、人机界面的改进，必要时对系统进行修改以满足用户的要求。在运行新系统之前，先进行组织结构重组，重新制定系统运行、维护制度。

（二）项目团队

为了一个项目走到一起的成员，都有自己的技能专长、性格特征和职业发展规划，项目成员的目标只有和团队的目标一致，才可能真正发挥出团队的价值和力量。成功的项目团队必须是每个成员都认可项目的目标并为之努力，项目的成功也会帮助项目成员提升自我价值；项目中每个人都清楚自己在团队中的位置；团队成员之间相互信任并对自己的工作负责。

参与到其中的项目成员由各个相关部门的人员共同组成，项目团队来源不同，素质各异，如果处理不当，极易造成一盘散沙的局面，甚至阻碍项目进程，最终导致项目失败。

（三）项目目标和计划

项目目标应该包含进度、质量、成本三方面的目标。三方面的目标都会有一个最低限的目标，当发生最低限目标都无法满足的情况时，最有效的方式就是削减项目范围；如果范围也不能变动，则必须提高项目团队的生产率。

项目目标确定后又驱动项目计划的具体制定过程，项目计划中关于进度、人力、资源、成本、质量等目标的安排都应该围绕项目目标进行。

只有有了计划才可能真正知道项目目标是否可以达到。有了项目计划才可能使项目从无序向有序转变，最终使整个项目目标得以实现。在项目中所做的任何一件事情都出自于计划。为了实现项目的目标，对于项目的成本、质量、需求控制、风险管理、人员管理、开发过程管理都必须有计划。

项目的计划制定包括将项目分解成各项任务，确定这些任务的完成顺序，估计完成这些任务所需的时间与所需的资源、人力、经费、技术等各项资源，而项目的控制内容包括对项目进展的监督以及必要的调整。有了计划，就不仅有了执行的依据，也有了项目经理后期进行项目监控的依据。

（四）项目监控

项目监控就是根据项目跟踪发现的偏差和问题，制定相关的改进措施和解决方案并监督其执行，保证项目按照正常轨道运行。一套好的监控体系会通过预警机制将意外或突发事件消灭在襁褓之中。计划本身也是一种控制，只不过是事前控制。监控绝对不能只监不控，如果没有纠正措施，就很难算作真正的项目控制。而且项目监控不能简单地理解为实际项目运行情况和计划基准之间的差异比较，而是从识别控制事件、确定控制标准、实施控制机制，到执行工作一系列的系统的流程控制。

项目监控分为很多类型的活动，其一是差异控制，即项目在执行过程中关于项目进度、成本、质量和范围等要素和计划阶段定的基准目标发生了偏离或者偏离超过了某个限度，我们就必须进行控制和采取纠正措施；其二是过程控制，即项目的执行本身必须遵守相关的过程和流程，如范围的变更、沟通渠道和风险管理等，这些活动在执行过程中都必须遵守相关的过程和规则。

任何一个控制体系和流程都不应该僵化。控制应该在正规和随意的自由之间寻求最佳平衡。控制不应该抑制创造性，控制应该让项目团队有充分的自由来主动寻求解决方案。

（五）项目可见性

项目可见性的目的就是对项目实施事后反应管理，良好的可见性通过事后总结又可以很好地支持事前的主动管理。项目可见性就是团队成员能够清楚地知道项目的状态和正在做的事情。

一个项目需要可见的信息包括项目的进度、成本、质量和范围四要素，具体来说有项目的风险跟踪表、问题清单、项目的待处理问题清单、项目的资源信息（文档资源和人力资源）。当这些信息都可见的时候，对于项目是否可以按照目标成功完成，就可以很好地预测和跟踪了。

项目可见性的一个重要作用就是要让每个项目成员不仅仅关注自己做的事情，不仅仅把自己做的那部分干好，而是要关注整个项目的目标与进展，要将个体目标与项目总目标结合起来，要让每个人看到自己对项目的贡献和作用，明确自己在项目中的位置，并且传达一种信息：项目是所有人的项目，不是项目经理的项目，只有项目成功了，团队中的每个人才谈得上成功和收获。

（六）项目状况

项目状况体现了项目是否正常地按照预期进行，是否能够成功按计划完成。项目可见性的一个重要内容也就是需要时刻反映项目当前的状况。项目状况的第一要点就是同计划的差异比较，究竟进度有无延期、成本有无超支，等等，只有通过这种差异比较，才能够知道后期应该采取什么纠正措施。第二要点是项目状态不仅仅是进度，也不仅仅是项目的范围、进度、质量和成本四要素，还包括项目出现的问题、风险和人员等各种状态信息。因此，项目状况是一个能够真实反映项目是否健康的各种项目属性的综合体，这些信息必须同时被反映出来，才能够观察和分析它们之间的直接联系，并指导后期的决策。

通过状态审查可以识别和分析差异，并采取纠正措施。同时，有意义的状态审查依赖于经过良好制定的计划，没有很好计划过的项目不能很好地反映出实际情况。

（七）纠正措施

在状态审查后发现差异超过允许范围后必须进行纠正。纠正措施是必备的事后管理，没有跟踪贯彻纠正措施的状态审查是毫无意义的。项目越执行到后期，要纠正一个问题对成本和进度的影响就越大。纠正措施是一种事后补救的方式，但更重要的是必须进行反省和经验总结，改进管理过程，在项目团队中要树立一种及早发现问题并开始就把问题做对的意识。常见的管理信息系统出现偏差的纠正措施有以下几种：

（1）需求不明确，用户改动大，项目返工工作量大。要从开发模式上找原因，采用快速原型和用户确认需求，系统分析员尽量分析和挖掘用户的深层次需求；在开发模式上采用结构化的开发方法；采用模块设计提高系统的可维护性。

（2）进度出现明显延后。定期跟踪可以很好地控制项目的延期时间，便于采取后续的补救措施；在项目进度出现偏离时，增加人手往往是愚蠢的办法，最有效的方法就是缩减项目范围，次之的方法是让项目成员加班，适当的加班可以补救进度偏差，但长久的加班会丧失所有效果；另外的方法就是提升整个项目团队的士气，项目进度延后时往往士气较涣散，大家的生产率也较低，工作责任心不强，导致产出的质量不高，此时往往更是需要通过团队活动来提升项目凝聚力的时候。另外一个关键就是项目经理应该审视自己的进度和人员安排是否合理、资源是否得到充分利用。

（3）项目产出的质量较差。质量差有两个原因，一个是成员本身技能存在问题，另一个就是态度问题。对于员工本身的技能问题，应该尽快组织项目的培训和交流，对于新员工要安排专门的辅导老师，尽快让技能欠缺者提升技能，保证整个团队的战斗力；态度决定一切，项目产出的质量差往往更多的是因为项目成员的态度问题，而这个没有捷径，只有通过持续的项目团队建设、定期的项目成员沟通来进行改善。

（八）项目经理能力

就项目管理而言，领导能力是做正确的事，而管理能力则是正确地做事情。项目经理应为项目团队规划远景，使团队目标和个人目标相融合；为团队创造良好的参与式和充分信任的环境，以实现这种远景；在项目中以身作则，身体力行地为团队树立榜样和强化规则；奖励团队中的突出贡献和成就，以激励团队成员；有风险管理意识以及更多经验和方法论的持续积累；在项目中积极地进行沟通，正面解决各种冲突，以保证良好和谐的团队氛围。当项目管理过程或组织规程不成熟的时候，高超的个人技能和领导能力是保证项目成功的必要条件。

（九）项目风险控制

信息系统项目的主要风险因素有三个：①项目大小，时间越长费用越大，风险也越大；②技术经验，项目队伍越不熟悉技术，风险就越大；③项目结构，系统方案越含糊或错误，风险就越大。

风险控制方法有：用户做项目成员，实行设计改变责任制、项目进程状态检查制度，使用科学的项目计划工具、规范的项目审批程序，做到项目阶段成果的规范表达等。

第四节　管理信息系统的安全与防护

一、管理信息系统的安全概述

管理信息系统对于人们来说，是一把"双刃剑"，它在给人们带来机遇的同时，也为那些利用管理信息系统进行破坏和犯罪的不法分子提供了可乘之机。

随着信息技术的发展，信息系统在运行操作、管理控制、经营管理计划、战略决策等社会经济活动的各个层面的应用范围不断扩大，发挥着越来越大的作用。信息系统中处理和存储的，既有日常业务处理信息、技术经济信息，也会涉及企业或政府高层计划、决策信息，其中相当部分是极为重要且有保密要求的信息。社会信息化的趋势，导致了社会的各个方面对信息系统的依赖性越来越强。信息系统的任何破坏或故障，都将对用户以至整个社会产生巨大影响。信息系统安全上的脆弱性表现得越来越明显，信息系统的安全也日显重要。

网上黑客、信息间谍等都可以窃取重要数据，病毒、恶意攻击也可能给系统的信息资源造成重大的破坏。另外，利用计算机进行破坏和敲诈也会给系统功能的发挥带来危害。

信息系统的安全管理目标是管好信息资源安全，其主要目的在于建立系统安全程序要求，在给定条件下，最大限度地减少事件损失，并且尽可能地减少因安全问题对运行中的系统进行的修改。系统安全管理通过制定并实施系统安全程序计划进行记录、交流和完成管理部门确定的任务，以达到预定的安全目标。

信息安全管理是信息系统管理工作的重要组成部分，包括安全技术采用和安全制度建立以及安全措施的落实。而安全管理是保障信息安全的重要环节，是不可或缺的。实际上，大多数安全事件和安全隐患的发生，与其说是技术上的原因，不如说是管理不善造成的。

信息系统的安全管理贯穿于信息系统规划、设计、建设、运行、维护等各个阶段，其内容十分广泛。信息系统安全管理要综合考虑各方面的安全问题，应全面分析整个信息系统的安全要求，并对信息系统中各子系统的界面给予特别的强调。

许多事实证明，随着信息化与计算机网络的发展，特别是电子商务与电子政务的开展，保护信息资源与网络安全已刻不容缓。

(一) 管理信息系统安全的定义

系统的安全管理是指为了防止系统外部对系统资源不合法的使用和访问，保证系统的硬件、软件和数据不因偶然或人为的因素而遭受破坏、泄露、修改或复制，维护正当的信息活动，保证信息系统安全运行所采取的措施。

管理信息系统的安全包括两部分内容：一是指系统自身的安全；二是指对系统的安全保护。

管理信息系统自身的安全包括信息的完整性、保密性、可用性和真实性四个方面。信息的完整性是指信息在存储和传输过程中，不能被非法地篡改、破坏，也不能被偶然、无意地修改；信息的保密性是指信息资源必须按照拥有者的要求保密，防止信息在没有授权的情况下被访问；信息的可用性是指在任何情况下，经过授权的用户能存取所需的信息，并能够享受到系统提供的服务；信息的真实性是指系统的信息资源真实、可靠。

总之，保障管理信息系统的安全就是保护信息的完整性、保密性、可用性和真实性，防止来自各方面的因素对信息资源的破坏。

管理信息系统安全管理的两个主要阶段如下：

(1) 分析阶段。确定信息系统安全目标，根据信息系统的特征、硬件部分的复杂性、经费提供情况、单位成本、信息系统发展过程、数据和信息的重要程度等信息，分析确定潜在的关键安全领域，建立安全要求、有关危险评定的决策；交流和记录危险信息；复查和审核安全程序等。

(2) 控制阶段。信息系统的使用主要在管理部门，所以管理部门需要主要负责并及时完成大多数安全管理任务，信息系统安全管理部门则负责信息系统安全任务，明确对信息系统风险的认识；建立信息系统安全管理与日常安全管理制度；检测系统输出，将其与理想输出进行比较分析，当有差异时应及时分析原因并加以矫正，当符合要求时可以继续正常工作；如果信息系统输出与实际输出有重大差异，应确定采用何种安全技术措施加以矫正并实施。

（二）影响管理信息系统安全的因素

随着 Internet 的不断延伸，全球性信息化浪潮日益深刻，信息技术已触及社会的各个领域，人们的日常生活与信息网络之间的关系日益密切，这在方便人们生活的同时，也对信息安全提出了严峻的挑战。据不完全统计，近年来信息领域的犯罪呈逐年上升的趋势，全球约每 20 秒钟就有一次计算机入侵事件发生，Internet 上的网络防火墙约 1/4 被突破。约 70％以上的网络信息主管人员报告说企业因机密信息泄露而受到了损失。61％的系统在过去的一年中遭到内部攻击，58％的系统在过去的一年中遭到外部攻击。

从信息安全的角度来看，任何信息系统都是有安全隐患的，都有各自的系统脆弱性和漏洞。在实际应用中，信息系统成功的标志是风险的最小化和可控性，而并非零风险。

对信息系统安全构成威胁的原因是多方面的，有人为和非人为的、恶意的和非恶意的，有的来自网络外部，有的来自网络内部。攻击者主要通过以下途径对信息构成威胁：系统存在的安全漏洞；系统安全体系的安全缺陷；使用人员安全意识的薄弱；管理制度的不健全。

有关信息受到侵犯的典型来源，美国阿伯丁集团的咨询报告如下：① "人为错误" 所占的比例为 35%；② "人为忽略" 所占的比例为 25%；③ "不满意的雇员" 所占的比例为 15%；④ "外部攻击" 所占的比例为 10%；⑤ "火灾、水灾" 所占的比例为 10%；⑥ "其他" 所占的比例为 5%。

从上述报告可见，加强内部管理对于管理信息系统安全十分重要，绝大多数网络下管理信息系统被成功入侵的主要原因是管理信息系统内部缺乏有效的安全管理。

计算机自身的脆弱性和漏洞是造成管理信息系统安全问题的根源。归结起来，影响管理信息系统安全的因素如下：

(1) 环境、自然等不可抗拒因素。指地震、火灾、水灾、风暴以及社会暴力或战争等，这些因素将直接危害信息系统实体的安全。

(2) 硬件及物理因素。包括机房设施、计算机主体、存储系统、辅助设备、数据通信设施以及信息存储介质的安全性。

(3) 电磁波因素。计算机系统及其控制的信息和数据传输通道，在工作过程中都会产生电磁波辐射，在一定地理范围内用无线电接收机很容易检测并接收到，这就有可能造成信息通过电磁辐射而被泄漏。另外，空间电磁波也可能对系统产生电磁干扰，影响系统的正常运行。

(4) 软件因素。软件的非法删改、复制与窃取将使系统的软件受到损失，并可能造成泄密。计算机网络病毒也是以软件为手段侵入系统进行破坏的。

(5) 数据因素。指数据信息在存储和传递过程中的安全性，这是计算机犯罪的主攻核心，是必须加以安全保护和保密的重点。

(6) 人为及管理因素。涉及工作人员的素质、责任心，以及严密的行政管理制度和法律法规，以防范人为的主动因素直接对系统安全造成的威胁。

与其他先进技术一样，计算机技术、网络通信技术都不是完美无缺的。违法犯罪分子一旦发现这些技术上的漏洞，就可以进行非法侵入和其他违法活动。另外，由于管理信息系统本身的不完善，有时一些操作失误也可能导致数据破坏或某些偶然因素也会得到错误的结果，甚至造成整个系统被破坏。

随着信息系统的犯罪活动日益增多，其技术手段也日趋先进。由病毒侵扰导致的软件与数据的破坏相当严重。当前已开发出的种类繁多的黑客程序、计算机病毒和其他有害数据，正在严重地威胁着管理信息系统的安全，已经造成了巨大的损失。

此外，一些敌对势力、敌对分子和非法组织也利用互联网进行煽动、渗透、联络，进行反动宣传、传输有害信息等违法活动。

（7）通信网络的原因。网络通信协议一般分为两种，一种是 TCP/IP 协议，另一种是非 IP 协议（包括 X. 25、FR、ISDN 等）。其中，TCP/IP 协议是 Internet 进行网际互联通信的基础。TCP/IP 协议的开放性，打破了异构网络之间的壁垒，可以把不同国家的各种网络连接起来，使 Internet 没有明确的物理界限，人们能充分地享受信息的全球共享。但正是因为 TCP/IP 协议的开放性，它给 Internet 带来的信息安全隐患也是全面而系统的。当初美国开发 TCP/IP 协议框架的时候，主要是将其应用于美国国防部内部网络，并没有考虑后来在社会上的大规模应用，所以基本没有考虑安全问题。当 Internet 遍布全世界后，网络的应用环境发生了根本转变，因此 Internet 也变得充满安全隐患。

互联网是个不设防的开放大系统，通过未受保护的外部环境和线路，谁都可以访问系统内部，搭线窃听。远程监控、攻击破坏，有可能来自于与网络相通的任何地点、任何终端。

我们只有在了解了影响管理信息系统安全的因素后，才有可能找出对策，采取措施，保障计算机系统的安全。

二、管理信息系统的安全策略

企业管理信息系统是企业投入了大量的人力与财力资源建立起来的，系统的各种软、硬件设备是企业的重要资产。管理信息系统所处理和存储的信息是企业的重要资源，它们既有日常业务处理信息、技术信息，也有涉及企业高层的计划、决策信息，其中有相当部分信息是企业极为重要且有保密要求的，这些信息几乎反映了企业所有方面的过去、现在与未来。如果管理信息系统软、硬件被损坏或信息泄漏，就会给企业带来不可估量的经济损失，甚至危及企业的生存与发展。因此，信息系统的安全管理是一项极其重要的系统管理工作。

一方面是信息安全与保密的重要性，另一方面管理信息系统的普及和应用使得管理信息系统深入到企业管理的不同层面，互联网技术在企业信息化建设中的应用又使得企业与外界的信息交往日益广泛与频繁。近年来，世界范围内的计算机犯罪、计算机病毒泛滥等问题，使管理信息系统安全上的脆弱性表现得越来越明显，管理信息系统安全的问题也显得越发重要。

管理信息系统的安全策略是为了保障系统一定级别的安全而制定和必须遵守的一系列准则与规定，它是考虑到入侵者可能发起的任何攻击，以及为使系统免遭入侵和破坏而必然采取的措施。实现信息安全，不但要靠先进的技术，而且也要靠严格的安全管理、法律约束和安全教育。

不同组织机构开发的管理信息系统在结构、功能、目标等方面存在着巨大的差别。因而，对于不同的管理信息系统，必须采取不同的安全措施，同时还要考虑到保护信息的成本、被保护信息的价值和使用的方便性之间的平衡。

信息系统的安全保护措施可分为技术性和非技术性两大类:

(1) 技术性安全措施。是指通过采取与系统直接相关的技术手段防止安全事故的发生。

(2) 非技术性安全措施。是指利用行政管理、法制保证和其他物理措施等防止安全事故的发生措施,它不受信息系统的控制,是施加于信息系统之上的。

与人们想象的刚好相反,其实,在系统的安全保护措施中,技术性安全措施所占的比例很小,而更多的是非技术性安全措施,两者之间是互相补充、彼此促进、相辅相成的关系。信息系统的安全性并不仅仅是简单的技术问题,严格的管理和法律制度才是系统安全和可靠的根本保障。

一般地,信息的安全策略的制定要遵循以下几个基本原则。

1. 选择先进的网络安全技术

先进的网络安全技术包含工具、产品和服务等,是网络下管理信息系统安全的根本保证。用户应首先对安全风险进行评估。风险分析就是对企业网络中的资产、威胁、漏洞等内容进行评估,获取安全风险的客观数据并选择合适的安全服务种类及安全机制,然后融合先进的安全技术,形成一个全方位的安全体系。

2. 进行严格的安全管理

根据安全目标,建立相应的管理信息系统安全管理办法,加强内部管理,建立合适的管理信息系统的安全管理系统,加强用户管理和授权管理,建立安全审计和跟踪体系,提高管理信息系统各类人员的安全意识。其中,主要是人员、组织和流程的管理,这是实现信息系统安全的落实手段。

3. 实行最小化授权

重要环节的安全管理要采取分权制衡的原则,如果将要害部位的管理权限只交给一个人,一旦出问题,就会全线崩溃。而分权可以相互制约,提高安全性。

任何实体只有该主体需要完成其被指定任务所必需的特权,再没有更多的特权,对每种信息资源进行使用权限分割,确定每个授权用户的职责范围,可以阻止越权利用资源的行为。这样可以尽量避免信息系统资源被非法入侵,减少损失,并阻止越权操作行为。

4. 实施全面防御

人们经常用木桶装水来形象地比喻应当注意安全防护的均衡性,箍桶的木板中只要有一块短板,水就会从那里泄漏出来。我们在所设置的安全防护中要注意是否存在薄弱环节。

参照风险评估结果,依据安全策略及网络实际的业务状况,进行安全方案设计,建立起完备的防御体系,通过多层次机制相互提供必要的冗余和备份,通过使用不同类型的系统、不同等级的系统,获得多样化的防御。在网络对外连接通道上建立控制点，对网络进行监控。在实际应用中，在网络系统上建立防火墙，阻止从公共网络对本站点的侵袭，防火墙就是控制点。如果攻击者能绕过防火墙（控制点）对网络进行攻击，那么将会给网络带来极大的威胁。因此，网络系统一定不能有失控的对外连接通道。

5. 监测薄弱环节

对管理信息系统安全来说，任何系统中都存在薄弱环节，这常成为入侵者首要攻击的目标。因此，系统管理人员应全面评价系统的薄弱环节，确认系统各单元的安全隐患，并改善薄弱环节，尽可能地消除隐患，同时也要监测那些无法消除的缺陷的安全态势，必须报告系统受到的攻击，及时发现系统漏洞并采取改进措施。增强对攻击事件的应变能力，及时发现攻击行为，跟踪并追究攻击者，建立失效保护机制。

实施信息系统安全管理应该在充分分析信息系统安全风险的基础上，制定信息系统的安全策略，采取先进、科学、适用的安全技术，对信息系统进行安全防护和监控，使系统具有灵敏、迅速的恢复响应和动态调整的功能。安全防护不怕一万就怕万一，因此要有安全管理的应急响应预案，并且要进行必要的演练，一旦出现相关的问题，可马上采取对应的措施。对于越是重要的信息系统，越要重视灾难恢复，在可能的灾难不能同时波及的地区设立备份中心。实时运行的系统要保持备份中心和主系统的数据一致性。一旦遇到灾难，立即启动备份系统，以保证系统的连接工作。

6. 系统化、规范化原则

信息系统的规划、设计、实现、运行要有安全规范要求，要根据系统开发的安全要求制定相应的安全政策。根据需要选择采用必要的安全功能，选用必要的安全设备，不应盲目开发、自由设计、违章操作、无人管理。要有系统工程的思想，前期的投入和建设与后期的提高要求要匹配和衔接，以便能够不断扩展安全功能，保护已有投资。在信息系统的规划、设计、采购、集成、安装中，应该同步考虑安全政策和安全功能具备的程度，以预防为主的指导思想对待信息安全问题，不能心存侥幸。安全技术和设备首先要立足国内，不能未经许可、未能消化改造就直接应用境外的安全保密技术和设备。成熟的技术能够提供可靠的安全保证，所以在采用新的技术时，要重视其成熟程度。

不应盲目追求一时难以实现或投资过大的目标，应使投入与所需要的安全功能相适应。

7. 安全教育与安全意识

对于主管信息安全工作的高级负责人或各级管理人员来说，其重点是了解和掌握企业信息安全的整体策略及目标、信息安全体系的构成、安全管理部门的建立和管理制度的制定等；对于负责信息安全运行管理及维护的技术人员来说，其重点是充分理解信息安全管理策略、掌握安全评估的基本方法，以及对安全操作和维护技术的合理运用等；对一般员工而言，其重点是学习各种安全操作流程，了解和掌握与其相关的安全策略，包括自身应该承担的安全职责等。

三、管理信息系统的安全分类

(一) 管理信息系统的安全管理涉及如下基本方面

管理信息系统的安全是一个复杂的系统工程，它的实现不仅是纯粹的技术方面的问题，而且还需要法律、管理、社会因素的配合。

(1) 法律制度与道德规范。我们要遏止计算机犯罪，就必须制定出严密的法律、政策，以全新的概念和要求来规范和制约人们的思想与行为，将管理信息系统的安全纳入法制化和科学化的轨道。要进行深入的宣传与教育，提高每一位涉及信息系统的人员的安全与保密意识。

(2) 建立和实施管理制度。实现管理信息系统安全的基本保证就是建立和实施安全管理制度，包括制定管理制度、对管理人员的安全教育培训、制度的落实、职责的检查等方面。设置切实可靠的系统访问控制机制，包括系统功能的选用与数据读写的权限、用户身份的确认等。

(3) 物理实体的安全运行。对运行中计算机系统的实体和信息进行保护（这个实体包括计算机的硬件和软件），保证管理信息系统能够长期、稳定、可靠地运行，保障系统功能的实现。此外，还要防止计算机病毒的侵害，确保整个管理信息系统持续正常地运行。

(4) 硬件实体安全。配备齐全的安全设备，保护计算机系统硬件和相关的网络设备、通信线路及其他配套设备、存储媒体的实体安全，确保它们在对信息的采集、处理、传输和存储过程中，不会受到由人为或其他因素造成的危害。

(5) 通信网络安全。计算机网络不但实现了信息资源共享，而且也增加了网络管理信息系统受攻击、信息泄漏和被窃取的机会。计算机网络遍布全球，也给间谍、违法分子和黑客提供了可乘之机。

(6) 软件系统安全。计算机软件的安全是管理信息系统功能正常发挥的前提条件，管理信息系统中各种程序及其数据、文档就是软件系统的主要部分，要保护这些程序、数据和文档不被任意篡改、失效及非法复制，保证管理信息系统的运行是正确、可靠和安全的，应完整地制作系统软件和应用软件的备份。

(7) 数据信息的安全。数据信息的安全是保护管理信息系统信息的完整性、可靠性和可用性，保护管理信息系统中存储的数据或资料不被非法使用和修改，防止泄漏、非法修改、删除、使用和窃取数据信息。敏感数据尽可能以隔离方式存放，由专人保管。结合系统的日常运行管理与系统维护，做好数据的备份及备份的保管工作。

（8）制定信息系统损害恢复规程，明确在信息系统遇到自然或人为的破坏而遭受损害时应采取的各种恢复方案与具体步骤。

信息系统的安全与保密是两个不同的概念。信息系统的安全是指为防止有意或无意破坏系统软、硬件及信息资源行为的发生，避免企业遭受损失所采取的措施；信息系统的保密是指为防止有意窃取信息资源行为的发生，使企业免受损失而采取的措施。

（二）管理信息系统安全的分类

1. 管理信息系统的实体安全

管理信息系统中的实体安全是指对系统所处环境、设备、设施、载体和人员等采取的安全对策和措施。对实体安全采取的主要措施如下：

（1）运行环境的安全。是指对管理信息系统所在的环境有一定的要求，计算机机房重地应远离易燃、易爆、有害气体等各种危险物品；机房应有监控系统，实施监控和监视。

（2）运行设备的安全。是指计算机机房的电源、通信设备应有防雷措施，要配有不间断电源（UPS）等。

（3）运行媒体的安全。管理信息系统的媒体是指存储大量信息的磁介质、半导体介质、光盘介质等。媒体安全就是对这些数据载体及数据采取安全保护。

2. 管理信息系统的软件安全

管理信息系统的软件安全主要是保证所有计算机程序和系统的文档资料免遭破坏。软件安全包括的内容如下：

（1）操作系统的安全。在研究管理信息系统的安全问题时，首先应该从操作系统本身存在的问题来考虑如何设计和实现一个安全的操作系统，以及操作系统如何为用户提供各种安全保护措施。

（2）数据库系统的安全。对于数据库系统安全的基本要求可归纳为数据库的完整性、保密性、可用性及有用性，主要从安全管理和存取控制两方面来保证数据库的合法使用。另外，为了防止攻击者借助某种手段直接进入系统访问数据而导致数据泄漏，还可对数据库进行加密；对一些无法避免的破坏，则可采用数据库恢复技术进行补救。

（3）通信网络的安全。对通信网络安全的威胁有偶然发生的威胁和故意发生的威胁两种。偶然发生的威胁指天灾、故障、误操作等；故意发生的威胁指第三者恶意的行为和电子交易对方的恶意行为。针对这些威胁采取的安全措施有存取管理技术、加密技术和防火墙技术等。

3. 管理信息系统中的数据安全

管理信息系统的数据安全主要是保护数据的完整性、保密性和可用性，防止泄漏、非法修改、删除、盗用和窃取数据信息。

4. 对数据安全的保护措施

对数据安全的保护措施如下：

（1）对重要的数据及系统状态进行监控，对访问数据的用户操作进行监视，而系统管理人员能够通过特定的方式随时了解、掌握系统或数据的运行情况，并对不正常的运行状况和操作进行控制。

（2）通过验证用户的身份，避免非法访问；按用户的不同工作岗位，分别授予只读、只执行、可改写等不同的权限；对重要数据防止人为破坏。

（3）重要的数据要有多个备份，且要将它们分别存放在不会同时受到破坏的地方。

（4）将存储重要数据的计算机系统与外部实现物理隔离，并进行电磁屏蔽。

四、管理信息系统的安全防护

（一）计算机犯罪

计算机犯罪是指以某种形式直接或间接地进行与计算机有关的各种犯罪活动，即以信息系统作为攻击目标的犯罪行为。计算机犯罪与传统的刑事犯罪行为相比较，有着明显不同的特点。一般来说，计算机犯罪都必须有具备专业知识的技术人员参与，是一种知识化、专业化的犯罪行为。

利用计算机犯罪的表现如下：

（1）利用计算机网络进行犯罪。利用计算机网络进行犯罪表现最突出的是在金融行业，伴随着"金卡工程"的应用与发展，相当一部分金融机构电子业务的安全防范机制和措施不够完善，使犯罪分子有机可乘。金融业计算机网络犯罪案件的发案比例日趋增加。

（2）"黑客"非法攻击计算机网络。目前，在我国负责提供国际互联网接入服务的单位，绝大部分都受到过"黑客"的攻击。例如，侵入别人的网络为自己设立免费个人账户，进行网络犯罪活动。有的在网络上散布影响社会安定的言论，还有的恶意攻击网络，致使网络瘫痪。

（3）境外敌对组织和敌对分子的破坏。一些境外敌对组织和敌对分子利用国际互联网向境内散布政治谣言，进行非法的反动宣传，危害国家安全。

利用计算机进行经济犯罪；利用计算机窃取商业机密；利用计算机窃取大量知识财产；计算机犯罪集团的犯罪；青少年利用计算机进行犯罪活动；暴力袭击重要的计算机中心，计算机战争因素增长等；新的、更高明的计算机犯罪技术和手段还在不断出现。我们只有在同计算机犯罪的斗争中，才能逐步建立一个更为安全的管理信息系统。

（二）计算机病毒

计算机病毒是人为制造的，能够通过某一途径潜伏在计算机的存储介质中，达到某种条件即被激活，它是对信息系统资源具有破坏作用的程序或指令的集合。计算机病毒的运行是非授权入侵。

1. 计算机病毒的危害

对网络的危害有：①与其他运行程序争夺系统资源；②冲毁数据；③分割计算机系统，殃及与其联网的其他计算机系统；④导致信息系统功能失灵。

对计算机的危害有：①破坏磁盘文件分配表；②引起系统崩溃；③删除、修改和破坏文件；④在磁盘上产生虚假簇；⑤更改或重写磁盘的卷标，将整个磁盘或磁盘上的特定磁道格式化；⑥占用存储空间，影响系统运行效率；⑦造成系统空挂。

2. 计算机病毒的特点

计算机病毒具有以下特点：

（1）危害性。计算机病毒对于计算机系统来说是有害的，至少其占用了系统的时间资源。更为严重的是许多病毒用非正常的数据覆盖软、硬盘中的数据，甚至造成无法还原的破坏。

（2）传染性。病毒一旦侵入计算机系统，就会按照预先设定的规则，在系统中寻找被传染的对象即病毒宿主实施传染，被传染的对象又会成为新传染源继续传染。病毒传播的途径通常有软盘、光盘、局域网、Internet、电子邮件等。

（3）可执行性。当被感染病毒的文件运行时，病毒程序总是最先获得执行。对于可执行文件，病毒最先获得控制权；对于数据文件，病毒利用系统提供的宏功能，在打开带病毒的文件时，系统首先会打开宏，使自动宏和功能宏在相应条件下得以执行。

计算机病毒的破坏性有时会表现为硬件的"故障"，有时会破坏内存中的有关数据区，影响对外部设备的访问。病毒并不是直接破坏硬件，它主要是通过破坏固定在芯片中的程序而使计算机硬件无法工作。

3. 计算机病毒的分类

按照计算机病毒的传染方式，可将病毒分为引导型病毒、文件型病毒和混合型病毒。

（1）引导型病毒。这种病毒传染磁盘的引导扇区。病毒将自身的全部或部分代码取代正常的引导记录，而将正常的引导记录隐藏在介质的其他存储空间或者不予保存。由于引导区程序是计算机启动时最先加载执行的，这样，病毒就有可能在计算机运行时最先获得控制权，其传染性较强。引导型病毒一般是通过软盘和光盘传染的。

（2）文件型病毒。这种病毒是通过文件进行传染的，主要是可执行文件或数据文件。

（3）混合型病毒。这种计算机病毒同时具有引导型病毒和文件型病毒的属性，这就加快了病毒的传播速度。

按照病毒的运行方式，可将病毒分为驻留内存型病毒和非驻留型病毒。操作系统有许多驻留内存的程序，由系统统一管理程序的入口地址。病毒的传播就是通过这些系统程序来完成的。病毒驻留内存，首先是病毒从载体中分离出来并驻留在内存中，接管有关的系统功能，控制系统运行。

引导型病毒和部分文件型病毒都是通过驻留内存来传染病毒的。而部分文件型病毒不驻留内存，当带病毒的程序运行时，其使用系统调用功能传染特定目录或默认目录下的部分或全部文件。

（三）管理信息系统的安全防护

计算机犯罪有其深刻的社会原因和技术原因，既有客观因素，也有人为因素。加强管理信息系统的安全防护，防范计算机犯罪的根本要从安全立法、行政管理和技术措施等几个方面同时进行。

1. 安全立法

安全立法是保护管理信息系统安全的一项重要措施。为了防范计算机犯罪，保障管理信息系统的安全，我国先后公布了一系列与信息系统安全保护有关的法律、法规。这是我国保护信息系统的行为准则，是对信息系统安全监督的法律依据。

信息系统安全既是十分重要和复杂的技术问题，也是社会经济问题。信息系统的有效运行必须有一套完整的保护机制，其中信息系统的自身保护机制等问题应被放在首要位置来考虑。我国政府非常重视这项工作，除了已颁布的法规外，还出台了具体的实施细则，如操作系统安全评估标准、网络安全管理规范、数据库系统安全评估标准、计算机病毒以及有害数据防治管理制度等。信息系统管理工作的法规化和规范化工作不断加强，必将增强广大公众的信息安全意识，使信息系统应用进入良好的法制化保护环境。

1994 年 2 月 18 日，中华人民共和国国务院令 147 号发布的《中华人民共和国计算机信息系统安全保护条例》，针对计算机信息系统，对信息的采集、加工、存储、传输、检索等提出了安全保密制度。

为了实行这一制度，公安部在 1997 年 4 月 21 日颁布了于 1997 年 7 月 1 日起施行的中华人民共和国公共安全行业标准——《计算机信息系统安全专用产品分类原则》（GA163—1997），该标准适用于保护计算机信息系统安全专用产品，涉及实体安全、运行安全和信息安全三个方面。

1996 年 2 月 1 日颁布的、已经于 1996 年 1 月 23 日经国务院第 42 次常务会议通过的《中华人民共和国计算机信息网络国际联网管理暂行规定》，规定了"国家对国际联网实行统筹规划、统一标准、分级管理、促进发展的原则"。

1997 年 12 月 11 日经国务院批准、1997 年 12 月 30 日公安部发布的《计算机信息网络国际联网安全保护管理办法》，规定任何单位和个人不得利用国际联网危害国家安全，泄漏国家秘密，不得侵犯国家、社会、集体的利益和公民的合法利益，不得从事违法犯罪活动。

2. 行政管理

在这里，行政管理是指信息系统主管部门内部的管理措施。从人员的管理、教育培训到日常工作的规范、岗位责任制度的实施，都是保证信息系统安全的重要措施。在研制管理信息系统软件时，把安全措施放在首位考虑，也是实施安全技术的重要基础。

3. 技术措施

管理信息系统的安全技术是一个不断发展的新技术。当一个新的防御技术被开发出来后，犯罪分子很快就会找到新的、更加巧妙的犯罪手段。防范计算机犯罪的主要技术措施如下：

（1）对重要的信息进行加密。加密是为了防止由存储介质的非法拷贝、被窃，以及信息传输线路的被窃听而造成机要数据的泄密，也可以对付恶意软件的攻击。在系统中，既应对机要数据采取加密存储和加密传输等安全保密技术措施，还应定期更新系统的密码和加密技术。

（2）在重要的计算机机房安装监控报警系统；采用认证技术对用户的身份加以检验，以防冒名顶替。即便在合法用户进入系统后，其所使用的资源及使用程度也应受到一定的限制，以确保共享资源情况下信息的安全可靠。对重要信息实行分级管理，信息系统要通过存取控制来确定什么用户能在什么条件下，可以对什么范围的系统资源进行什么样的操作。通过存取控制，一方面可以给用户提供很多方便，既共享系统资源，又不会因无意的误操作而对职权外的数据产生干扰；另一方面又可以防范人为的非法越权行为。

（3）采用防火墙技术保护计算机信息网络的安全。防火墙是一道隔离系统网络内外的屏蔽，其特点是不妨碍正常信息的流通，对那些不外流的信息进行严格把守，它是一种控制性质的技术。对内，防火墙保护某一确定范围的网络信息；对外，防火墙防范来自被保护网络范围以外的威胁与攻击。

（4）对计算机实体采取必要的安全措施，保护计算机系统、网络服务器等硬件实体和通信线路免受自然灾害和人为破坏，确保计算机系统有良好的工作环境。

(5) 对记录有机密数据、资料的废弃物要集中销毁，以免泄密造成后患；而对于重要的文件资料，应该保存有两份以上的备份，并且把它们保存在不同的地方，以使其不至于同时遭受破坏。

信息系统的安全性主要体现在高保密性、可控制性、易审查性、抗攻击性四个方面。信息系统的安全性问题不仅是社会问题、技术问题，而且也是经济问题。显然，要采取安全保护措施，就必然要增加系统的费用，安全保密性越高，对系统的投资也将越高。因此，要权衡这对矛盾，应以能满足安全要求为标准，最好能在一般的安全措施下，以严格科学的管理为保障。尤其是人的安全保密意识更重要，必须强调自觉、认真的参与，承担各自的责任。只有这样，才可能从根本上解决信息系统的安全保密问题。

另外，系统的安全性与其使用方便、灵活又是一对矛盾，要使系统有高度的安全可靠性，系统的费用就会增加很多，系统的响应时间也将受到影响，对使用人员的限制也会增加，操作手续也会复杂麻烦一些，从而给用户带来诸多不便。系统的安全性设定应从系统投资和使用方便性方面综合考虑，以适度为宜。

➤ 案例

1. 巴林银行事件

1995 年 2 月 27 日，英国中央银行突然宣布：巴林银行不得继续从事交易活动，并将申请资产清理。这个消息让全球震惊，因为这意味着具有 233 年历史、在全球范围内掌管 270 多亿英镑的英国巴林银行宣告破产。具有悠久历史的巴林银行曾创造了无数令人瞠目的业绩，其雄厚的资产实力使它在世界证券史上具有特殊的地位。可以这样说，巴林银行是金融市场上一座耀眼辉煌的"金字塔"。

巴林银行宣告破产的原因是，当时担任巴林银行新加坡期货公司执行经理的里森，同时一人身兼首席交易员和清算主管二职。有一次，他手下的一个交易员因操作失误亏损了 6 万英镑，里森知道后，却因为害怕事情暴露影响自己的前程，于是决定动用 88888 "错误账户"。而所谓的"错误账户"，是指银行对代理客户交易过程中可能发生的经纪业务错误进行核算的账户（作备用）。以后，他为了私利一再动用"错误账户"，创造银行账户上显示的均是赢利交易。随着时间的推移，备用账户使用后的恶性循环使公司的损失越来越大，此时的里森为了挽回损失，竟不惜最后一搏。由此造成在日本神户大地震中，多头建仓，最后造成的损失超过 10 亿美元。这笔数字，可以称得上是巴林银行全部资本及储备金的 1.2 倍。233 年历史的"老店"就这样顷刻瓦解了，最后只得被荷兰某集团以 1 英镑的价格象征性地收购。

➤ 【问题与讨论】

1. 进一步查阅巴林银行事件，找出巴林银行内部管理制度和体系存在哪些问题？
2. 根据上述案例，从管理信息系统管理的角度应该怎样改进？
3. 结合 2008 年由美国次贷危机引发的全球金融危机，你从管理信息系统监管的角度，分析金融衍生产品可能给投资者带来丰厚的收益，但同时也更有可能给投资者带来巨大的投资风险或损失的含义。

2. 美国银行利息事件

1978 年，美国一家大银行要对银行存贷款系统升级，经过招标考核，一家软件公司最后中标。这家软件公司对此非常重视，成立了由 9 个人组成的项目组，在对银行需求了解的基础上，开始了系统的升级改造工作。因为银行还要维持正常营业，任务很急，所以项目组加班工作，不到一个月就完成了所有任务。经过简单试运行，系统各项任务都能较好地完成。

半年后，当时参加项目组的一个成员花钱大手大脚的行为引起了同事的怀疑，也引起了税务部门和联邦调查局的怀疑，在找他谈话而并非审讯时，他主动交代了非法所得的来源。原来在对银行系统升级的过程中，他将每个储户的固定存款到期利息零头中的分钱部分取出几分（并不是分钱都取出），转存到其私人账户，而一般储户因为定期存款数额较大，所以没有人会发现利息少了几分，即使发现也没有人会去计较这几分钱。其实，中间还真有一个老太太发现利息少了几分，因为其前后一个月的存款额是一样的，存款时间也一样，所以利息也应该一样，当她发现两次的利息有几分差别后，于是询问银行人员，后者给出的解释是这是由于计算机系统产生的误差导致的，是正常的。一个大银行每天的固定存款业务是很大的，所以转到这位项目组成员账户上的钱也是可观的，积少成多，不到半年就有 5 万美元之多。而那时候的 5 万美元和现在的 5 万美元的含金量是大不一样的。

➤ 【问题与讨论】

1. 从信息系统安全的角度分析案例中的维护过程有哪些问题？
2. 维护后的评审存在哪些问题？
3. 通过该事件，你如何理解维护工作管理的重要性？
4. 对于计算机处理结果异常，是否应该给以高度重视？

3. 网络安全威胁触目惊心

首先，计算机系统的脆弱性。由于技术水平和人为因素，计算机存在先天的硬件"缺陷"和后天的软件"漏洞"。据我国某电信公司介绍，2005 年上半年发现计算机软件中的新安全漏洞1862个，平均每天10个；每当一个新安全漏洞被公布后，平均6天内黑客就可以根据漏洞编写出软件实施攻击；然而，目前计算机厂商平均需要54天才能推出"漏洞补丁"软件。其次，信息泄漏难以避免。普通计算机显示终端的电磁辐射，可以在几米甚至1公里之外被接收和复现信息。1997年3月24日，美国计算机安全专家尤金·舒尔茨博士向英国媒体透露，在海湾战争期间，一批荷兰黑客曾将数以百计的军事机密文件从美国政府的计算机网络中获取后提供给了伊拉克，导致其对美军的确切位置和武器装备情况，甚至包括爱国者导弹的战术技术参数一清二楚。如果不是生性多疑的伊拉克总统萨达姆对情报的真实性产生怀疑，海湾战争的进程则可能被改写。最后，文化渗透异常活跃。目前互联网上90%以上的信息是英语信息，中文网站信息只占1%，发达国家控制着互联网上的话语权，更多地向我国输入其意识形态、生活方式和行为准则等信息。一些国内外反动势力和非法组织还利用互联网在境内外设立网站，大肆宣扬邪教学说，扰乱社会秩序。据统计，2005年我国一家网站就发现并封堵涉及"法轮功"等的反动宣传邮件近2万封。

安全威胁手段多样。其一，病毒入侵已成为国际性"公害"。20世纪90年代，一个计算机病毒需要三年时间才能传染全球，今天却只需要几分钟。目前全球已发现各种计算机病毒5万多种。2000年5月3日至4日，全球数十个国家的数百万台计算机被"爱虫"病毒感染，其中美国国会、英国国会、美国国防部、美国商业部、《财富》杂志所列的世界头100家大公司中80%的企业的计算机系统都没能幸免，短短两天就造成26亿美元的经济损失，成为有史以来破坏力最强的计算机病毒。其二，逻辑炸弹成为隐蔽性"杀手"。1996年7月31日，美国一家大型制造商的计算机系统管理员罗依德，因不受公司器重而报复公司，将自己编写的逻辑炸弹提前30天埋在了公司的计算机生产系统中，在收到解雇通知后随即引爆了逻辑炸弹，不仅给公司造成1000万美元的直接经济损失，更严重的是使公司在该领域的名誉从此一蹶不振。其三，口令攻击成为毁灭性"隐患"。曾有专家在互联网上选择了几个网站，用字典攻击法在给出用户名的条件下，测出70%的用户口令密码只用了30多分钟。

安全威胁后果严重。首先，网络不安全，国家信息就不安全。国家信息系统往往成为敌对国家、不法分子攻击和窃取国家信息情报的重要途径。1996年8月17日，美国司法部的网络服务器遭到黑客入侵，并将"美国司法部"的主页改为"美国不公正部"，令美国上下一片哗然。其次，网络不安全，经济信息就不安全。信息技术与信息产业已成为当今世界经济与社会发展的主要驱动力。但网络是把"双刃剑"，世界各国的经济每年都因信息安全问题遭受巨大损失。据介绍，目前美国、德国、英国、法国每年由于网络安全问题而遭受的经济损失达数百亿美元。其中2005年，英国有500万人仅因网络诈骗就造成5亿美元的经济损失。再次，网络不安全，军事信息就不安全。与公众网络相比，军事网络安全受到的威胁更大。美军曾对计算机系统进行了 3.8 万次模拟袭击，袭击成功率高达 65%，而被发现的概率仅为 0.12，对已发现的袭击能及时通报的只有 27%，能作出反应的还不到 1%。最后，网络不安全，文化信息就不安全。截至 2006 年，"法轮功"等非法组织利用境内外设置的网络站点，对我国中央电视台和其他新闻媒体的网络进行了多次攻击破坏，造成了不良的政治影响和社会影响。

> **【问题与讨论】**
> 1. 你对网络安全是否有足够的重视？
> 2. 你在使用网络时，都遇到过哪些安全问题？
> 3. 如何理解"安全需要技术支持，更需要管理的保障"？

> **本章小结**

管理信息系统是一个技术系统，同时也是一个社会系统，它的实施不仅是技术和工具的采用，也是管理环境和管理制度的重新设计和再造。因为管理信息系统是对管理活动中的数据进行处理，输出向管理者提供决策的信息，所以管理信息系统的成败对企业的影响是致命的。因此，管理信息系统的管理尤为重要。

本章主要介绍了管理信息系统管理的内容和管理方法，从最容易被忽视而又最容易出问题的日常管理到出现问题最多的安全与风险管理，从最困难的开发过程管理到最烦琐的系统开发项目管理，从管理信息系统的组织管理到管理信息系统中的人员管理，从管理信息系统失败的经验分析到管理信息系统成功的要素确定，目的是提高对管理信息系统管理重要性的充分认识，能够使管理信息系统的开发期尽量短、使用期尽量长。

> **思考题**

1. 怎样理解"管理信息系统是三分技术、七分管理"？到学校信息中心或企业了解一下实际情况是这样的吗？
2. 结合一个实际的管理信息系统，分析其成败的主要原因。
3. 简述管理信息系统开发中项目管理的主要内容。
4. 简述管理信息系统开发中项目管理经理的作用和职责。
5. 影响管理信息系统安全的因素有哪些？
6. 简述管理信息系统的安全防护措施。结合你所使用的信息系统，找出安全管理有哪些隐患？并给出改进建议。
7. 简述管理信息系统日常管理的重要性。结合你所使用的信息系统，分析日常管理有哪些不足？并给出改进建议。

参 考 文 献

安忠等.1998. 管理信息系统.北京：中国铁道出版社

曹锦芳.2002. 信息系统分析与设计.北京：航空航天大学出版社

陈国青.2006. 管理信息系统.北京：高等教育出版社

陈佳.2003. 信息系统开发方法教程.北京：清华大学出版社

陈景艳.2001. 管理信息系统.北京：中国铁道出版社

陈余年，方美琪.1999. 信息系统工程中的面向对象方法.北京：清华大学出版社

冯玉琳等.1998. 对象技术导论.北京：科学出版社

傅东绵.2006. 管理信息系统学习指导与考试指南.北京：清华大学出版社

甘仞初.2002. 管理信息系统.北京：机械工业出版社

甘仞初.2005. 信息系统分析与设计.北京：高等教育出版社

耿骞，袁名敦，肖明.2003. 信息系统分析与设计.北京：高等教育出版社

黄梯云.2000. 管理信息系统（修订版）.北京：高等教育出版社

姜旭平.1997. 信息系统开发方法、策略、技术、工具.北京：清华大学出版社

杰克·D卡隆.1998. 信息技术与竞争优势.北京：机械工业出版社

邝孔武等.1999. 信息系统分析与设计.北京：清华大学出版社

林达·M阿普尔盖特.1998. 公司信息系统管理.北京：机械工业出版社

林顺玉，陈禹.2000. 管理信息系统.北京：中国人民大学出版社

刘仲英.2006. 管理信息系统.北京：高等教育出版社

罗超理等.2002. 管理信息系统原理与应用.北京：清华大学出版社

罗鸿.2002. ERP原理·设计·实施.北京：电子工业出版社

彭澎.2004. 管理信息系统学习指导与习题解答.北京：机械工业出版社

闪四清.2007. 管理信息系统.北京：清华大学出版社

斯蒂芬·哈格.1998. 信息时代的管理信息系统.北京：机械工业出版社

田兆福等.2005. 管理信息系统.北京：中国物资出版社

王申康，朱晓芸.1995. 面向对象程序设计导论.杭州：浙江大学出版社

王彤宇.2004. 管理信息系统.北京：中国水利水电出版社

王要武.2003. 管理信息系统.北京：电子工业出版社

吴迪.1998. 企业管理信息系统（MIS）基础.北京：清华大学出版社

小亨利·C卢卡斯.1998. 管理信息技术.北京：中国人民大学出版社

徐升华，凌传繁，沈波.2004. 财经管理信息系统.北京：中国科学技术出版社

薛华成.2000. 管理信息系统（第三版）.北京：清华大学出版社

易荣华.2001. 管理信息系统.北京：高等教育出版社

于重重.2000. 基于三层Client/Server结构的管理信息系统的实现.计算机应用研究，(7)：34～38

张刚.2001. 信息系统开发实践教程.成都：电子科技大学出版社

张海藩.2000. 软件工程导论（第三版）.北京：清华大学出版社

张金成.2001. 管理信息系统.北京：北京大学出版社

张温基等.2001. 管理信息系统开发案例（第3辑）.北京：清华大学出版社

张毅.2002.制造资源计划 MRP-Ⅱ及其应用.北京：北京大学出版社

张玉红.1996.FoxPro 2.X For Windows 管理信息系统程序设计技术.北京：电子工业出版社

章祥荪，赵庆祯，刘方爱.2001.管理信息系统的系统理论与规划方法.北京：科学出版社

章祥荪等.2001.管理信息系统的系统理论与规划方法.北京：科学出版社

郑人杰.1996.实用软件工程.北京：清华大学出版社

钟雁.2006.管理信息系统开发案例分析.北京：清华大学出版社，北京交通大学出版社

周广声.1998.信息系统工程原理、方法及应用.北京：清华大学出版社

Laudon K C. 1998.管理信息系统：组织和技术的新途径.北京：清华大学出版社

Laudon K C, Laudon J P. 2001. Management Information Systems：Organization and Technology in the Networked Enterprise（第六版，影印版）.北京：高等教育出版社

Newson E F P. 1998.管理信息系统案例.北京：机械工业出版社

Norman R J. 1998. Object-oriented Systems Analysis and Design（影印版）.北京：清华大学出版社

O'Brien J A，Marakas G M. 2007.管理信息系统.北京：人民邮电出版社

Peppard J. 1997.业务流程重组.北京：中国人民大学出版社

Potter B. 1997. Visual Basic 4.0 对象和类——从入门到精通.北京：科学出版社

Whitten J L. 2001. System Analysis and Design Methods（影印版）.北京：高等教育出版社